# 정보관리기술사 &
# 컴퓨터시스템응용기술사

Professional Engineer Information Management &
Professional Engineer Computer System Application

**vol.11 | Cloud Native**

권영식 지음

■ 도서 A/S 안내

성안당에서 발행하는 모든 도서는 저자와 출판사, 그리고 독자가 함께 만들어 나갑니다.

좋은 책을 펴내기 위해 많은 노력을 기울이고 있으나 혹시라도 내용상의 오류나 오탈자 등이 발견되면 **"좋은 책은 나라의 보배"**로서 우리 모두가 함께 만들어 간다는 마음으로 연락주시기 바랍니다. 수정 보완하여 더 나은 책이 되도록 최선을 다하겠습니다.

성안당은 늘 독자 여러분들의 소중한 의견을 기다리고 있습니다. 좋은 의견을 보내주시는 분께는 성안당 쇼핑몰의 포인트(3,000포인트)를 적립해 드립니다.

잘못 만들어진 책이나 부록이 파손된 경우에는 교환해 드립니다.

저자 문의 e-mail : simon_kwon@naver.com(권영식)

본서 기획자 e-mail : coh@cyber.co.kr(최옥현)

홈페이지 : http://www.cyber.co.kr    전화 : 031) 950-6300

# 머리말

    필자는 기업에 입사 후 학습량이 절대적으로 부족한 상태에서 여러 번 응시한 적이 있었고, 그때마다 답안 작성을 위해 참고할 만한 서적이 있었으면 하는 생각이 간절했었습니다. 1.6mm 볼펜으로 400분 동안 자신이 알고 있는 내용을 요약해서 해당 교시별로 14페이지에 논리적으로 기술하기란 쉬운 일이 아닙니다. 심지어 알고 있는 내용일지라도 답안에 기술하기란 또한 쉽지 않습니다.

    이 책은 이런 어려움을 극복하기 위한 차원에서 학원 수강을 통해 습득한 내용과 멘토링을 진행하면서 스스로 학습한 내용을 바탕으로 답안 형태로 작성하였고, IT 분야 기술사인 정보관리기술사와 컴퓨터시스템응용기술사 자격을 취득하기 위해 학습하고 있거나 학습하고자 하는 분들을 위해 만들었습니다.

    기술이란 과거 기술의 연장선으로 성능을 향상하였거나 보안 요소, 그리고 소프트웨어적 제어, 사용자 편의성, 가용성, 확장성 등을 지향하는 방향으로 발전되고 있습니다. 해당 기술은 어떤 필요성에 의해 탄생 되었을까? 그리고 어떤 기술요소를 가지고 있고 다른 기술과의 관계는 어떻게 형성되는지? 그리고 향후에는 어떻게 발전될 것이며, 현업(실무자 차원)에서 경험한 문제와 해결 방법 등을 답안에 기술해야 고득점을 획득할 수 있습니다.

    답안은 외워서 작성하는 것보다 실무 경험에서 쌓은 노하우를 논리적으로 기술하는 방법이 제일 좋습니다. 특히 IT 분야는 매우 다양하기 때문에 현업을 수행하면서 주위의 동료나 다른 부서의 팀원과의 교류를 통해 간접적인 경험을 많이 축적해 보는 것이 학습에 많은 도움이 되며, 직접 경험하지 못한 분야에 대해서는 간접적인 경험을 통해 습득하는 것도 좋은 방법입니다.

| 항목 | 분류 | 내용 |
|---|---|---|
| 1 | 클라우드 네이티브 개요 | 클라우드 네이티브란, 등장 배경, 구성, 특징, 구성요소, 현 정보시스템의 주요 이슈와 해결 방안, Cloud Native Application, 성숙도 단계, 클라우드 네이티브의 장·단점, 전환 효과, 클라우드 네이티브의 안전성·확장성·신속성, 가상화, 공공부문의 클라우드 네이티브의 도입 목표 등 |
| 2 | 클라우드 네이티브 구성요소 및 원칙 | 컨테이너(Container)와 Virtual Machine의 차이, 오케스트레이션의 주요 기능, MSA(Micro Service Architecture), MSA 구조 및 장·단점, 특징, CI/CD, DevOps, DevSecOps 등 |
| 3 | 적합성 검토 | 클라우드 네이티브 정책과 업무 관점의 검토 항목과 기술 및 서비스 관점의 검토 항목, 프로세스 관점, 조직 관점의 검토 항목, Cloud Native 개발 비용 산정, 우선순위 결정요소 등 |
| 4 | 기반 기술 | 분할과 정복, REST, SSL, SOA, EAI, AnyLink, JSON, Open API, 서버리스 아키텍처(Serverless Architecture), Platform Engineering, 스토리지 종류, 카프카(Kafka), Apache Storm, 넷퍼넬(Net Funnel), AMQP(Advanced Message Queue Protocol), 로드밸런싱(Load Balancing), IPC, 폭포수 개발 모형과 애자일(Agile) 개발 방법론, BaaS와 FaaS, 멀티 클라우드(Multi Cloud), 클라우드 상호운용성 등 |
| 5 | 내·외부 아키텍처 | 내부 아키텍처, 외부 아키텍처, Cloud Native 정보시스템의 개발 절차, MSA 전환 예시, API(Application Programming Interface) Gateway, 서비스 메시(Service Mesh), 서비스 디스커버리(Service Discovery), 쿠버네티스(Kubernetes), 개발 및 실행지원 서비스와 도구, Application 실행영역과 Backend 서비스, 운영지원 서비스와 Cloud 인프라(Infra) 등 |
| 6 | 클라우드 네이티브 분석단계 | 마이크로 서비스(Micro Service) 도출, DDD(Domain Driven Design) 설계, 바운디드 컨텍스트(Bounded Context)와 애그리거트(Aggregate), 컨텍스트 맵핑(Context Mapping), 업무기능분해를 통한 Micro-Service 식별 방안, Micro-Service 경계 도출 방안, Micro-Service 도출 예시, 이벤트 스토밍(Event Storming)을 통한 마이크로서비스 도출 과정, Notation Rule 등 |
| 7 | 클라우드 네이티브 설계단계 | MSA(Micro Service Architecture)의 기술요소 및 도입 시 고려사항과 운영 시 예상문제와 해결 방안, Cloud Native Application 아키텍처의 구성, Micro Service 아키텍처의 설계 방안, SAGA(Simple API for Grid Application) 패턴, CQRS(Command Query Responsibility Segregation) 패턴, 통신 패턴, 폴리글랏(Polyglot) 아키텍처, Cloud Native 환경에서의 DB 구성, 클라우드 마이그레이션(Cloud Migration), Codebase 중 SVN과 Git, 12 Factors 기반 개발 원칙들, 클라우드 전환 사업의 단계별 감리 방법과 검토 항목 등 |
| 8 | 클라우드 네이티브 보안 | 개방형 API(Open API)의 취약점과 대응 방안, SaaS 이용 가이드라인, 클라우드 서비스 위험관리 원칙 및 기준과 보안대책 수립 및 보안성 검토, 서비스 수준 협약(SLA), 전통적인 Cloud 보안과 Cloud Native 보안 비교, 다층 보안 체계(Multi Level Security) 등 |

위와 같은 형태로 Domain별 세부 내용과 전체 구성을 미리 파악하면 학습에 많은 도움이 됩니다. 즉, 전체적인 내용을 이해하고 학습하면 지식의 폭은 신속히 늘릴 수 있습니다.

본 교재는 발전 동향, 배경 그리고 유사 기술과의 비교, 다양한 도식화 등 30년간의 실무 개발자 경험을 토대로 작성한 내용으로 풍부한 경험적인 요소가 내재되어 있는 장점이 있습니다. 다시 한번 더 학습자 여러분의 답안 작성 방법에 많은 도움이 되었으면 하는 바람입니다.

교재 구입 후 추가로 궁금한 내용이나 문의 사항에 대해서는 운영 중인 카페 http://cafe.naver.com/96starpe에 질문 답변을 통해 언제든지 성심성의껏 답변드릴 것을 약속드리며, 본 교재 내의 내용도 지속적으로 보완하여 학습하시는 분들에게 도움을 드리고자 합니다.

총 11권의 책자가 집필되는 동안 옆에서 묵묵히 내조해 준 사랑하는 아내와 딸 지혜, 아들 대호에게 고맙고, 또한 출판을 위해 여러모로 도움을 주신 성안당 관계자분들께 감사드립니다.

저자 권영식

차 례

## PART 1 클라우드 네이티브 개요

1. 클라우드 네이티브(Cloud Native)란 · · · · · · · · · · · · · · · · · · · · · · · · · · · · · · · · · · · · · · · · · · · · · · · 14
2. 클라우드 네이티브(Cloud Native) 등장 · · · · · · · · · · · · · · · · · · · · · · · · · · · · · · · · · · · · · · · · · · · · · 16
3. 클라우드 네이티브(Cloud Native) 구성 · · · · · · · · · · · · · · · · · · · · · · · · · · · · · · · · · · · · · · · · · · · · · 18
4. 클라우드 네이티브(Cloud Native) 특징 · · · · · · · · · · · · · · · · · · · · · · · · · · · · · · · · · · · · · · · · · · · · · 20
5. 클라우드 네이티브(Cloud Native)의 구성요소 · · · · · · · · · · · · · · · · · · · · · · · · · · · · · · · · · · · · · · · 23
6. 클라우드 네이티브(Cloud Native)(2교시) · · · · · · · · · · · · · · · · · · · · · · · · · · · · · · · · · · · · · · · · · · · 25
7. 정보 System 주요 이슈 및 문제점, Cloud Native 도입 배경과 효과, 전산 장애 발생원인 및 해결 방안에 대해 설명하시오. · · · · · · · · · · · · · · · · · · · · · · · · · · · · · · · · · · · · · · · · · · · · · · · · · · · · · · · · · · · · · · · · 30
8. Cloud Native Application · · · · · · · · · · · · · · · · · · · · · · · · · · · · · · · · · · · · · · · · · · · · · · · · · · · · · · · · · 33
9. Cloud Native Application(CNA) · · · · · · · · · · · · · · · · · · · · · · · · · · · · · · · · · · · · · · · · · · · · · · · · · · · 35
10. Cloud Native Application(CNA)(2교시) · · · · · · · · · · · · · · · · · · · · · · · · · · · · · · · · · · · · · · · · · · · 38
11. Cloud Application 성숙도(Maturity) 단계 · · · · · · · · · · · · · · · · · · · · · · · · · · · · · · · · · · · · · · · · · 42
12. 클라우드 네이티브 스택(Cloud Native Stack) · · · · · · · · · · · · · · · · · · · · · · · · · · · · · · · · · · · · · · 46
13. 클라우드 네이티브(Cloud Native)의 장점 · · · · · · · · · · · · · · · · · · · · · · · · · · · · · · · · · · · · · · · · · · 48
14. 클라우드 네이티브(Cloud Native)의 단점 · · · · · · · · · · · · · · · · · · · · · · · · · · · · · · · · · · · · · · · · · · 53
15. 클라우드 네이티브(Cloud Native) 전환 효과(1) · · · · · · · · · · · · · · · · · · · · · · · · · · · · · · · · · · · · · 56
16. 클라우드 네이티브(Cloud Native) 전환 효과(2) · · · · · · · · · · · · · · · · · · · · · · · · · · · · · · · · · · · · · 59
17. 클라우드 네이티브(Cloud Native) 안정성, 확장성, 신속성 · · · · · · · · · · · · · · · · · · · · · · · · · · · · 62
18. 클라우드 네이티브(Cloud Native) 환경에서의 가상화(Virtualization) · · · · · · · · · · · · · · · · · · · 64
19. 공공부문 Cloud Native 도입 목표 · · · · · · · · · · · · · · · · · · · · · · · · · · · · · · · · · · · · · · · · · · · · · · · · 69

## PART 2 클라우드 네이티브 구성요소 및 원칙

20. 컨테이너(Container) · · · · · · · · · · · · · · · · · · · · · · · · · · · · · · · · · · · · · · · · · · · · · · · · · · · · · · · · · · · · · 72
21. 컨테이너(Container)와 Virtual Machine의 차이와 Container 오케스트레이션의 주요 기능 · · · · · · · · 74
22. MSA(Micro Service Architecture) · · · · · · · · · · · · · · · · · · · · · · · · · · · · · · · · · · · · · · · · · · · · · · 76
23. MSA 구조 및 특징, 장 · 단점 · · · · · · · · · · · · · · · · · · · · · · · · · · · · · · · · · · · · · · · · · · · · · · · · · · · · 79
24. Micro Service Architecture와 특징 · · · · · · · · · · · · · · · · · · · · · · · · · · · · · · · · · · · · · · · · · · · · · 82
25. MicroService 아키텍처와 Monolithic 아키텍처 · · · · · · · · · · · · · · · · · · · · · · · · · · · · · · · · · · · · · 87
26. CI(Continuous Integration) · · · · · · · · · · · · · · · · · · · · · · · · · · · · · · · · · · · · · · · · · · · · · · · · · · · · 90
27. CI(Continuous Integration)/CD(Continuous Delivery) 파이프라인(Pipeline) · · · · · · · · · · · · · 95
28. CTIP(ContinuousTest&IntegrationPlatform) · · · · · · · · · · · · · · · · · · · · · · · · · · · · · · · · · · · · · · 97
29. 실행 중인 Application에 대한 배포(Release) 전략 및 테스트 전략에 대해 설명하시오. · · · · · · · · · · · · 101
30. DevOps · · · · · · · · · · · · · · · · · · · · · · · · · · · · · · · · · · · · · · · · · · · · · · · · · · · · · · · · · · · · · · · · · · · 105
31. DevOps의 개념, 유형 · · · · · · · · · · · · · · · · · · · · · · · · · · · · · · · · · · · · · · · · · · · · · · · · · · · · · · · · · 107
32. DevOps의 구성 및 설명 · · · · · · · · · · · · · · · · · · · · · · · · · · · · · · · · · · · · · · · · · · · · · · · · · · · · · · · 109
33. DevSecOps · · · · · · · · · · · · · · · · · · · · · · · · · · · · · · · · · · · · · · · · · · · · · · · · · · · · · · · · · · · · · · · · 112
34. DevOps 구현 시 Monolithic과 MSA 장 · 단점, 활용 방안 · · · · · · · · · · · · · · · · · · · · · · · · · · · · · · 114
35. Cloud Native의 조직변화와 합리적인 개발 방법론과 DevOps 조직 구성 시 고려사항에 대해
    설명하시오. · · · · · · · · · · · · · · · · · · · · · · · · · · · · · · · · · · · · · · · · · · · · · · · · · · · · · · · · · · · · · · · · · 116

## PART 3 클라우드 네이티브 적합성 검토

36. 클라우드 네이티브(Cloud Native) 적합성 검토 항목 중 정책과 업무 관점의 검토 항목과 기술관점의
    검토 항목에 대해 기술하시오. · · · · · · · · · · · · · · · · · · · · · · · · · · · · · · · · · · · · · · · · · · · · · · · · · · · 122
37. 클라우드 네이티브(Cloud Native) 적합성 검토 항목 중 서비스 관점의 검토 항목에 대해 기술하시오. · · · · · 124
38. 클라우드 네이티브(Cloud Native) 적합성 검토 항목 중 프로세스 관점의 검토 항목에 대해 기술하시오. · · 128
39. 클라우드 네이티브(Cloud Native) 적합성 검토 항목 중 조직 관점의 검토 항목에 대해 기술하시오. · · · · · 130
40. Cloud Native 개발 비용 산정 · · · · · · · · · · · · · · · · · · · · · · · · · · · · · · · · · · · · · · · · · · · · · · · · · · 132
41. CloudNative 사업 추진의 우선순위 결정요소와 사업단계별 고려사항에 대해 설명하시오. · · · · · · · · · · 136

## PART 4 클라우드 네이티브의 기반 기술

42. 분할과 정복(Divide and Conquer) ···································· 140
43. REST(Representational State Transfer) ··························· 142
44. REST(Representational State Transfer) API(Application Programming Interface) ····· 144
45. SSL(Secure Sockets Layer) Offloading(Proxy) ················ 146
46. SOA(Service Oriented Architecture) ······························· 148
47. EAI(Enterprise Application Integration) ··························· 153
48. System 및 서비스(Service) 간의 연계방식인 EAI, ESB, API Gateway, Service Mesh에
    대해 설명하시오. ············································································ 158
49. Anylink ····························································································· 163
50. JSON(Java Script Object Notation) ····································· 165
51. Open API ························································································ 167
52. Open API ························································································ 169
53. Open API, System, 구성요소, 요소기술 ······························ 171
54. 개방형 API(Open API)에 대해 설명하시오. ······················· 175
    가. 정의 및 특징
    나. SOAP 및 REST 구성요소
    다. SOAP와 REST 비교
55. REST, SOAP ··················································································· 180
56. 서버리스 아키텍처(Serverless Architecture) ······················ 182
57. 플랫폼 엔지니어링(Platform Engineering) ·························· 185
58. 클라우드 관리 플랫폼(Cloud Management Platform) ····· 187
59. Block 스토리지, File 스토리지, Object 스토리지 ············· 192
60. 카프카(Kafka) ··············································································· 197
61. 대용량 실시간 처리를 위해 사용하는 System인 카프카(Kafka)에 대해 특징, 구성요소, 동작방식에
    대해 설명하시오. ············································································ 199
62. Apache Storm ················································································ 204
63. Apache Spark ················································································ 206
64. 넷퍼넬(Net Funnel) ······································································· 209
65. AMQP(Advanced Message Queue Protocol) ·················· 211

66. 가중 라운드 로빈(Weighted Round Robin) 방식의 로드밸런싱(Load Balancing) ··············· 214
67. IPC(Inter-Process Communication) ························································· 216
68. IPC(Inter-Process Communication) 기법 중 Pipe 방식에 대해 설명하시오. ·················· 220
69. 클라우드 컴퓨팅(Cloud Computing) 제공 모델의 이점을 활용하는 Application 구축 및 실행
    접근 방법으로 Cloud Native Application이 주목받고 있다. Cloud Native Application 의 주요
    특징과 관련 기술, 참조 아키텍처에 대해 설명하시오. ·············································· 222
70. 폭포수 개발모형과 애자일(Agile) 개발 방법론 ···················································· 227
71. Agile 개발 방법론의 특징, Waterfall(폭포수) 개발모형과 비교, 장단점에 대해 설명하시오. ········· 229
72. Single/Hybrid/Multi/Edge Cloud의 정의, 특징, 구조, 적용 시 검토할 사항에 대해 설명하시오. ·· 232
73. BaaS(Backend as a Service)와 FaaS(Function as a Service) ····························· 235
74. Cloud Service 중 온프레미스(On-Premise), IaaS, CaaS, PaaS, FaaS, SaaS의 설명 ······ 237
75. 멀티 클라우드(Multi Cloud) ·········································································· 241
76. 클라우드 상호운용성에 대해 설명하시오. ····························································· 245

# PART 5 클라우드 네이티브 내·외부 아키텍처

77. Cloud Native 정보시스템의 개발 절차 ······························································ 250
78. MSA(Micro Service Architecture) ································································ 254
79. Micro Service 아키텍처로의 전환 이유와 전환 예시를 들어 설명하시오. ·························· 257
80. API(Application Programming Interface) Gateway ········································· 260
81. API Gateway 필요성, 고려사항 ······································································ 264
82. API Gateway의 위치 ··················································································· 266
83. 서비스 메시(Service Mesh) ·········································································· 268
84. Service Mesh ··························································································· 270
85. 서비스 메시(Service Mesh)와 API Gateway 비교 ············································· 272
86. 서비스 디스커버리(Service Discovery) ···························································· 276
87. 쿠버네티스(Kubernetes)(1) ··········································································· 280
88. 쿠버네티스(Kubernetes)(2) ··········································································· 284
89. 쿠버네티스(Kubernetes)(3) ··········································································· 288
90. 쿠버네티스(Kubernetes-K8s) ········································································ 293
91. 쿠버네티스(Kubernetes-K8s) 아키텍처와 주요 기능 ············································· 295

92. Cloud Native의 개발 및 실행 지원서비스와 도구에 대해 설명하시오. · · · · · · · · · · · · · · · · · · · · · · · · · · · 298
93. Cloud Native의 Application 실행영역과 Backend 서비스에 대해 설명하시오. · · · · · · · · · · · · · · · · · 301
94. Cloud Native에서의 운영지원 서비스와 Cloud 인프라(Infra)에 대해 설명하시오. · · · · · · · · · · · · · · · 303

## PART 6 클라우드 네이티브 분석단계

95. 마이크로 서비스(Micro Service) 도출 방안 · · · · · · · · · · · · · · · · · · · · · · · · · · · · · · · · · · · · · · · · · · 306
96. DDD(Domain Driven Design) · · · · · · · · · · · · · · · · · · · · · · · · · · · · · · · · · · · · · · · · · · · · · · · · · · · 310
97. DDD(Domain Driven Design) 설계 · · · · · · · · · · · · · · · · · · · · · · · · · · · · · · · · · · · · · · · · · · · · · · · 314
98. 바운디드 컨텍스트(Bounded Context) · · · · · · · · · · · · · · · · · · · · · · · · · · · · · · · · · · · · · · · · · · · · · 317
99. 바운디드 컨텍스트(Bounded Context)와 애그리거트(Aggregate) · · · · · · · · · · · · · · · · · · · · · · · · · 319
100. 컨텍스트 맵핑(Context Mapping) · · · · · · · · · · · · · · · · · · · · · · · · · · · · · · · · · · · · · · · · · · · · · · · 322
101. 업무기능분해를 통한 Micro-Service 식별 방안 · · · · · · · · · · · · · · · · · · · · · · · · · · · · · · · · · · · · · 324
102. 업무기능분해를 활용한 Micro-Service 경계 도출 방안에 대해 설명하시오. · · · · · · · · · · · · · · · · 326
103. 업무기능분해를 통한 Micro-Service 도출 예시 · · · · · · · · · · · · · · · · · · · · · · · · · · · · · · · · · · · · · 328
104. 이벤트 스토밍(Event Storming) · · · · · · · · · · · · · · · · · · · · · · · · · · · · · · · · · · · · · · · · · · · · · · · · · 330
105. 이벤트 스토밍(Event Storming)을 통한 마이크로서비스 도출과정에 대해 설명하시오. · · · · · · · · · · · 333
106. Notation Rule · · · · · · · · · · · · · · · · · · · · · · · · · · · · · · · · · · · · · · · · · · · · · · · · · · · · · · · · · · · · · · 336

## PART 7 클라우드 네이티브 설계단계

107. Micro Service Architecture와 Monolithic Architecture · · · · · · · · · · · · · · · · · · · · · · · · · · · · 340
108. MSA(Micro Service Architecture)의 기술요소 및 도입 시 고려사항, 운영 시 예상문제와 해결
   방안에 대해 기술하시오. · · · · · · · · · · · · · · · · · · · · · · · · · · · · · · · · · · · · · · · · · · · · · · · · · · · · · · · 343
109. MSA(Micro Service Architecture)의 기술요소와 적용 시 고려사항, 확산 시 저해요인과
   개선방안에 대해 설명하시오. · · · · · · · · · · · · · · · · · · · · · · · · · · · · · · · · · · · · · · · · · · · · · · · · · · · 348
110. Cloud Native Application 아키텍처의 구성 · · · · · · · · · · · · · · · · · · · · · · · · · · · · · · · · · · · · · · 352

111. Micro Service 아키텍처의 설계 방안에 대해 예를 들어 설명하시오. · · · · · · · · · · · · · · · · · · · · · · · · 354
112. SAGA(Simple API for Grid Application) 패턴 · · · · · · · · · · · · · · · · · · · · · · · · · · · · · · · · · · 356
113. CQRS(Command Query Responsibility Segregation) 패턴 · · · · · · · · · · · · · · · · · · · · · · 358
114. Micro Service 간 통신 패턴(Pattern) · · · · · · · · · · · · · · · · · · · · · · · · · · · · · · · · · · · · · · · · · · 360
115. 폴리글랏(Polyglot) 아키텍처 · · · · · · · · · · · · · · · · · · · · · · · · · · · · · · · · · · · · · · · · · · · · · · · · · 362
116. Cloud Native 환경에서의 DB 구성 방안 · · · · · · · · · · · · · · · · · · · · · · · · · · · · · · · · · · · · · · · 364
117. 클라우드 마이그레이션(Cloud Migration) · · · · · · · · · · · · · · · · · · · · · · · · · · · · · · · · · · · · · · 366
118. Codebase 중 SVN과 Git · · · · · · · · · · · · · · · · · · · · · · · · · · · · · · · · · · · · · · · · · · · · · · · · · · · · 370
119. 12 Factors 기반 개발원칙 중 1개 Code base를 통한 관리원칙에 대해 설명하시오. · · · · · · · · · · · · · 372
120. 12 Factors 중 Application Code의 명시적 종속성에 대해 설명하시오. · · · · · · · · · · · · · · · · · · · 374
121. 12 Factors 중 Application의 Build, Release, Run 3단계 과정의 분리에 대해 설명하시오. · · · 377
122. 12 Factors 중 Application의 Stateless(무상태) 저장 방안에 대해 설명하시오. · · · · · · · · · · · · · · 380
123. 12 Factors 중 포트 바인딩(Port Binding)에 대해 설명하시오. · · · · · · · · · · · · · · · · · · · · · · · · · 382
124. 12 Factors 중 기능별로 분리된 Micro Process 설계 원칙에 대해 설명하시오. · · · · · · · · · · · · · · 384
125. 12 Factors 중 Shutdown 시 정상종료(폐기 가능: Disposability) 원칙에 대해 설명하시오. · · · · · 386
126. 12 Factors 중 개발과 운영 환경 일치 원칙에 대해 설명하시오. · · · · · · · · · · · · · · · · · · · · · · · · · 388
127. 12 Factors 중 Log Stream 형태로 표준출력 방안에 대해 설명하시오. · · · · · · · · · · · · · · · · · · · · 390
128. 12 Factors 중 운영 관리 Process에 대해 설명하시오. · · · · · · · · · · · · · · · · · · · · · · · · · · · · · · · · 393
129. 클라우드 전환 사업의 단계별 감리방법과 검토 항목에 대하여 설명하시오. · · · · · · · · · · · · · · · · · · · 395

# PART 8 클라우드 네이티브 보안

130. 개방형 API(Open API)의 취약점, 대응 방안 · · · · · · · · · · · · · · · · · · · · · · · · · · · · · · · · · · · · 400
131. 국가기관, 지방자치단체 및 공공기관이 안전하고 효율적인 SaaS(Software as a Service)를 이용하기 위해 공공부문 SaaS 이용 가이드라인을 발표하였다. 다음에 대하여 설명하시오. · · · · · · · · · 403
   가. 클라우드 서비스 위험관리 원칙 및 기준
   나. 보안대책 수립 및 보안성 검토
   다. 서비스 수준 협약
132. 전통적인 Cloud 보안과 Cloud Native 보안 비교 · · · · · · · · · · · · · · · · · · · · · · · · · · · · · · · · · 409
133. 다층 보안 체계(Multi Level Security) · · · · · · · · · · · · · · · · · · · · · · · · · · · · · · · · · · · · · · · · · 413

# PART 1

# 클라우드 네이티브 개요

클라우드 네이티브란, 등장배경, 구성, 특징, 구성요소, 현 정보시스템의 주요 이슈와 해결 방안, Cloud Native Application, 성숙도 단계, 클라우드 네이티브의 장·단점, 전환효과, 클라우드 네이티브의 안전성·확장성·신속성, 가상화, 공공부문의 클라우드 네이티브의 도입목표 등 클라우드 네이티브의 제반사항을 학습할 수 있습니다.

[관련 토픽 – 19개]

## 문 1) 클라우드 네이티브 (Cloud Native)란

답)

### 1. Cloud 답게 사용, Cloud Native의 정의
- Cloud의 장점을 최대한 활용하여 Cloud System 답게 정보 System을 구축 & 실행하는 환경

### 2. CNCF(Cloud Native Computing Foundation)의 Cloud Native의 정의 (Cloud Native 컴퓨팅 재단)

| | |
|---|---|
| 확장성 | Public, Private, Hybrid Cloud 환경 확장성 |
| 접근기술 | Container, Service Mesh, Micro-Service |
| 방법 | API, Service Discovery, CI/CD, DevOps 등 |
| System | 회복력, 관리 편의성, 가시성, 느슨한 결합 등 |
| 운영 | 견고한 자동화, 예측가능, 무중단 Service 등 |

### 3. Cloud Native 용어의 다양한 사용

Cloud Native (C.N.)

| Cloud Native (클라우드 네이티브) | ⊕ | 기술 | = | C.N. 기술 |
| | ⊕ | Application | = | C.N. Appl. |
| | ⊕ | 아키텍처 | = | C.N. 아키텍처 |
| | ⊕ | 개발방법론 | = | C.N. 개발방법론 |
| | ⊕ | 조직 | = | C.N. 조직 |
| | ⊕ | Process | = | C.N. Process |
| | ⊕ | 운영 | = | C.N. 운영 |

- Cloud Native는 기술, Application, 아키텍처,

개발방법론, 조직, process, 운영 등 다양한 용어와 결합하여 다양한 의미로 사용
- 리눅스(Linux)는 CNCF 재단을 설립하여 Cloud Native 관련기술을 정의하고 Open Source를 관리

"끝"

문 2) Cloud Native 등장
답)

## 1. Cloud 환경을 Cloud 답게 활용, Cloud Native 개요

### 가. Cloud 활용 극대화, Cloud Native 정의
Cloud 환경답게 사용하는 조직, 아키텍처, Infra, 통합/배포로 설계/개발/구현/배포/운영 기술의 통합

### 나. Cloud Native로 발전 과정

가상화(Vmware) → IaaS(인프라 Pool 할당) → eGovFrame(전자정부 표준프레임워크) → IaaS PaaS Docker(오픈소스 컨테이너) → Cloud Native 등장

## 2. Cloud Native 구성 & 구성요소

### 가. Cloud Native 구성도

- Micro Service: 독립적인 실행 & 배포 가능한 마이크로 서비스
- Container: 경량화된 Container, 단위 수평적 확장
- DevSecOps: 개발+보안+운영 팀 간 단일한 협업 process
- CI/CD: 소규모 개발팀별 자율적 독립적 서비스 운영
- 다(多)언어 아키텍처, Agile, 폭포수 방법론

### 나. Cloud Native 구성요소

| 구분 | 구성요소 | 내용 |
|------|----------|------|

| | | |
|---|---|---|
| 조직 | DevSecOps | - 개발+보안+운영팀 Co-work<br>- Tool chain 활용, 민첩성 |
| | 다언어,<br>Agile | - Polyglot 아키텍쳐 (다언어 지원)<br>- Adaptive 개발 방법, 요구사항 적응성 |
| 아키텍쳐 | MS(마이크로<br>서비스)A | - MSA 단위 개발 (마이크로 서비스)<br>- API 통신지원 (서비스 메시) |
| 인프라 | Container | - 다양한 환경(개발, 언어) 호환성<br>- 효율적인 관리(Management) 기능 |
| | 쿠버네티스 | Container 배포(Release) & 관리 |
| 통합/<br>배포 | CI/CD | - 지속적인 Source Code 통합<br>- Test Automation, 자동 Release |

"끝"

문 3) 클라우드 네이티브 (Cloud Native) 구성

답)

1. Cloud 장점 활용 Cloud Native의 정의
   - Cloud의 장점을 최대한 활용하여 Cloud 답게 정보 System을 구축 & 실행하는 환경

2. Cloud Native의 구성

| ① Micro Service | ② Container | ③ DevOps | ④ CI/CD |
|---|---|---|---|
| 독립적인 실행 & 배포가 가능한 Micro-Service | 경량화된 Container 단위로 수평적 확장 | 개발팀과 운영팀간 단일한 협업 프로세스 | 소규모 개발 팀별 자율적, 독립적 서비스 운영 |

   - Cloud Native는 Micro-Service, Container, DevOps (DevSecOps), CI/CD로 구성됨

3. Cloud Native의 구성요소의 설명

| 항목 | 내용 |
|---|---|
| Micro-Service | Appl.의 민첩성과 유지·관리 편의를 위해 기존의 모놀리식 아키텍처를 작은 기능 단위인 Micro-서비스로 분리하고 API를 통해 서로 Interface하여 독립적 개발/배포/운영 |
| 컨테이너 | 어떠한 Cloud 환경에도 즉각적인 배포가 가능하도록 확장성과 이식성이 필요하며 이를 위해 |

| | |
|---|---|
| Container | 기존의 Server보다 훨씬 가벼운 process 수준의 가상서버, Container를 Micro-Service 의 배포 & 실행환경으로 제공함 |
| DevOps | Cloud Native 환경에서는 하나의 대규모 릴리즈 & Update를 거치는 것이 아니라 수많은 마이크로 서비스중 변경되는 서비스들이 하나의 배포단위로 Application을 Easy 출시(Release)가능 |
| CI/CD | 수많은 Micro-Service를 개별팀에서 수시로 빠른 속도로 변경하기 위해서 Cloud platform 내에 개발, 배포 process의 자동화가 요구됨 |

"끝"

문 4) Cloud Native의 특징

답)

1. Cloud 답게(Native) 활용, Cloud Native 정의
   - Cloud스럽게 Micro-Service, Container, DevOps, CI/CD 등의 기술을 활용하여 정보 System을 구축 및 실행하는 환경 (Cloud 답게 사용하는 기술)

2. Cloud 답게 활용 위한 구성

| 구성<br>요소 | Micro-<br>service | Container | DevOps | CI/CD |
|---|---|---|---|---|
| | 느슨한<br>결합 | 오토스케일링 | 개발-운영<br>협업 | 배포<br>자동화 |

| 개발<br>방법론/<br>원칙 | Agile<br>애자일<br>짧은 주기, 반복적<br>개발방법론 | 12가지 요소<br>12 Factors<br>Cloud Native 설계<br>원칙/표준 |
|---|---|---|

3. Cloud Native 특징

| 구성요소 | 주요특징 | 설 명 |
|---|---|---|
| Micro-<br>Service | 소규모<br>서비스 | 결합도와 응집도가 높은 업무를<br>Micro-Service 소단위로 분리 |
| | 독립적<br>서비스<br>운영 | - 다른 서비스기능과 분리, 독립적 운영<br>- 특정 서비스 장애시 해당 서비스만 격리, 나머지 전체 서비스는 정상운영가능 |

| | | | |
|---|---|---|---|
| | Micro-Service | 폴리글랏 (polyglot) | - M/S별로 다양한 언어 및 기술요소 적용<br>- 실험적으로 새로운 기능을 적용해보고 다른 Microservice로 변경가능 |
| | | 유지보수 용이성 | 해당 Micro-Service에 대한 개발 & Test가 수행되므로 유지보수 용이 |
| | Container 컨테이너 | 효율적 개발환경 구축 | - 컨테이너를 이용해 다른 Appl.과 분리된 효율적인 개발환경 구축 가능<br>- 개발자가 개발환경 구성 & 튜닝등에 소요하던 시간(개발준비등)을 단축가능 |
| | | 경량화 | - Container는 Application과 Runtime S/W만으로 작은 Size의 이미지 파일 생성<br>- VM(Virtual Machine, 가상머신)은 OS, Application, Runtime을 포함 이미지 파일 생성하므로 이미지 Size가 큼 |
| | | 높은 이식성 | Application System을 어떠한 Cloud platform에도 배포 가능 |
| | | 확장성 | 리소스가 정해진 임계치를 초과할 경우도 자동 스케일 아웃하는 AutoScaling가능 |
| | DevOps | 서비스단위 개발/운영 조직협업 | Micro-Service 단위로 개발과 운영 조직을 통합하여 조직간 협업 가능 |
| | | 신속한 서비스개발 & 배포 | 개발 조직과 운영조직간 협업을 통해 문제점이나 오류를 조기에 해결함으로서 |

| | | | |
|---|---|---|---|
| CI/CD | | | 신속한 Service 개발 & Release 가능 |
| | process 자동화 | | 개발, Build, Test, Release에 이르는 pipeline 전체 과정에 대한 자동화 |
| | 소규모 서비스 단위배포 | | process 자동화를 통해 개발 & 배포시간을 단축함으로써 Release 주기가 짧아짐 |

"끝"

## 문 5) Cloud Native의 구성요소

답)

### 1. 유연성, 민첩성, 확장성 극대화, Cloud Native 정의
- Cloud Computing 환경에 최적화된 Application 개발 & 운영 방식, Cloud 환경 극대 활용, 개발 방식

### 2. Cloud Native의 구성요소

| 항목 | 구성요소 | 내용 |
|---|---|---|
| 구성요소 | Micro-Service | loosely Coupling, 독립적인 실행 & 배포가 가능한 Micro-service |
| | Container | Auto-scaling, 경량화된 Container 단위의 빠른 수평적 확장 |
| | DevSecOps | 개발+보안+운영 Team 간의 단일화된 협업 Process |
| | CI/CD | Release(배포)자동화, 소규모 개발 팀별 자율적, 독립적 Service 운영 |
| 개발 방법론 | Agile | - Agile 개발 방법론<br>- 짧은 주기, 반복적 개발 방법론 |
| 원칙 | 12-Factors | - 코드베이스, 종속성, 설정, 백엔드 등<br>- Cloud Native 설계원칙/표준 |

- 최소한 Micro-service, Container 단위, DevSecOps, CI/CD 등으로 구성되어야 Cloud Native로 명명 가능

3. Cloud Native 구성요소의 연관도

Cloud Native 구축사업의 출발점 → 마이크로서비스

M/S의 크기와 개수를 고려한 DevSecOps 조직 셋팅

DevSecOps — DevSecOps 조직의 CI/CD process 수행

M/S별 CI/CD process 수행

CI/CD — CI/CD process에 의해 배포된 이미지 개수 만큼 컨테이너 할당

DevSecOps 조직의 Container 모니터링

M/S별 컨테이너 크기와 개수 결정

- M/S : Micro Service

"끝"

문 6) 클라우드 네이티브 (Cloud Native) (2교시)
답)

1. Cloud 환경에서의 Appl. 구축, Cloud Native 개요
   가. 운영환경 Service 오류 zero화, Cloud Native 정의
   - Cloud Computing을 사용하여 Public, Hybrid, Private Cloud와 같은 동적환경에서 확장가능한 Appl.을 구축, 실행, 서비스하는 개발 접근 방식

   나. Cloud Native의 특징

   | 특징 | 설명 |
   |---|---|
   | 가상화 Container | Appl./process는 가상화된 Container에서 분리된 단위로 실행됨 (Micro 서비스) |
   | 중앙 오케스트레이션 | process는 중앙 오케스트레이션 process에 의해 관리되며 Resource 사용개선, 유지보수 비용절감, 실시간 오류 제어 가능 |
   | Micro Service | Application의 전체적인 민첩성과 사용자 편의성(개발), 유지관리 편의성 향상 |
   | Loosely 결합 | Appl./Micro Service는 명시적으로 설명된 종속항목과 느슨하게 결합됨 |

   다. Cloud Native 특징 상세        「리드)
   - ① 다양한 Cloud 환경대응 (public, private, 하이브 
   ② Cloud Native 기술 (Service Mesh, Micro 서비스
   ③ Loosely Coupled System (민첩성/생산성 향상)

| 다양한 Cloud 환경 | Cloud Native 기술들 | Loosely Coupled System |
|---|---|---|
| Private<br>Public<br>Hybrid<br>IaaS PaaS SaaS | Container<br>- Service Mesh<br>- APIs, Micro 서비스<br>- 오케스트레이션<br>- Logging, 모니터링<br>- Serverless<br>- Messaging 등 | - 유연한 확장<br>- 서비스 회복력<br>- 효율적 관리<br>- 서비스 측정<br>예측가능 ↑ 반복적 적용<br>Robust Automation → |

민첩성, 생산성 향상

## 2. Cloud Native 아키텍처와 구성요소

### 가. Cloud Native 아키텍처

| |
|---|
| Application Definition / 개발 |
| Orchestration & Management |
| Runtime |
| Provisioning |
| Infra. (Bare Metal / cloud) |

### 나. Cloud Native 구성요소

| 구성요소 | 설명 |
|---|---|
| Infra | 물리적인 인프라 (BareMetal) |

| | | | |
|---|---|---|---|
| | | | 내부 & Data Center에 구성 |
| | | Provision-ing | 가상화 platform이 제공하는 API를 이용하여 Cluster 구성을 자동화, 운영 중 자원 사용량에 따른 Node의 스케일링, 교체 |
| | | 컨테이너 오케스트레이션 | - 동적(Dynamic) 관리를 위한 핵심 엔진<br>- Container Infra 정보와 상태 관리 |
| | | Run-time | Container 생성, 실행, 관리 |
| | | Application 개발 | - DevSecOps 파이프라인이 구현된 영역<br>- Container Build부터 update, 운영, 모니터링 담당. In-house 개발, Open 소스 선택 |
| | | 모니터링 | Container 운영시 가장 주요한 모니터링 대상은 CPU, Memory 등 자원의 사용량 |

3. Cloud Native의 주요 기술요소 & 설명

가. Cloud Native의 주요 기술요소

| 개발 방법론 | Agile, 폭포수 등 |
|---|---|
| 아키텍쳐 | Micro Service (MSA) |
| 조직/Process | DevSecOps / Automation |
| 인프라/Runtime | Cloud / Container / Serverless (FaaS) |

나. Cloud Native 주요 기술요소 설명

| 항목 | 설명 |
|---|---|
| DevSecOps | 개발 + 운영 + 보안팀 협업 Process |

|  |  |  |
|---|---|---|
|  | | 자동화, 개발과 개선 속도 향상 |
|  | CI/CD | 지속적인 통합 & Release |
|  | Container | System을 가상화 하는 것이 아닌 Computing 작업을 패키징하여 가상화 |
|  | Micro-Service | 서비스들을 작은 단위로 분해, Network로 통신하는 아키텍쳐 서비스 안정성 & 확장성 |

4. Cloud Native와 전통적 Appl. 비교 & 고려사항
 가. Cloud Native와 전통적 Appl. 비교

| 구분 | 전통적인 Appl. | Cloud Native Appl. |
|---|---|---|
| 핵심 | 안정성 | Time-to-Market |
| 개발방법 | 폭포수 | Agile |
| 팀구성 | 역할에 따른 Team 구성 (개발, 운영, QA 등) | DevSecOps (개발+보안+운영) |
| Appl. 구조 | 모노리스 | MicroService 구조 |
| 자원제공형태 | 물리서버/가상화서버 | Container(OS 가상화) |
| 확장성 | 수동/제한적 | 자동확장/무제한 |
| Appl. 아키텍쳐 | 강결합/모노리스 | 느슨한 결합/서비스 기반/API 기반 통신 |
| Build/Release | 수작업 | CI/CD (자동화) |
| OS의존성 | OS 종속 | OS 추상화(OS 종속 제거) |

4. Cloud Native 도입시 고려사항

| 항목 | 내용 |
|---|---|
| 기존 Appl. 처리 | 모놀리식 Legacy Application을 Cloud Infra에 그대로 옮길 경우 핵심 기능을 활용하지 못함, 기존 Appl.을 해체해서 Re-factoring 필요 |
| 개발방법론 | 다변수(Multi-parameter) Test, 빠른 반복과 같은 새로운 접근 방법 도입필요 DevSecOps Model 도입 |
| 조직 형태, 문화 | Conway's Law, System의 구성과 조직의 구성을 매핑(Mapping) |
| PaaS 기반 | DevSecOps를 적용하기 위한 Infra 도입 필수, 안전하고 빠른 개발 & 운영 |

"끝"

문 7) 정보 System 주요 이슈 및 문제점, Cloud Native 도입배경과 효과, 전산 장애 발생 원인 및 해결 방안에 대해 설명하시오.

답)

## 1. 공공부문의 정보 System 주요 Issue & 문제점

### 가. 정보 System의 주요 Issue

- System 품질 저하
- 정보의 신뢰성 저하
- 유지보수 & 운영비용 증가
- 업무 효율성 저하
- 보안 취약
- 전산 장애 발생

### 나. Appl, Data, 기술 Infra 측면의 문제점

| 아키텍쳐 | 문제점 |
|---|---|
| Application | - 정책 & 업무변화에 민첩한 대응 미흡<br>- 사용자 요구사항의 신속한 반영 어려움 존재<br>- 잦은 유지보수로 인한 업무로직의 복잡도 증가 |
| Data | - Data Model의 관리 미흡, Data 정합성 오류<br>- Data 품질 문제, Data 연계 & 수집 어려움<br>- 다양한 Data 분석 & 활용 미흡 |
| 기술 Infra | - 정보 System & IT Infra 자원의 노후화<br>- 확장성 한계, 안정성 취약, 유연성 부족 |

|   |   | 각 기관 & 지역별 정보자원 분산 |
|---|---|---|

## 2. Cloud Native의 도입배경과 효과

### 가. Cloud Native의 도입 배경

- 기존의 모놀리식 환경에서 Service(기능)의 효율성과 확장성을 위해 Microservice화 Container를 통한 서비스 구성관리 & 배포관리, CI/CD 통한 배포의 안정성 확보, DevOps 조직체계에 의한 개발과 운영 효율화를 통해 고객 서비스의 대응력 강화 및 Issue/문제점 빠른 개선 위함

### 나. Cloud Native의 적용 내용

| 항목 | 내 용 |
|---|---|
| Container | 서비스 구성관리 & 배포(Release)관리 |
| CI/CD | 배포 안정성확보 & Fast 서비스 릴리즈 |
| 마이크로서비스 | 기존서비스의 Micro-Service화 |
| DevOps | 운영과 개발의 효율화 |

## 3. 공공부문 전산장애 발생 원인 & 해결 방안

### 가. 전산장애 문제점과 개선 (AS-IS)

| 접속 지연 & Hang-up (서비스 안됨), System 중단, 수직확장 (Scale-up) 의 한계, 사용자 급증 인한 과부하, 기능 오류 | →개선→ | 서버증설, 통합테스트(기능 개선 적용후), 개발후 운영팀 이관 점검, 수작업, System 중단 반복 |
|---|---|---|

4. 기존 Issue와 Cloud Native 도입 통한 해결 방안

| 주요이슈 | 원인 | 기존의 해결책 & 한계 | | Cloud Native 도입 통한 해결 |
|---|---|---|---|---|
| 접속지연 & 중단현상 | 사용접속 급증 → System 과부하 ↑ 예약 Systems | 서버자원 증설 | 서버자원 수직확장의 한계 (수평확장 필요) Scale-out | Cloud 플랫폼 (Container 기반 오토스케일링) |
|  |  | 기능오류 해결 후 전체시스템 통합 Test | 통합 Test 와 전체 System 배포위한 상당한 시간 필요 ← System 중단 불가피 | Micro-서비스 (작은 서비스) |
| System 중단 | Appl. 기능오류 발생 | 개발팀의 개발 후 운영팀이관 |  | DevOps (개발팀+운영팀) |
|  |  | 수작업에 의한 전체 시스템 배포 |  | CI/CD (자동화된 배포) |

"끝"

문 8) Cloud Native Application

답)

1. 확장성, 이식성 제공, Cloud Native Appl. 개요
   가. Cloud Native Application의 정의
   - Cloud Native 환경에서 개발, 실행되는 Appl.
   - Cloud 내에서 확장가능, 어떤 Cloud에서도 이식 가능
   나. Cloud Native 용어 사용 유래
   - 2015년 리눅스에서 최초사용, CNCF(Cloud Native Computing Foundation) 재단설립, Cloud Native 관련 기술정의, Open Source를 관리함

2. Cloud Native Appl. 확장성, 이식성

   | Cloud platform | Cloud내 확장성 / 이식성 (Appl. 그림) |
   | Cloud Native | 전자정부Cloud, MSA, 컨테이너, 서버리스, CI/CD / public, MSA, 컨테이너, DevOps, CI/CD / private cloud |
   | 개발&실행 | 개발…실행 / 개발·실행 / 개발·실행 |
   | Cloud Native Application | Appl.s / Appl.s |

   - Private, public, Hybrid cloud 환경 전체에 지속적인 개발과 자동화된 관리 환경 제공

3. 기존 Appl. Cloud Native Appl.의 차이점

| 구분 | 기존 Appl. | Cloud Native Appl. |
|---|---|---|
| Appl. 구조 | Monolithic 구조 | Micro Service |
| 결합 | 고고 조밀한 결합 | 느슨한, 서비스기반 |
| 실행환경 | 물리서버 중심 | 가상 Container 중심 |
| 확장 | 수직확장(Scale-up) | 수평확장(Scale-Out) |
| Infra 의존성 | Infra 의존 | 인프라 독립, 이식성보장 |
| 개발방법 | 폭포수(Waterfall) | Agile (민첩성) |
| Build, Release | 수작업<br>긴 시간(Long-Term) | CI/CD 자동화<br>짧은 시간 & 지속적 |
| 조직구조 | 단절된 개발, 운영, 보안팀 | DevSecOps 협업 |

- Monolithic 구조 : 장기간 거쳐 긴밀한 결합, 단일구조
- CI (Continuous Integration : 지속적 통합)
- CD (Continuous Deployment : 연속적 배포)

"끝"

문 9) Cloud native Application (CNA)
답)

## 1. Cloud Computing 모델 장점 활용, CNA 개요

### 가. Cloud Native Application의 정의
- MSA 기반으로 Appl. 구조를 업무에 특화된 독립단위로 개발하고 Container 단위로 생성하여 Cloud 환경에서 관리하고 Release할 수 있는 개발방법론

### 나. Cloud Native Application의 특징

| | |
|---|---|
| On Demand | 필요한 Computing 환경을 즉시 제공 |
| Rolling Update | 업그레이드, patch시 다운 Time zero & 최소화 |
| Self Recovery | 노드장애발생시 정상서버로 자동 복원 |
| Appl. Scaling | Appl. 단위의 오케스트레이션 수행 |
| Portable | 멀티/하이브리드 Cloud 기반 Appl. 서비스 |

## 2. Cloud native Appl. 구성 & 구성요소

### 가. Cloud Native Appl. 구성

- DevSecOps — 개발, 보안 운영통합
- CI/CD — 지속적통합 및 배포
- MSA — 소규모 서비스 집합
- 컨테이너 — 단순성, 신뢰성, 편리성

(중심: Cloud Native)

- Cross Function Team이 제공한 Cloud native Appl.은 전반의 민첩성, 회복성, 이동성이 가능함

4. Cloud Native Appl.의 구성요소

| 구분 | 구성요소 | 설명 |
|---|---|---|
| 조직 측면 | DevSec -Ops | Tool chain 활용해 개발과 보안, 운영 조직협업 Build외 구현&관리 진행 |
| | Agile | User Story 기반 Seamless 개발, 요구의 적극적인 수용통해 S/W를 개발하는 Adaptive 개발 방법론 |
| 아키텍처 측면 | MSA | - Micro Service를 이용해 복잡한 Application을 구축하는 방법<br>- API 활용, 타서비스와 통신, 독립적 확장 |
| 인프라 | Container | 다른 환경으로 신뢰성 있게 포팅 가능 |
| | 쿠버네티스 | Container화된 Appl.의 자동 Release, 확장 관리용 platform |
| 통합/ 배포 | CI/CD | Appl. Code 변경에 대한 정기적 Build, Test의 병합 수행 & 변경사항 자동 릴리즈 |

- MSA 아키텍처 기반 DevSecOps, 컨테이너, 쿠버네티스와 같은 요소들을 활용하여 구현됨

3. Cloud Native Appl.과 기존 Appl. 비교

| 항목 | Cloud Native Appl | 기존 Appl. |
|---|---|---|
| OS | OS 추상화 | OS 종속적 |

| | | |
|---|---|---|
| 용량 | 적정용량(provisioning 이용 동적 할당) | 과다용량 (최대 용량 추정치 비교) |
| 작업 방식 | 공동작업 (사람, 프로세스, Tool 결합) | 사일로 방식 (완성품을 활용한 Test) |
| Deliver | 지속적 전달 (배포) | 폭포수형 (주기적) |
| 구조 | 독립적 (Micro Architecture) | 종속적 (Monolithic Arch.) |
| 확장성 | 자동화 | 수동 크기 조절 |

- 유연한 개발환경 & 개발자가 개발에만 집중하려는 Need가 커짐에 따라 Cloud Native Application 개발 방법론의 필요성이 지속됨

"끝"

문 10) Cloud Native Application (CNA) (2교시)
답)

## 1. Cloud Computing 모델 장점 활용, CNA의 개요

### 가. Cloud 환경에서 확장성 확보, CNA 정의
- Public, Private, Hybrid cloud와 같은 Cloud 환경에서 확장 가능한 Appl. 구축 & 실행하는 SW 개발방법

### 나. Cloud Native의 정의
- Cloud Computing 장점을 최대한 활용할수있는 (효율적 자원이용, 탄력적 수요대응등) 정보 System 분석·설계·구현 & 실행하는 환경

### 다. Cloud Native Application
- Cloud 환경에서 실행되는 Application

## 2. Cloud Native Application 특징, 구성, 구성요소

### 가. CNA의 특징

| 특징 | 상세 설명 |
|---|---|
| On-demand | 필요한 Computing 환경을 즉시 제공 |
| Rolling Update | Upgrade, 패치(patch)시 Downtime Zero화 & 최소화 가능 |
| Self Recovery | Service 장애 발생시 자동복원, DB Transaction 오류시 회복위한 보상 트랜잭션 수행 |
| Appl. 스케줄링 | 확장성 가능 Application 개발 & 운영 |

| | | |
|---|---|---|
| | Portable | Multi/Hybrid cloud 기반 Application Service 운영, Simple 배포/Build/서버가동 |

4. CNA의 구성

```
  Test, 배포를          ┌──────┐         ┌──────┐   다른 환경으로
  더 빠르고            │DevSec│─────────│ CI/  │   신뢰성 있게
  자주, 자동화          │ Ops  │         │ CD   │   Porting 할 수 있음
                      └──────┘         └──────┘
                           Cloud-Native

  Appl.을 소규모        ┌──────┐         ┌──────┐   배포작업의
  Service 집합의       │ MSA  │─────────│컨테이너│   단순성과 신뢰성
  일부로 개발           └──────┘         └──────┘   제공기반 통합/배포
```

- Cross Function 팀이 제공한 Cloud Native Application은 Cloud 전반의 민첩성, 회복성, 이동성을 가능하게 함

5. CNA의 구성요소

| 구분 | 구성요소 | 설명 |
|---|---|---|
| 조직/개발방법 | DevSecOps | Tool chain 활용, 개발+보안+운영조직이 협업 Build와 구현&관리 진행문화 |
| | CI/CD | Code 변경에 대한 정기적 Build, 테스트의 병합수행 & 변경사항을 자동 릴리즈 |
| | Agile | User Story 기반 지속 개발, 요구의 작은 수용하는 S/W 개발, Adaptive 개발 |
| 아키텍처 측면 | MSA | - Divide and Conquer (분할&정복)<br>- MS이용, 복잡한 Appl. 구축하는 방법 |

|   |   |   |   |
|---|---|---|---|
|   |   | (MicroService Arch.) | Service Mesh 활용하여 타 서비스와 통신하고 독립적으로 확장가능 |
|   | Infra /기술 | Container | 경량화된 가상화기술. Container로 Application 배포 |
|   |   | Backing Services | Service 디스커버리 활용하여 사용가능한 모든 Service를 활용 |
|   |   | 오케스트레이션 | Container화된 Application의 자동화된 배포, 확장관리용 platform (쿠버네티스, Docker Swarm 등) |

- MSA 아키텍처 기반, DevSecOps, Container, CI/CD, Agile 방법론등과 같은 요소들을 활용하여 구현

3. CNA와 기존 Application 간의 비교

| 항목 | CNA | 기존 Appl. |
|---|---|---|
| OS | OS 추상화 | OS 종속적 |
| 용량 | 적정 용량(MEM, 스토리지) (provisioning 이용 동적할당) | 과다 용량 (최적 용량 추정치 비교) |
| Deliver | 지속적 전달 (준비와 동시에 Release) | 폭포수형 (주기적) |
| 확장성 | Auto 확장성 | 수동 크기 조절 |
| 작업 방식 | 공동작업 (사람, process Tool 결합) | Silo(사일로) 방식 (완성품 활용 Test) |

| 구조 | Micro-Service | Monolithic 구조 |
|---|---|---|
| Release | Build/배포/배치등 Auto 및 최적화(수행) | Build/Release/설계 가능시간 증가 |
| Test | Micro-Service 별로 Test 및 Release | 작은실수가 전체 Build 실패로 작용 |
| 트랜잭션 | Service 별 최적의 Transaction 수행 | 수정시 전체 Rebuilding 수행필요 |

- 유연한 (Adaptive) 개발환경 & 개발자는 본연의 개발에 충실 가능, Cloud Native Appl. 방법론 필요.

"끝"

문11) Cloud Application 성숙도(Maturity) 단계

답)

1. Cloud Native 단계로 성숙, Cloud Appl. 성숙도개요
   가. Micro Service 단계로 발전, Cloud Appl. 성숙도 정의
   - 기존 Appl.을 IaaS(Infra.-as-a Service) 환경에 구현하는 Cloud 준비단계, PaaS와 Container를 도입하는 Cloud 친화단계, DevSecOps & CI/CD 도입과 함께 MSA를 적용하는 Cloud Native 단계로 구분

   나. Cloud Application 성숙 단계

   | L0 기존 Application | → | L1 Cloud 준비단계 | → | L2 Cloud 친화단계 | → | L3 Cloud Native 단계 |

   Cloud Native Application : L2, L3
   ← 모놀리식 아키텍처 → / 마이크로서비스 아키텍처

   L: Level, 기존 Appl.부터 Cloud Native로 발전

2. Appl. 환경에서의 Cloud Appl. 성숙도 설명 & 도식
   가. Cloud Appl. 성숙도

   | Level 0 | Legacy Application, 온프레미스 Infra |
   |---|---|
   | Level 1 | Lift & Shift (통째로복사), Cloud Ready |
   | Level 2 | Replatform, Cloud Friendly Application |
   | Level 3 | Cloud Native Application |

4. Application 관점에서의 Cloud Appl. 성숙도

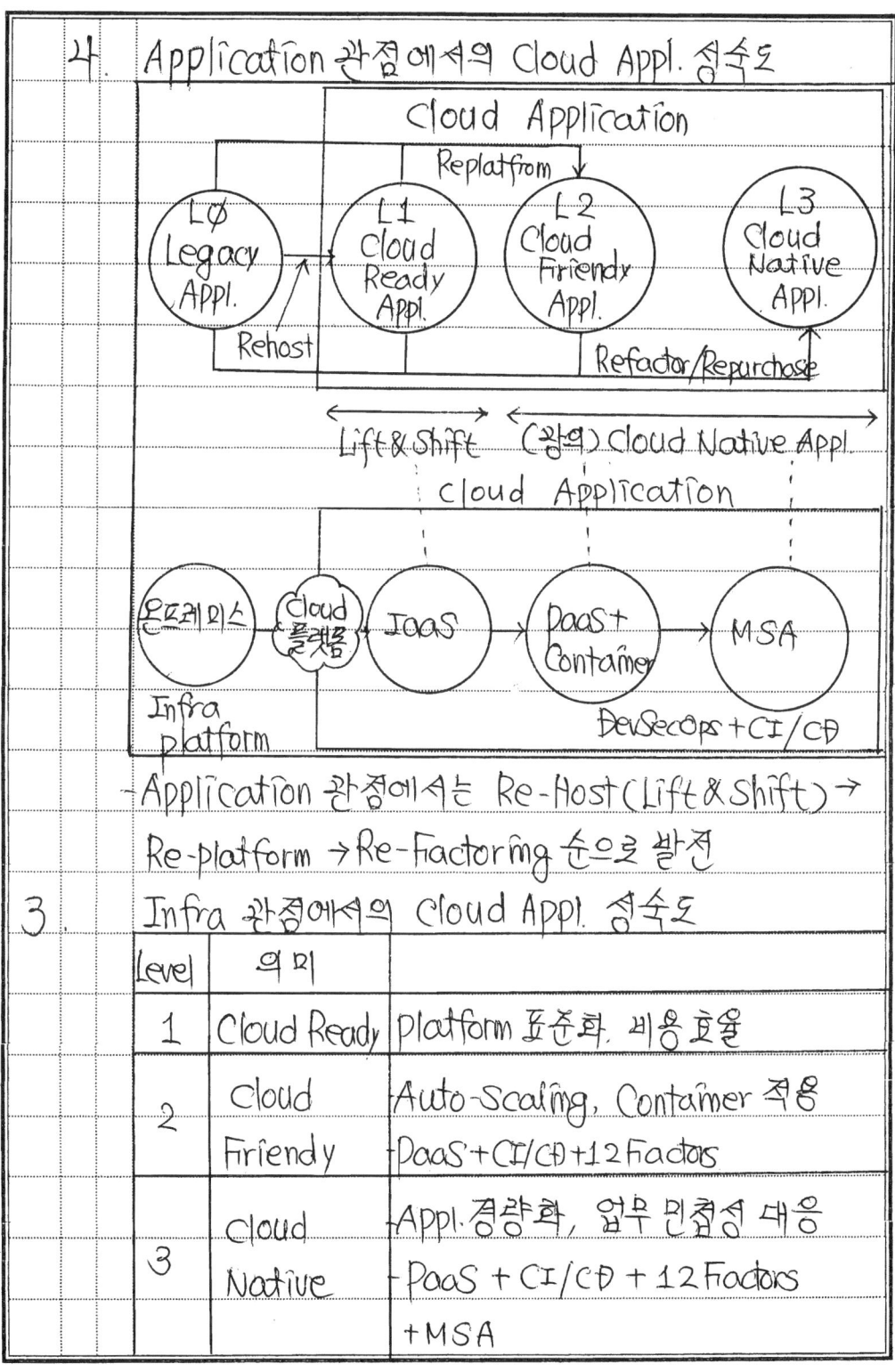

- Application 관점에서는 Re-Host (Lift & Shift) → Re-platform → Re-Factoring 순으로 발전

3. Infra 관점에서의 Cloud Appl. 성숙도

| Level | 의미 | |
|---|---|---|
| 1 | Cloud Ready | Platform 표준화, 비용효율 |
| 2 | Cloud Friendly | Auto-Scaling, Container 적용<br>PaaS + CI/CD + 12 Factors |
| 3 | Cloud Native | Appl. 경량화, 업무 민첩성 대응<br>PaaS + CI/CD + 12 Factors<br>+ MSA |

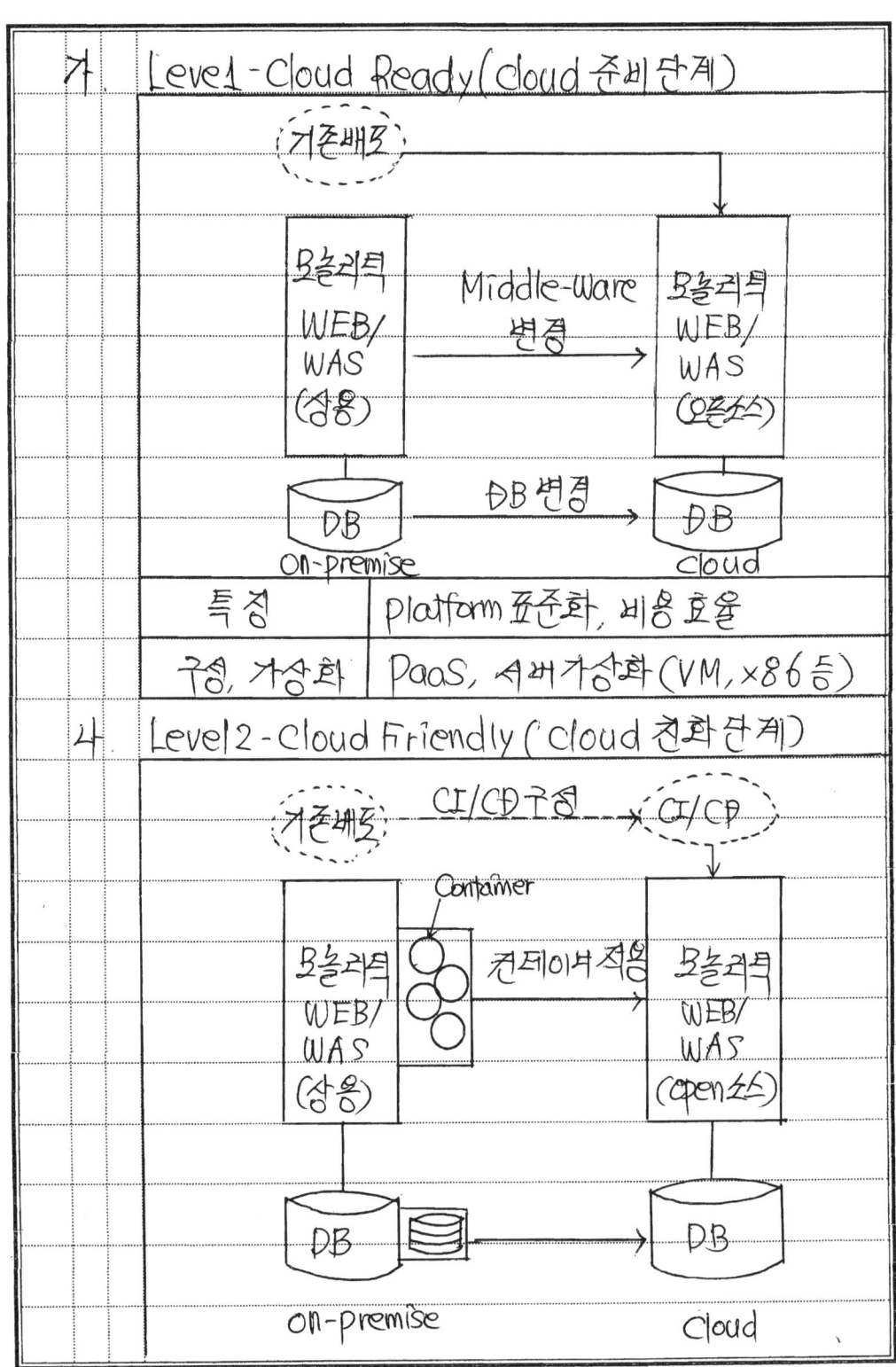

| 특징 | Auto-Scaling, Container 적용 |
| 구성 | PaaS + CI/CD + 12 Factors |
| 가상화 | 서버가상화(Container, x86) |

### Level 3 - Cloud Native (클라우드 네이티브 단계)

```
                      Micro
                      service   CI/CD
                         ↓       ↓
              Appl. 경량화   ┌─────┬─────┐
   ┌────────┐ ─────────→   │ M/S │ M/S │
   │모놀리틱│ (마이크로서비스)│     │     │
   │        │               ├─────┼─────┤
   │        │               │ M/S │ M/S │
   └────────┘               └──┬──┴──┬──┘
       │                       │     │
      DB                    DB DB DB DB
   On-Premise                   Cloud
```

| 특징 | Appl. 경량화, 업무 민첩성 대응 |
| 구성 | PaaS + CI/CD + 12 Factors + MSA |
| 가상화 | 서버가상화(컨테이너, x86) |

"끝"

## 문 12) Cloud Native Stack

답)

### 1. 클라우드 네이티브 스택 (Cloud Native Stack) 정의
- 개발자가 Cloud Native Application을 구축, 관리 & 실행하는데 사용하는 Cloud Native 기술 계층을 설명하는 용어로 각 Layer의 역할 정의

### 2. Cloud Native Stack 구성 & 설명

가. Cloud Native Stack의 구성 개념도

기술 Stack간 호환성

| Layer | 역할 | |
|---|---|---|
| Appl. 정의&개발 | Application 구현 | Agile한 개발/ 보안/운영 환경기술지원을 위한 참조 아키텍처 |
| Orchestration | 쿠버네티스등, 배포 | |
| Runtime | 컨테이너 작동 | |
| Provisioning | 자원할당, 서비스구성 | |
| Infra | OS, 스토리지, N/W등 | |

← 기술스택 표준화 →

나. Cloud Native Stack 구성요소 설명

| 구성요소 | 기술 Stack | 설명 |
|---|---|---|
| Application 정의 & 개발 | - Database | - Meta data |
| | - 스트리밍 & 메시징 | - 설정, 도구 |
| | - Image Build | - 컨테이너 이미지 |
| | - CI/CD | 관리도구등 구성 |
| Orchestration | - 스케줄링 | - 컨테이너 배포 |

| | | | |
|---|---|---|---|
| | & Management | - 오케스트레이션<br>- API Gateway<br>- Service Mesh | - Logging<br>- Monitoring<br>- Service Discovery |
| | Runtime | - Storage<br>- Container Runtime<br>- Network | 컨테이너 N/W<br>스토리지, 컨테이너<br>실행 표준 등으로 구성 |
| | Provisioning | - Automation (자동)<br>- Configuration<br>- Key 관리 | 컨테이너 환경 고려<br>한 DevSecOps의<br>배포도구, 프로비저닝 등 |
| | Infra | - Cloud Foundry<br>- Open shift | Bare Metal 등의<br>환경, 호환성 유지 |
| | | | "끝" |

문 13) Cloud Native의 장점

답)

1. Micro Service별 독립적운영 등, Cloud Native 장점

| 마이크로 서비스별 독립적 운영 | 탄력적 System 운영 | 효율적인 조직구성 가능 |
|---|---|---|
| - API Gateway 통한 독립적 운영<br>- Restful API<br>- 느슨하게 결합 | - Auto Scale 통한 동적자원 할당 가능<br>- 장애발생시 New 자원할당 | - 독립적 개발 & 배포 가능<br>(Micro 서비스별)<br>- 소규모 개발 & 운영팀 구성가능 |

| 개발기간 단축,납기 준수 | 신속한 요구사항 반영 | 컨테이너 통한 이식성 확보 |
|---|---|---|
| - DevSecOps<br>(개발+보안+운영)<br>- Process &<br>도구 활용가능<br>- 개발기간 단축<br>- Time to Market | - 사용자 요구사항 신속반영<br>- Micro 서비스별 개발 & 구현<br>- 요구사항 명확<br>- Rolling Update | - 작고 가벼운 Container 단위구성<br>- MSA 구조<br>- 다양한 환경에 Easy 이식 |

2. 독립적 Service 운영과 탄력적 System 운영 설명

가. Micro Service별 독립적 Service 운영

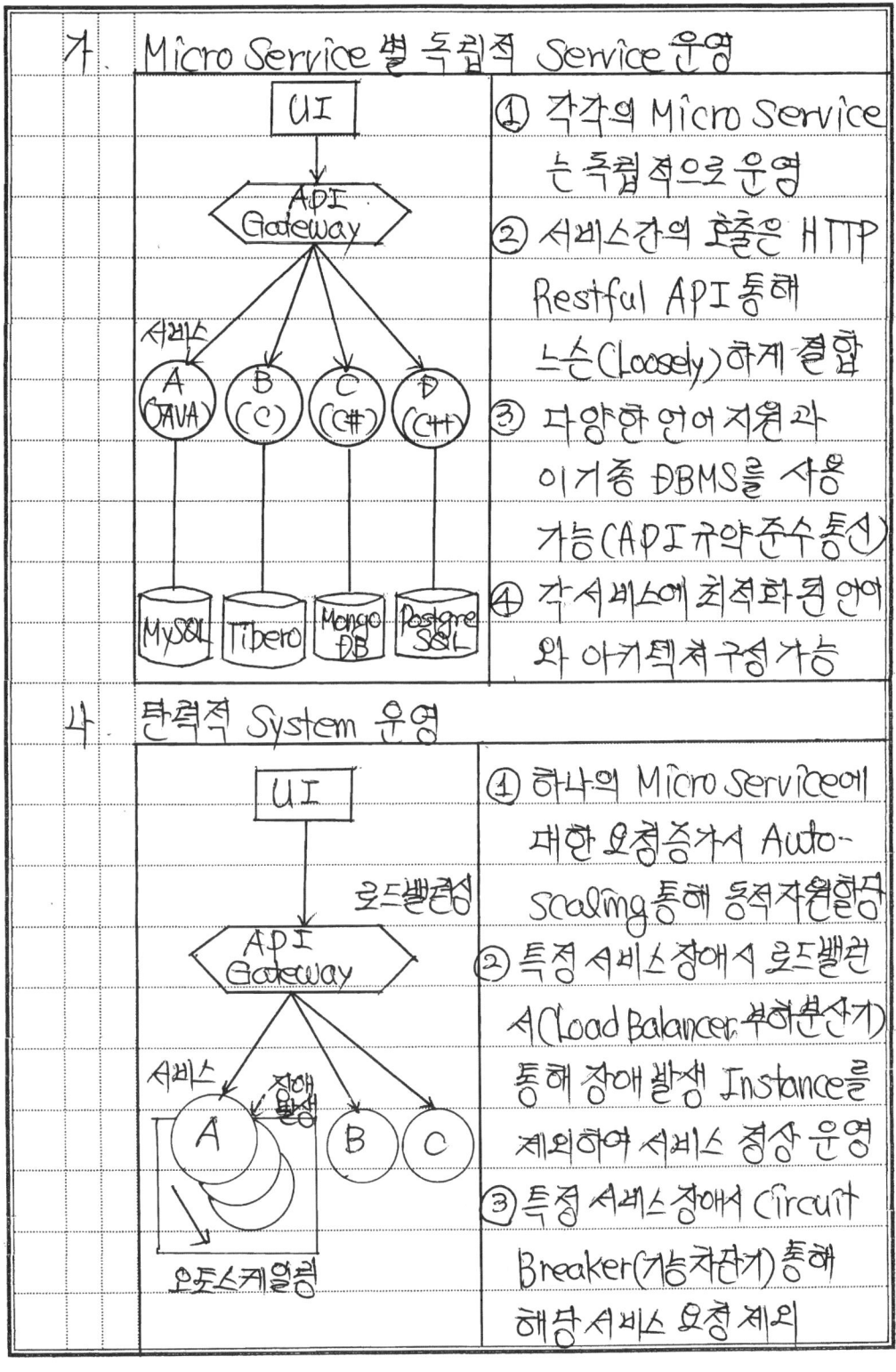

① 각각의 Micro Service는 독립적으로 운영
② 서비스간의 호출은 HTTP Restful API 통해 느슨(Loosely)하게 결합
③ 다양한 언어 지원과 이기종 DBMS를 사용 가능 (API 규약 준수 통신)
④ 각 서비스에 최적화된 언어와 아키텍쳐 구성 가능

나. 탄력적 System 운영

① 하나의 Micro Service에 대한 요청증가 시 Auto-Scaling 통해 동적 자원할당
② 특정 서비스 장애 시 로드밸런서(Load Balancer, 부하분산기) 통해 장애 발생 Instance를 제외하여 서비스 정상 운영
③ 특정 서비스 장애 시 Circuit Breaker(기능차단기) 통해 해당 서비스 요청 제외

# 3. 효율적 조직 구성과 개발기간 단축 설명

## 가. 효율적 조직구성

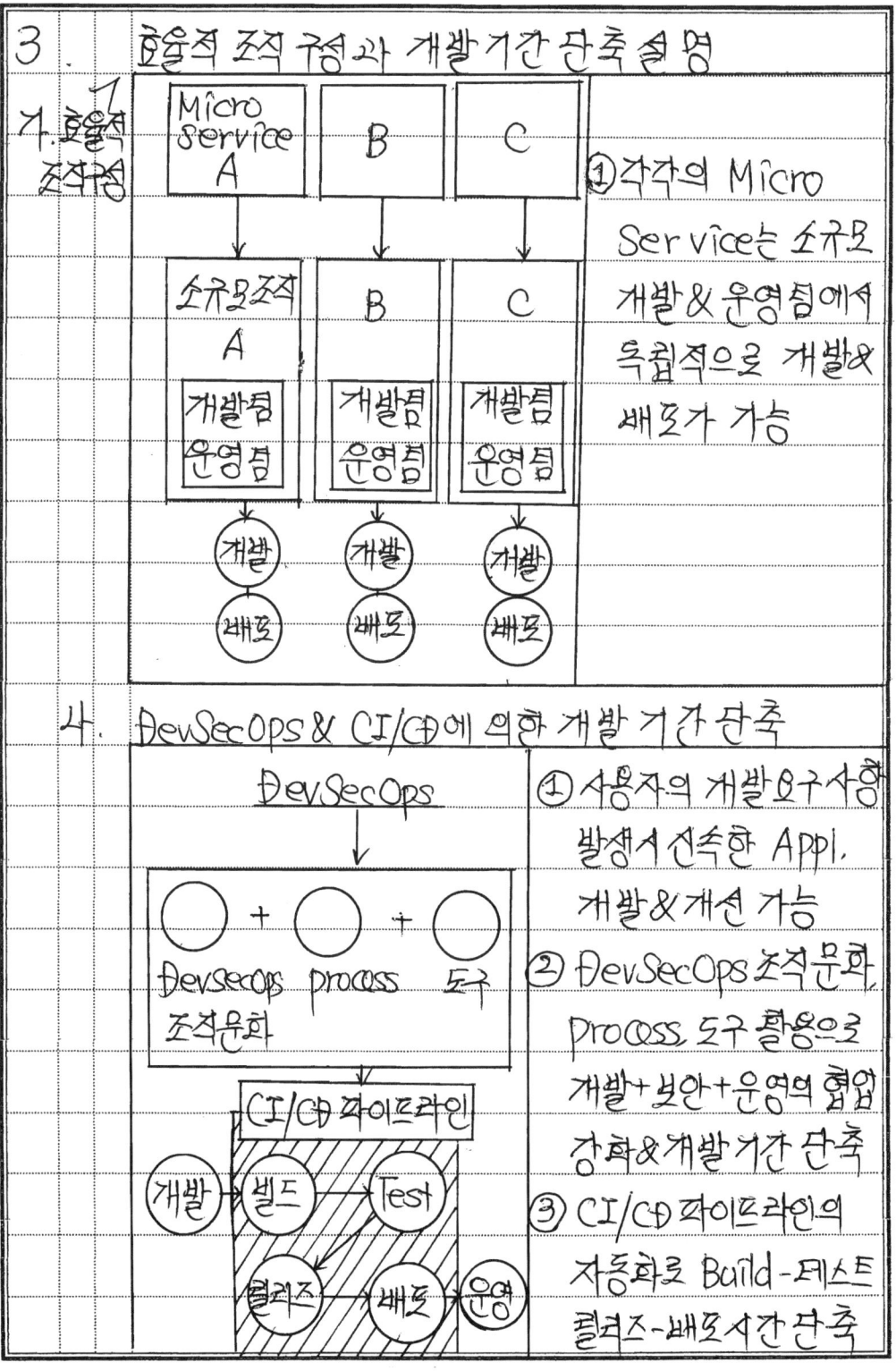

① 각각의 Micro Service는 소규모 개발&운영팀에서 독립적으로 개발&배포가 가능

## 4. DevSecOps & CI/CD에 의한 개발기간 단축

① 사용자의 개발요구사항 발생시 신속한 Appl. 개발&개선 가능

② DevSecOps 조직문화, Process, 도구 활용으로 개발+보안+운영의 협업 강화 & 개발기간 단축

③ CI/CD 파이프라인의 자동화로 Build-테스트-릴리즈-배포시간 단축

4. 신속한 요구사항 반영 & 컨테이너활용 이식성 확보

가. 작은 서비스 단위의 신속한 요구사항 반영

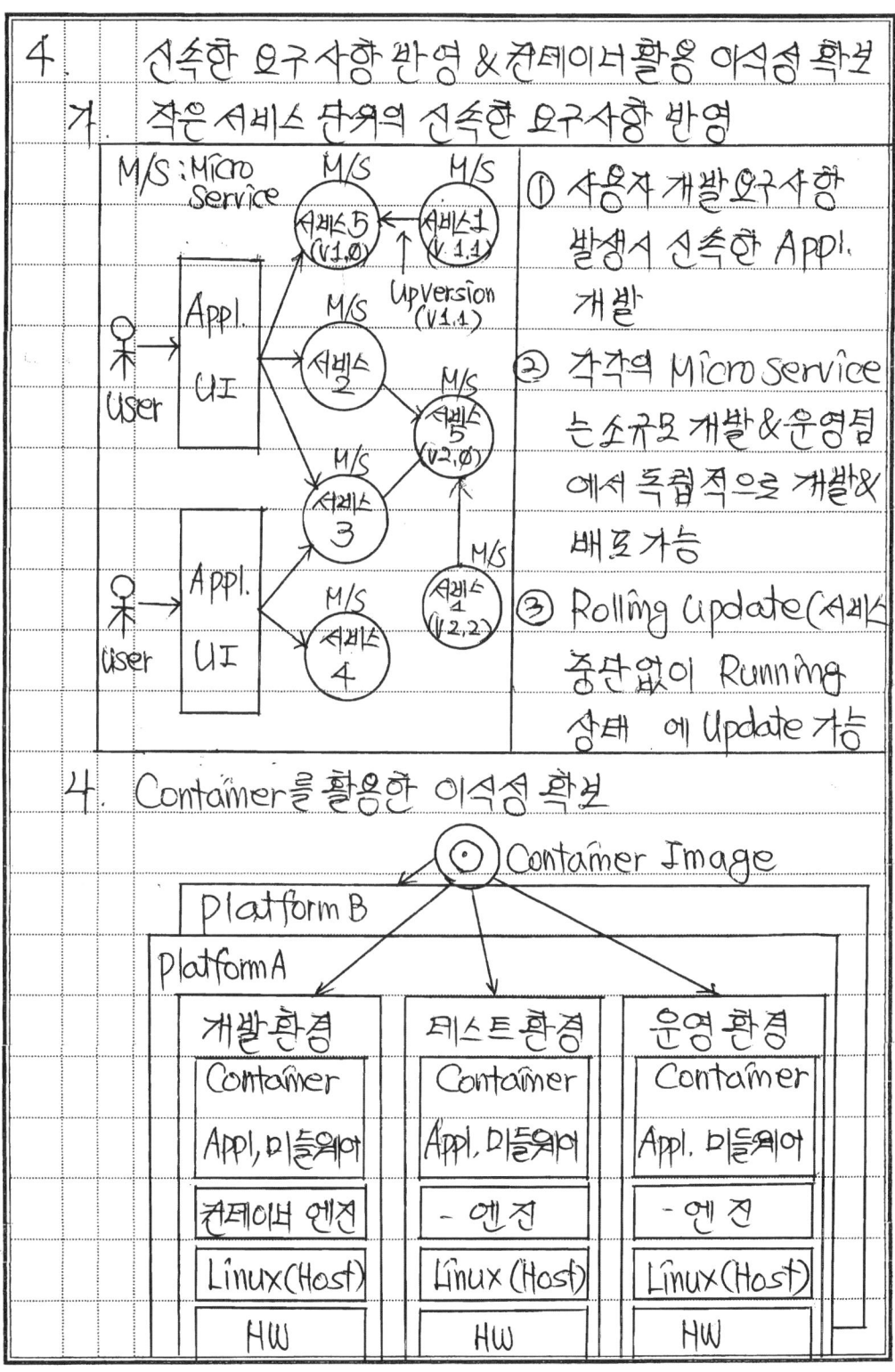

① 사용자 개발요구사항 발생시 신속한 Appl. 개발

② 각각의 Micro Service 는 소규모 개발 & 운영팀 에서 독립적으로 개발 & 배포 가능

③ Rolling Update (서비스 중단없이 Running 상태 에 Update 가능

나. Container를 활용한 이식성 확보

① Container Image 통해 모든 Container 기반 환경에서 이식 가능
② Application 실행환경을 작고 가벼운 Container 단위로 구성 후 용도별로 Container들을 조합하여 Micro Service 아키텍쳐로 구성 가능

"끝"

문 14) Cloud Native의 단점

답)

1. 복잡, 데이터 중복, 보안위험, 종속. Cloud Native 단점

| 복잡성 증가 | 데이터 중복 | 보안위험 노출 | 특정 벤더 종속성 |
|---|---|---|---|
| - 관리 Point 증가<br>- 전체 구조 파악 어려움<br>- 복잡성 증가 | - Data 분산<br>- 반정규화<br>- 일관성 유지 어려움 | - 악성코드<br>- 취약 LIB<br>- CD중 취약점<br>- CI중 취약점 | - Vendor 종속<br>- 타 사업자 변경 어려움 |

2. 복잡성 증가와 Data 중복(예시)

 가. MicroService 분산에 따른 아키텍처 복잡성 증가

| (DB, 통신, 이미지, UI, 저장, 인증 서비스들이 연결된 Micro Service 다이어그램) | ① 각 서비스들이 Micro Service로 분산되어 관리 point의 증가<br>② 구조 복잡 증가하여 전체 구조 파악 어려움<br>③ 서비스 추가시 N/W 대기시간, 내결함성, 직렬화 (동기화)등 고려해야 할 요소 증가 |
|---|---|

- System의 각 Micro Service들이 분산되어 관리 Point 증가, 전체 System에 대한 아키텍처 복잡도 증가하여 전체적인 구조 파악이 어려워지는 문제 존재

4. 분리 데이터베이스에 의한 Data 중복 (예시)

| 다이어그램 | 설명 |
|---|---|
| Micro ServiceA → 데이터 A → DB A ↔ DB B ← 데이터 B ← Micro Service B  (서비스별 Database 분리) | ① 분리 DB로 인해 중복 데이터 저장필요(반정규화)<br>② 각 DB에 각각 Data가 저장 Data 일관성 훼손가능<br>③ Multi-DB에 대한 트랜잭션 처리필요, 트랜잭션 관리 어려움 존재 |

- Data 분리시 비용증가 및 관리 point 증가

3. 보안 위험 노출 & Vendor 종속성

가. 잦은 Build & Release시 보안 위험 노출

- 잦은 빌드 & 배포서 외부공격노출

| 구분 | 빌드 | 배포 | 실행 |
|---|---|---|---|
| 이미지 | V | V | V |
| 레지스트리 | - | V | V |
| 오케스트-레이터 | - | V | - |
| 컨테이너 | - | V | V |
| Host OS | - | - | V |
| 3'rd Party Appl. | - | - | V |

① Build - 배포 - 실행 과정에 Container 이미지 등 아키텍처 구성요소의 보안취약점 발생 가능성
② CI/CD 파이프라인 과정의 보안 취약점에 대한 대응필요

- Build-Release-실행과정에 악성코드, 취약한 라이브러리 존재 가능성

4. Cloud 특정 서비스에 대한 종속성 존재

```
  Source              Source
  code                code
   ┌───┐              ┌───┐
   │소스│              │소스│
   │코드│              │코드│
   └─┬─┘              └─┬─┘
     │ A사업자           │ B사업자
     │ 고유의            │ 고유의
     │ API              │ API
     │ 사용             │ 사용
   ┌─▼──┐   사업자     ┌─▼──┐
   │Cloud│  변경       │Cloud│
   │사업자│ ──────▶    │사업자│
   │ A   │            │ B   │
   └────┘            └────┘
```

① Cloud 사업자 변경시 API & Source Code 변경 가능성 존재

② 사업자 서비스에서 제공하는 고유 API 사용 경우, 타 사업자로 변경시 관련 API의 변경과 Source Code의 변경이 요구됨

"끝"

문 15) Cloud Native 전환효과 (1)
답)

1. System Hangup 방지, Cloud Native 전환효과
   - Fast Release(배포), Container 이식성, 정책대응, Platform화에 따른 표준성, 협력성, cloud 전환에 따른 경제성 등의 효과 발생

2. Cloud Native 적용 전후 효과 비교

| Without Cloud Native | With Cloud Native | |
|---|---|---|
| 배포/Test 지연 | 빠른 배포 | 민첩성 |
| program 재설치 | Container 보표 | 이식성 |
| System 독주 | 빠른 개발&충실 (정책대응) | 확장성 확보 |
| 복잡한 환경 | 플랫폼화(소스,OS,DB등) | 표준성 |
| 소통 어려움 | 서로소통조직(Agile) | 협력성 |
| High Cost | 서비스별 신기술 적용 (CC/JAVA,DB등) | 경제성 |

3. Cloud Native 전환효과 상세

| 항목 | 기술 | 설명 |
|---|---|---|
| 민첩성<br>-신속한 행정 | MSA | - 행정/공공 분야 빈번 정책변화 대응<br>- On-Demand 서비스 제공 |
| 확장성<br>-서비스 확장성 | Container | 백신예약, 연말정산 등 업무폭주 시에도 신속한 자원 증설 가능 |

| | | | |
|---|---|---|---|
| | | | 가능하도록 Container 기반의 Scale-out 자원환경을 제공 |
| | 이식성 -프로그램 이식 | MSA, Container | 동일한 아키텍처의 기능을 다른 컴퓨터로 전송 & API 통한 호출 가능 |
| | 경제성 -서비스 보급 | MSA | 전자정부의 디지털 뉴딜(디지털화정책, 신산업(혁명등))에 변화를 능동적 대처, 다양한 언어로 서비스 개발할 수 있도록 개발언어에 대한 선택성을 제공 |
| | 민첩성 -서비스 독립성 | MSA | 행정·공공기관 업무담당자의 잦은 보직 변경이 있는 상황에서 타 System 전체 구조를 이해할 수 없는 상태에서도 전체 System의 영향없이 작은 서비스(Service)로 개발가능 |
| | 협력성 -서비스 자동화 | CI/CD | DevOps기반 자동화를 통한 휴먼 장애 방지, 각 서비스별 독립적인 개발 배포를 통하여 행정·공공기관 운영자에게 편리한 Release & 모니터링(Monitoring) 환경을 제공 |
| | 표준성 -Platform 보급확산 | MSA | 디지털 정부 platform 기반의 손쉬운 개발 Tool 등 표준화된 개발 platform 환경제공을 통하여 공공 Cloud 센터의 전면 전환을 효과적으로 수행 |

4. Cloud Native 전환후 장애방지책          [예방]
  - 장비 노후화 등으로 인해 발생되는 지속적 장애발생
  ① 장애관리 위한 주요 정보시스템 이중화, 정보시스템 등급제 개편, 재해복구 System (DRS) 구축
  ② 저성과 정보시스템 통폐합, 장비교체, 유지관리 요율 현실화 (물가반영/원자재/인건비 등 고려)
  ③ 노후화된 장비교체와 병행하여 Cloud 전환대상 System의 Cloud Native 전환 가속화

                                                "끝"

## 문 16) Cloud Native 전환 효과 (2)

답)

### 1. 경제성 확보, Cloud Native 전환 정의
- 빠른 배포, Container 이식성, 정책대응 platform에 따른 표준성, 협력성, Cloud 전환에 따른 경제성 확보

### 2. With/Without Cloud Native 의 비교

| | | With Cloud Native | Without Cloud Native |
|---|---|---|---|
| 민첩성 | | Fast Release 빠른 배포 | 배포/테스트 지연 |
| 이식성 | | Container 보급 MSA | - Program 재설치<br>- 상호 System 호환성 미흡 |
| 확장성 | | 빠른 개발&증설 (정책 대응) | System 독주<br>System Service 장애 |
| 표준성 | | Platform화 소스, OS DB등 | - 복잡한 환경<br>- 개발 Tool 사용 환경 미흡 |
| 협력성 | | 서로 소통하는 조직 (Agile) | 소통 어려움 |
| 경제성 | | 서비스별 신기술, 경제성 확보 | 높은 비용<br>Cost ↑ (증가) |

### 3. Cloud Native 전환 효과

| 항목 | 상세 | 기술 | 설명 |
|---|---|---|---|
| 민첩성 | 신속한 행정 | MSA | 행정·공공기관의 빈번한 제도 & |

| | | | | |
|---|---|---|---|---|
| 민첩성 | 신속한 행정 | MSA | 정책 변화에 빠르게 대응할 수 있는 On-Demand 서비스를 제공 | |
| 확장성 | 서비스 확장성 | 도커, 컨테이너 | 백신 예약, 마스크 예약, 연말정산, 원격근무 등 업무폭주시에도, 신속한 자원 증설이 가능하도록 Container 기반 Scale-out 자원환경을 제공 | |
| 이식성 | 프로그램 이식성 | MSA, 컨테이너 | 기본적으로 동일한 아키텍처의 다른 Computer로 전송 & API를 호출 | |
| 경제성 | 신서비스 보급 | MSA | 정부의 디지털 뉴딜(디지털 트랜스포메이션, 5~6차 산업혁명)에 능동적 대처, 다양한 언어로 개발 가능하도록 개발언어에 대한 선택성을 제공 | |
| 민첩성 | 서비스 독립성 | MSA | 행정·공공기관 업무담당자의 잦은 보직 변경(순환제근무)이 있는 상황에서 타 System 전체 구조를 이해할 수 없는 상태에서도 전체 System의 영향없이 작은 서비스로 개발 | |
| 협력성 | 서비스 자동화 | CI / CD | DevSecOps 기반 자동화, 휴먼 장애 방지, 각 서비스별 독립적응 통한 개발·배포를 통하여 행정·공공기관 운영자에게 편리한 Release & Monitoring 환경을 제공 | |

| | | | | | |
|---|---|---|---|---|---|
| | | 표준성 | platform 보효 확산 | MSA | 디지털 정부 platform 기반의 손쉬운 개발 Tool 등 표준화된 개발 platform 환경제공 통해 공공 Cloud Center의 전면전환을 효과적으로 수행 |

"끝"

문 17) 클라우드 네이티브(Cloud Native) 안정성, 확장성, 신속성

답)

## 1. 대민 서비스 무중단 실현, Cloud Native 개요

| Cloud 정의 | Cloud Native 정의 |
|---|---|
| IT자원(서버, 저장소 등)을 사용자가 직접 구매해서 사용하지 않고 필요할때 마다 필요한 만큼 인터넷을 통해 이용하는 방식 | 정보 System 설계단계부터 Cloud 기술(기능분리, 자동확장, 자동배포 등)을 적용 안정성, 확장성, 신속성 등을 최대한 활용할 수 있는 방식 |

## 2. Cloud Native 탄생배경과, 적용 전후 비교

### 가. Cloud Native 탄생 배경

현재 Cloud 환경 → Cloud Native

- 동시 사용자 집중시 접속지연
- 일부 기능 장애시 전체 서비스 장애
- 일부 기능 개선 후 배포시 전체 수정빌드

- 기능 분리
- 자동 확장
- 자동 배포

### 나. Cloud Native 적용 전/후 비교

| 구분 | 적용 전 | 적용 후 |
|---|---|---|
| 안정성 (기능분리) | 일부 기능 장애(Fault)가 전체 System 서비스 장애 초래 | 독립된 구조로 인해 개별 서비스 장애가 전체 서비스로 전파되지 않음 |

| | | | |
|---|---|---|---|
| | 안정성<br>(기능분리) | LDAP ←전체<br>서비스<br>장애<br>(○ ⊗)<br>(○ 인증) | LDAP ←개별<br>서비스만<br>장애<br>(○ ⊗)<br>(○ 인증) |
| | 확장성<br>(자동확장) | 특정기능에 대한 부하발생시 전체자원확장필요<br>전체자원확장필요 | 특정기능에 대한 부하발생시 해당자원만 자동확장<br>←개별자원확장 |
| | 신속성<br>(자동배포) | 일부기능개선시, 전체 서비스수정후 배포필요<br>기능개선<br>←전체서비스 중단후 배포 | 일부 기능 개선시, 해당 기능만 수정, 자동배포가능<br>←개별 서비스 중단배포<br>←무중단 |

- LDAP (Lightweight Directory Access Protocol)
  : N/W상에서 조직, 개인, 파일 & 장치 검색가능 S/W

3. Cloud native 방식 적용시 고려사항
- 기존 Service의 분리방안에 대한 H/W, N/W 대역폭 고려, 운영 & 서비스 효율성, 편의성을 고려하여 분리필요
- "배보다 배꼽이 클수있음" 너무 서비스를 세분화 해서 분리시 유지보수 & 운영 어려움 발생

"끝"

문 18) Cloud Native 환경에서의 가상화(Virtualization)
답)
1. 자원(Resources)의 효율적사용, 가상화의 개요
   가. 논리적 통합, 분할등 Virtualization의 정의
     - 물리적으로 한개 & 다수의 자원을 논리적으로 통합,
       혹은 분할하여 효율적으로 자원을 사용하는 방식
   나. 가상화의 종류(사용용어)

   ```
   [공유]        [풀링]
   Sharing  ─  Pooling  ─  Emulator  ─  캡슐화
      │           │           │           │
     분할        통합         가상         매핑
      │           │           │           │
   Hypervisor ─ Partitioning ─ Provisioning ─ Grouping
     매핑        분할          분할          통합
   ```

   - 분할: 물리적 자원을 논리적으로 분할 (LUN: Logical unit No)
   - 통합: 여러개의 물리적 자원을 하나로 통합 (가상 Disk)
   - 가상: 없는 자원이 마치 존재하는 것 처럼 구현 (가상 Tape)
   - 매핑: 가상자원과 물리적 자원 사이의 Mapping

2. Sharing, Pooling, Emulator, 캡슐화 설명
   가. Sharing (공유) 방식의 가상화
     - 다수의 많은 가상 자원들이 하나의 동일한 물리적
       자원과 연결되는 가상화 기술

- 물리적 자원에 대해 일부를 할당하거나 시분할 (Time sharing) 하여 공유 (Sharing)

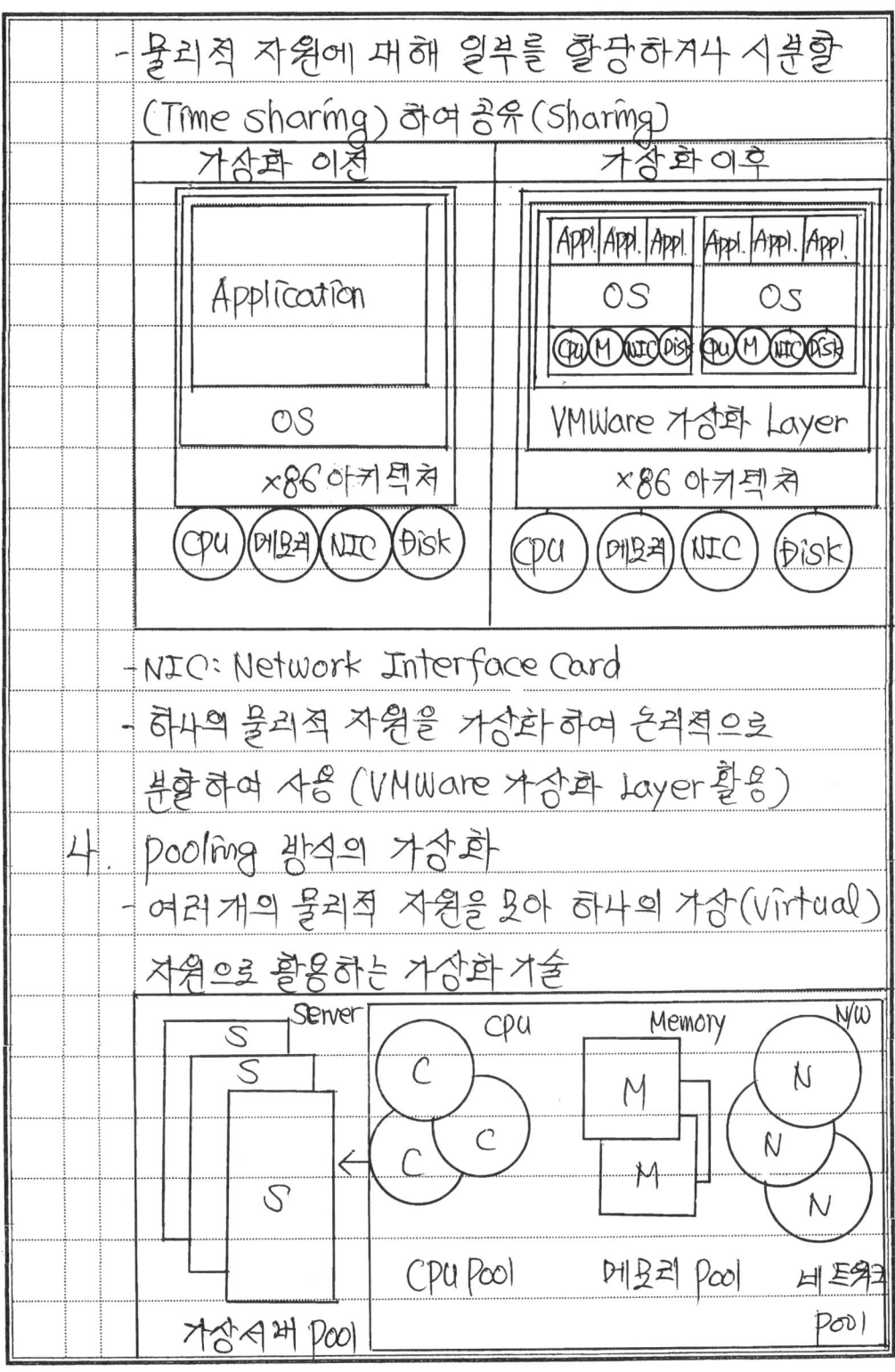

- NIC: Network Interface Card
- 하나의 물리적 자원을 가상화 하여 논리적으로 분할하여 사용 (VMWare 가상화 Layer 활용)

4. Pooling 방식의 가상화
- 여러 개의 물리적 자원을 모아 하나의 가상(Virtual) 자원으로 활용하는 가상화 기술

- 여러개의 물리적 Disk을 하나로 단일화하여 사용하는 가상(Virtual) Disk가 사례임

자. Emulation과 캡슐화 방식의 가상화

| | | |
|---|---|---|
| | Emulation | 가상자원에서 물리적 자원에는 없는 기능이나 특성을 마치 존재했던 것처럼 구현해내는 기술로 Emulator, iSCSI, 가상 Tape, 가상 Storage 등이 대표적 사례임 |
| | 캡슐화 | 가상자원과 물리적 자원 사이의 상호 매핑을 통해 가상자원 & 사용자에게 영향을 미치지 않으면서 물리적 자원을 교체할 수 있는 절연(Insulation) 기능 |

3. Hypervisor, Partitioning, Provisioning, Grouping 설명

가. 하이퍼바이저, 파티셔닝 등 설명

| | | |
|---|---|---|
| 하이퍼바이저 | Guest OS와 Host OS 사이에서 가상화를 담당하는 Program | Guest OS / Hypervisor / Host OS / H/W <br> 전가상화(HostOS, H/W 모두 가상화) |
| 파티셔닝 | 물리장치를 논리적으로 분할하는 방식 | |
| 프로비저닝 | 논리(Logical)으로 구성된 장치를 사용자에게 보여줌 (할당해줌) | |

| Grouping | 물리적 장치를 논리적으로 통합 |

4. Cloud Native 환경에서의 가상화 적용 발전
- 가상화된 Computing 자원을 활용하여 Software, Platform, Infra를 Service 제공

도입 <br>
공수 <br>
관점

| 집에서 각자를 만들어 먹음 | 마트에서 냉동 각자를 구입해 먹음 | 각자를 배달 시켜 먹음 | 각자 레스토랑에서 먹음 |

온프레미스 → IaaS → PaaS → SaaS

- physical
- 직접관리
- In-house 개발

IaaS
- 가상화기반
- Server, 스토리지에 N/W
- Infra를 가상 환경으로 제공

PaaS
- 가상화기반
- 표준화된 개발, 실행, 운영환경
- 개발 platform 제공 (S/W, DBMS)

SaaS
- 가상화기반
- 특정 Biz 도메인에 대한 서비스환경 (ERP, 웹메일 등)

가상화 → Platform → Service

← Cloud Native →
- Serverless 환경제공

- Serverless 환경: 서버를 직접 관리할 필요가 없는 아키텍처 환경으로 필요한 Computing 리소스와 스토리지만 동적으로 할당하고 해당 부분 비용을 청구하는 Cloud 실행 모델 (예: FaaS/BaaS)
- CSP (Cloud 서비스 제공자)의 역할이 증대됨

## 4. 가상화 시 고려사항 & 발전 방향

### 가. 가상화 고려 사항

| 항목 | 내 용 |
|---|---|
| 장애 point | 장애요인이 다수 발생고려, 다수 Hardware 간 관계, Monitoring/Logging 기능 필수 |
| Security | Hypervisor & 통합 & 분할 & 매핑 & 가상 등에 의한 보안취약점 고려 필요 |
| Lock-in | Vendor간 비호환성으로 가상화 제한 Vendor간 통신, 이중 호환성 고려 |
| 복잡성, Cost | Backup, 가용성/성능요인 복잡, 가상화 장비도입 비용증가, 운영비용 증가서 대책 |

### 나. 발전 방향

| | |
|---|---|
| 요소 가상화 | - 현산계, Infra 개별 자원들의 가상화 수준<br>- Biz 요구 자원 최적화에 집중 |
| 통합 가상화 | - SLA와 가상화 기술의 통합관리<br>- Biz 지원 위한 자원 최적화에 중점 |
| 완전 가상화 | - Biz 변화에 따라 실시간(Real time) 자원 최적화<br>- Micro-Service 활용 Cloud Native 활성화 |

"끝"

문 19) 공공부문 Cloud Native 도입목표

답)

1. 공공부문 무중단 서비스, Cloud Native 도입목표
   - 정책&업무변화 대응, 안정적 서비스운영, 개발 품질향상, 개발생산성 향상 등 서비스 무중단 목표

2. 공공부문 Cloud Native 도입목표
   - 정책/업무, 서비스, 조직, process, 기술 분야로 구분

| 분야 | 내용 | 목표 |
|---|---|---|
| 정책·업무 | - 정책&업무 변화시 민첩 대응<br>- 디지털 혁신&지능화 지원 | 정책&업무 변화대응 |
| 서비스 | - 서비스 개선요구사항 적시 대응<br>- 접속지연, 서비스장애시 신속해결<br>- 소규모 서비스 분리&독립적 운영<br>- 다양한 platform에 이식성 보장 | 안정적 서비스운영 |
| 조직 | - 개발·운영협업 조직체계 보장<br>- 전문인력 역량강화 | 개발품질 향상 |
| process | Coding-Build-Test-배포 라이프라인 | 개발생산성 향상 |
| 기술 | 기술 반영 용이성 확보 | |

3. Cloud Native 적합성 검토
   - 공공부문 정보화 사업 수행시 Cloud Native를 도입할 것인지 사전 의사결정 필요. 정보화 사업은 정보화 사업계획, ISP, BPR, ISMP 등의 과정에서 Cloud Native 적합성 검토가 요구됨

| 영역 | 안정성, 신속성, 확장성, 효율성, 전략방향성 고려 |||
|---|---|---|---|
| Cloud 성숙도 모델 (6개 단계) | L5 | Cloud Native 혁신단계 ||
| | L4 | Cloud Native 최적화단계 ||
| | L3 | Cloud Native 도입단계 ||
| | L2 | Cloud 활용단계 ||
| | L1 | Cloud 시작단계 ||
| | L0 | 기존 Application ||
| 신규시스템 구축 | - 신규 System을 Cloud로 도입시 <br> - 처음부터 Cloud 환경고려 설계/구축시 선택 |||
| 현행시스템 구축 | - 현재 운영중인 정보 System을 Cloud Native전환 <br> - Cloud 환경에 맞게 새로 설계하고 구축시 선택 |||

"끝"

# 클라우드 네이티브 구성요소 및 원칙

컨테이너(Container), 컨테이너(Container)와 Virtual Machine의 차이, 오케스트레이션의 주요 기능, MSA(Micro Service Architecture), MSA 구조 및 장·단점, 특징, Micro Service 아키텍처와 Monolithic 아키텍처, CI/CD, DevOps, DevSecOps, CTIP(Continuous Test & Integration Platform), 실행 중인 Application에 대한 배포(Release) 전략 및 테스트전략 등을 학습할 수 있습니다.

[관련 토픽 – 16개]

문 20) 컨테이너 (Container)
답)

1. 물류산업혁신→IT혁명(IT), Container의 개요
   가. 물류산업측면의 Container의 정의
      - 정형적인 형태(표준)의 모양으로 화물운송 극대화
      - 세계 경제사를 바꾼 大혁신적 발명품 → 수송시간 단축, 물류 수송비 인하, 화물의 항구 체류시간 절감 등
   나. IT측면의 Container
      - 물류 Container와 같이 높은 이식성으로 IT혁명 이끔
      - CaaS (Containers as a Service)
      - 세계 IT를 바꾼 大혁신적 발명품 → Service 개발 & 운영(Operation)의 극대화(현대화)

2. Container 추상개념 & Linux Container 구성
   가. Container의 추상적 개념도

   [그림: App! 3개 → Micro service, 도커 3개, Container Orchestration, 서버(WEB, WAS, DB) / Cloud-public, private, Hybrid / Infra CPU, Memory, Storage]

   - Container Orchestration (쿠버네티스)

4. Linux Container의 구성

```
         Container A          Container B
        ┌────────────┐       ┌────────────┐
        │ Process tree│      │ Process tree│
        │ 사용자 계정 │      │ 사용자 계정 │
        │ 파일 System │      │ 파일 System │
        │    IPC     │       │    IPC     │
        │  N/W 장치  │       │  N/W 장치  │
        └────────────┘       └────────────┘
              ↑                    ↑
        ┌──────────────────────────────┐
        │   LXC (Linux Container)      │      리눅스
        ├──────────────┬───────────────┤      커널
        │   cgroups    │  네임스페이스 │
        └──────────────┴───────────────┘
                  ↑
        ┌────┬──────┬─────┬─────┬─────┐
        │CPU │Memory│Disk │ N/W │ H/W │
        └────┴──────┴─────┴─────┴─────┘
```

3. Linux Container(LXC) 기반 설명

| | |
|---|---|
| LXC | 단일 Control Host 사이에 여러 개의 고립된 Linux 시스템 Container들을 실행하기 위한 리눅스 커널 수준의 가상화 방법 |
| IPC | process들 사이에 서로 Data를 주고 받는 행위 & 그에 대한 방법이나 path |
| Control groups | CPU, Memory, Network 자원 할당 |
| Namespa-ces | process Tree, 사용자 계정(Account), File system, IPC 등을 Host와 격리 |

- IPC: Inter Process Communication

"끝"

문 21) Container와 Virtual Machine의 차이와 Container 오케스트레이션의 주요 기능

답)

## 1. Container와 Virtual Machine의 정의

| | | |
|---|---|---|
| | Container | Hypervisor 없이 리눅스(Linux) 컨테이너 기술을 바탕으로 Application을 격리된 상태에서 실행하는 가상화 Solution |
| | Virtual Machine | - Computing 환경을 Software로 구현<br>- 컴퓨터를 Emulation하는 S/W로 가상머신상에 운영체제나 응용프로그램을 설치 & 실행 |

## 2. Container와 가상머신(VM)의 비교

| 구분 | Container | VM |
|---|---|---|
| 구성 | 작은사이즈<br>[Appl.A] [Appl.B]<br>[Bins/Libs] [Bins/Libs]<br>Container Engine<br>Host OS<br>물리서버 | [Appl.A] [Appl.B] 큰사이즈<br>[Bins/Libs] [Bins/Libs]<br>[게스트OS] [게스트OS]<br>Hypervisor<br>Host OS<br>물리서버 |
| 가상이미지 Size | MB (VM보다 경량) | GB (기가 Byte) |
| 시작소요시간 | 즉각 (VM보다 빠름) | 수분 이내 |
| 보안 | 커널 취약점 공유 | 컨테이너 대비 보안강함 |
| 기반 | Host 커널 | Hypervisor |

3. Container 오케스트레이션의 주요기능

| 기능 | 설명 |
|---|---|
| 온디맨드 딜리버리 (On Demand Delivery) | - 필요한 Computing 자원 즉시 제공<br>- Container 즉시 제공 |
| 일관성 & 연속성 (Consistency & Continuous) | 이미지 기반으로 구성 & 배포 (Release) |
| 롤링 업데이트 (Rolling Update) | 업그레이드(Upgrade) 시 다운타임(Downtime) 최소화 |
| 동적 스케줄링 (Dynamic Scheduling) | Application 동적(Dynamic)하게 자동 배치(Deployment) |
| 셀프 복구 (Self Recovery) | 장애 발생시 정상 서버 Node로 자동(Auto) 재배치 |
| 애플리케이션 스케일링 (Appl. Scaling) | Application Workload 단위 Auto로 Scaling |
| 이식성 (Portable) | Multi/Hybrid 클라우드 기반 Application 운영(Operation) |
| 자원 사용 제어 | - Resource Usage Control<br>- CPU, Memory 최대 자원 지정 |

"끝"

문22) MSA(Micro Service Architecture)
답)

## 1. 독립적 배치 가능한 Service 조합, MS의 개요

### 가. 기존 Monolithic 서비스 단점극복, MS의 정의
- 대규모 웹(Web) 분산 환경에서 응용 Software를 독립적으로 배치 가능한 Service (SOA에서 유래)

### 나. 기존 Monolithic 서비스의 장점 & 한계점

| 장점 | 한계점 |
|---|---|
| - Simple Release | - Build/배포/서버 가동시간 증가 |
| - 간단 Test 환경 | - 작은 실수가 전체 Build의 실패로 연등 |
| - 성능제약 낮음 | - 모듈간 Tight한 결합→성능/장애 파급 큼 |
| - 트랜잭션 관리용이 | - 수정시 전체 Rebuilding 필요 |

- 정보 System 대형화에 따라 기존 Monolithic 서비스에는 구조적 한계점이 존재

## 2. MSA 특징, 구조

### 가. MSA 특징

| 특징 | 설명 |
|---|---|
| Programming | Fine Grained (세밀요소) 프로그래밍 |
| Fine Grained | 세밀요소로 분류하고 나누어 Service |
| Interface | API G/W 통한 부하분산 인터페이스 |
| API Gateway | End-Point (각기능) 중앙제어 |

| | |
|---|---|
| De-Coupled | 여러 Service Loosely Coupled 결합 |
| Independent | 각 Micro 서비스별 독립적 기능수행 |
| 수직분할 (Vertical Slicing) | Data와 컴포넌트는 별도 배치 (SW와 DB) |
| REST API | Async Process (비동기), 병렬처리지원 |
| Polyglot 아키텍쳐 | 서비스목적에 따른 언어와 platform 선택 |
| Conway's Law | 서비스 구성은 Design과 구현조직 기반으로 |

- 단위/통합 Test & 서비스 병목현상 존재 가능하나
- Cloud native 환경에서 극복 가능

4. MSA 구조

```
Client          API-Gateway        Micro-service와 DB
              ┌──────────┐       ┌──────┬────┐
              │ Routing  │       │ 고객  │ DB │
 ┌────────┐   ├──────────┤       ├──────┼────┤
 │Client, │   │ API 변환 │       │ 주문  │ DB │
 │ UI,    │───├──────────┤       ├──────┼────┤
 │ Mobile │   │ 부하분산 │       │ 상품  │ DB │
 └────────┘   ├──────────┤       ├──────┼────┤
              │ 서비스목록│       │ 결제  │ DB │
              ├──────────┤       └──────┴────┘
              │ 보안정책 │
              │  ....    │
              └──────────┘
```

| API Gateway | MS 사용을 위한 라우팅, API변환, 부하분산, 서비스 Catalog등록, 보안정책 적용등 기능 |
|---|---|

- MS : Micro-Service
- 전체 Application을 작은 서비스로 나누어 개발하고 이 Service의 조합으로 Application 구축. 또한 레고 블럭 (Lego Block)의 조립과 같이 Service 추가 편함.

- 표준 API통신을 통한 각각의 Service 개발후 조립가능

3. MSA 적용시 고려사항

| 구분 | 고려사항 | 설명 |
|---|---|---|
| 품질속성 | 성능 | - Service Call을 API통신 활용<br>- Marshaling Overhead |
| | Memory | 독립된 서비스 배치로 Instant 운용메모리 |
| | 서비스간 트랜잭션 | 분산시나리오 최소화, 보상 트랜잭션,<br>네이티브 protocol 이용한 복합서비스 |
| | 테스트 용이성 | 서비스간 종속성, 상이한 동작환경에<br>따른 복잡도 증가 |
| 조직 | 조직모델 | Cross Function Model, DevSecOps |

- Marshaling : 저장과 전송목적으로 Data구조 & 객체를 한 표현에서 다른 표현으로 변환하는 process
- 비용절감과 fast 시장대응측면에서 개발수명주기 전체를 빠르게 하는 아키텍처로서 MSA 발전이 기대됨

"끝"

문 23) MSA 구조 및 특징, 장/단점

답)

## 1. MSA (Micro Service Architecture) 개요

### 가. SOA 사상 기반, MSA의 정의
- 대용량 Web기반, 서비스의 경량화 & 독립적 배치가 가능한 Service 조합 아키텍처

### 나. 대규모 개발 Project 적용, MSA의 특징

| | | |
|---|---|---|
| 서비스 분할 | Fine Grained (세부요건) 서비스 지향 |
| 분할 | 수직분할 (Vertical Slicing)로 서비스 분할 |
| 통합 | API Gateway를 통한 End-Point 통합 |
| 병렬 | REST/Async. Process 통한 병렬 처리 지원 |
| Polyglot 아키텍처 | Service 목적에 따른 언어와 platform 선택 |

## 2. MSA 구조 & 특징

### 가. MSA 구조

① UX
- 사용자 UX
- 상품 UX
- 주문 UX

② API Gateway

③ Service (Micro)
- 사용자 관리
- 상품 관리
- 주문 관리

| 구성 | 기능 | 설 명 |
|---|---|---|
| ① | 각 기능별 UX | 사용자/상품/주문 등 frontend UX |
| ② | Middleware 기능 | Proxy 서버처럼 모든 API에 대한 endpoint 통합, SOA의 ESB 경량버전 |

| | | | | |
|---|---|---|---|---|
| | ② API Gate Way | Endpoint 통합 & 토폴로지 정리 | 중앙에 서비스 버스와 같은 역할하는 채널로 P2P에서 Hub & Spoke 방식으로 변환시켜 Service간 호출을 단순화 | |
| | | 오케스트레이션 | - 기존 Open API의 Mash up 과 같음<br>- 여러개의 서비스를 묶어서 하나의 New 서비스 | |
| | | 공통기능 처리 | API에 대한 인증(Authentication)과 Logging과 같은 공통기능처리로 API는 Biz 로직에 집중하고 공통기능은 중복 방지 | |
| | Micro Service | 각 기능별 서비스 | 사용자, 상품, 주문 등 | |

4. MSA 구조의 특징

| 서비스 컴포넌트화 | 분산 거버넌스 | 분산 데이터 | Biz 연계조직 | Product 지향 |
|---|---|---|---|---|
| - Loosely Coupled | - polyglot Persistence | - DB per 서비스 | - Cross Functional Team | - You Build You Run it |
| - 독립적 배포 가능한 서비스들로 분리 | - 멀티언어, 멀티플랫폼으로 System 구현 | - 필요에 따라 다양한 DB사용 | - Biz별 서비스에 최적화된 Team원 구성 | - Product 생애주기 전담 |

3. MSA 장/단점

| 구분 | 항목 | 내용 |
|---|---|---|
| 장점 | 유연한 배포 | - Service별 독립적/부분 배포<br>- System 영향 최소화 |

| | | | |
|---|---|---|---|
| 장점 | | 확장성 | 부하가 많은 특정 서비스만 확장 |
| | | 조직 구조에 영향 | Conway's Law (S/W구조=S/W생성조직 구조)<br>- 팀간의존성 제거, 각팀이 개별서비스 개발 |
| 단점 | | 성능 | - Service 간 API Gateway 호출<br>- Data 모델 변환 Overhead<br>- Network 부하등 성능 Issue |
| | | Test | 특정기능 테스트위해 여러 Micro-Service 연동 Test 필요, Test 시나리오 많음 |
| | | 트랜잭션 처리 | API Gateway 기반 여러 서비스를 하나의 트랜잭션으로 묶기 어려움 |

- Transaction 처리 단점을 해소하기 위해서는
① 분산 트랜잭션 시나리오를 설계단계에서 해소
② 복합서비스는 두개의 System 통합 (MSA 사상의 배)
③ 에러 처리로직, 에러시 원래 (RollBack) 재로 등 고려

"끝"

문 24) 마이크로서비스 아키텍처와 특징

답)

## 1. MSA (Micro Service Architecture)의 개요

가. MSA 정의
- 하나로 구성된 Application을 여러개의 작고 느슨한 형태의 서비스로 변경하고 조합이 가능한 아키텍처로 독립적으로 Service하고 Release(배포) 가능 구조
- Cloud 특성 & 장점 활용 → Cloud 환경 최적화된 S/W 설계 기법

나. Micro Service Architecture의 특징
- 명확한 경계를 가진 느슨하게 결합된 서비스 지향구조

| 느슨한 결합 | 서비스 지향 | 다양한 언어&기술 | Auto 스케일링 | 서비스별 격리 |
|---|---|---|---|---|
| 서비스는 독자적 update, 서로 영향을 주지 않음 | 서비스들이 Network을 통해 서로 API 통신 | 하나의 언어가 아닌 다양한 언어와 기술 적용 | 자원 Metric 모니터링 자동조절 (자원) | 장애 전파 최소화(서비스 단위로 Update & 교체), M/S 별 격리 가능 |

- M/S = Micro Service 정의
- MSA로 통상 명칭되며 최적화된 응용 SW 설계 기법을

## 2. 느슨한 결합(Loosely-Coupling)과 서비스 지향 설명

가. Loosely Coupling 설명
- API로 통신하는 소규모 독립적 서비스로 구성하여

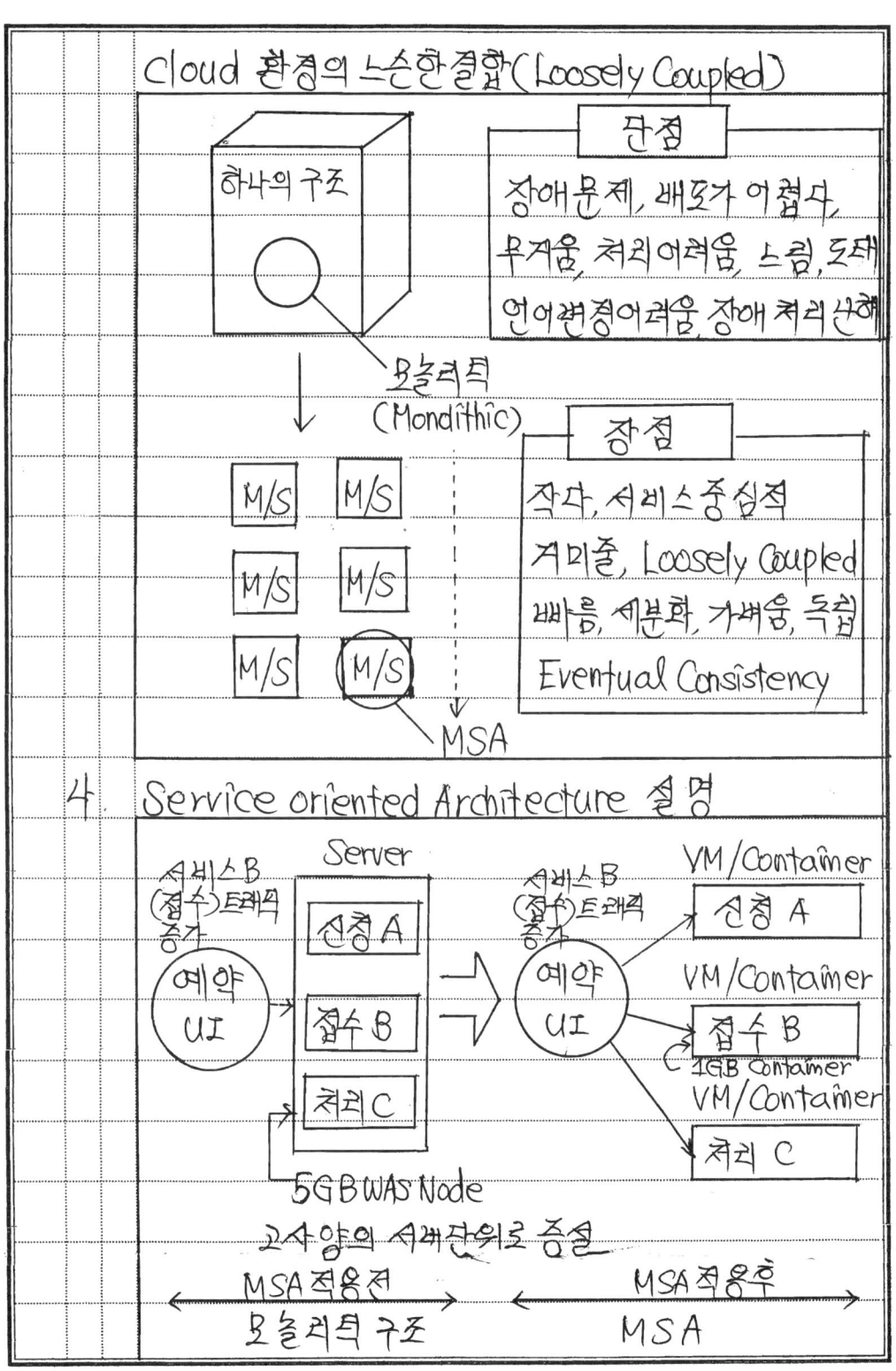

- 업무용도에 적합한 기술을 적용하여 탄력적이고 선택적인 서비스 확장을 제공

3. 다양한 언어&기술, Auto 스케일링 설명
 가. 다양한 언어 & 기술 적용 가능한 구조

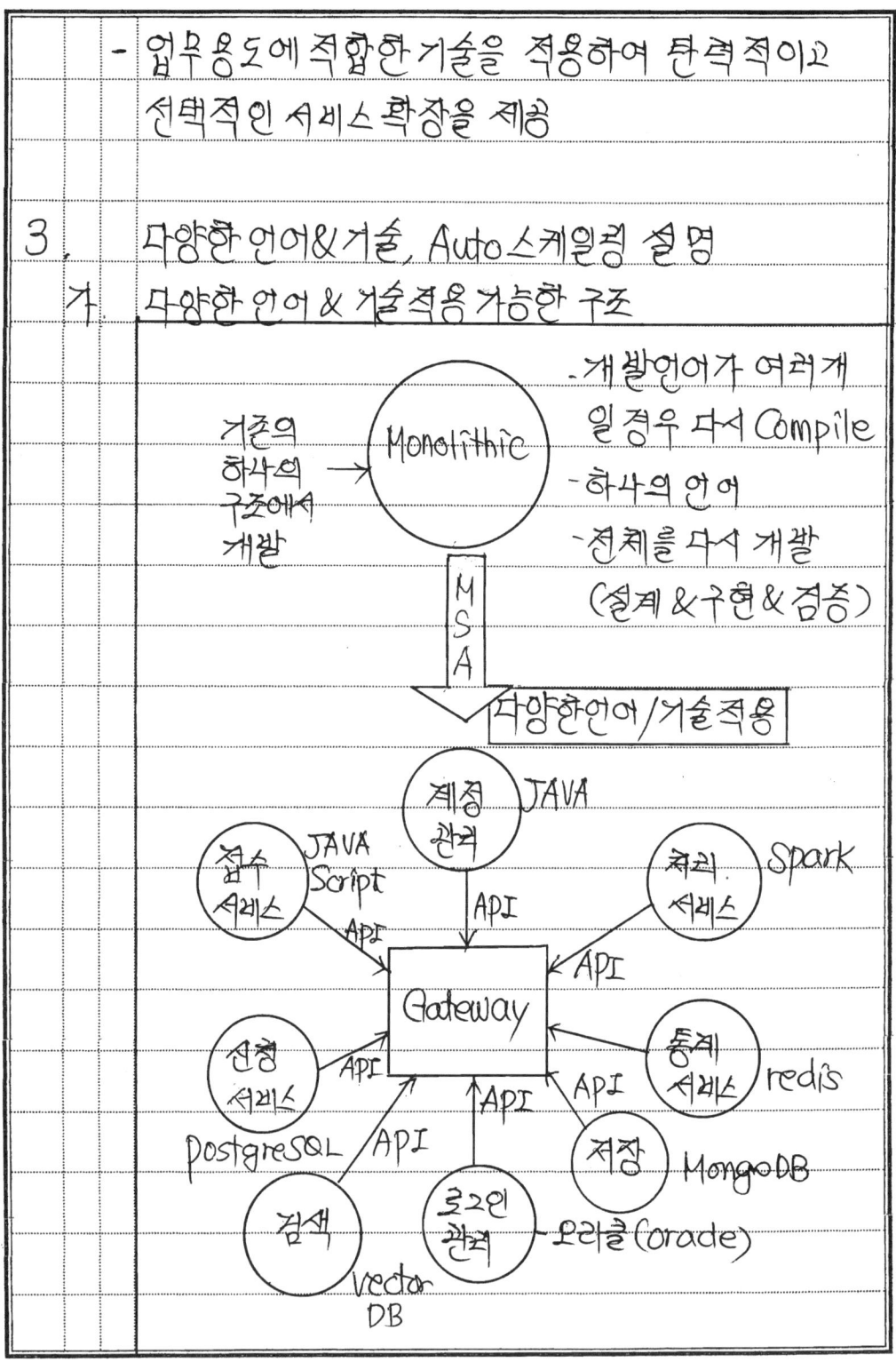

4. Auto Scaling 설명
- 자원들의 매트릭(Metric)을 모니터링하여 Server 사이즈를 자동조절하여 부하에 대응

① Server Group 모니터링 기반 Auto-Scaling

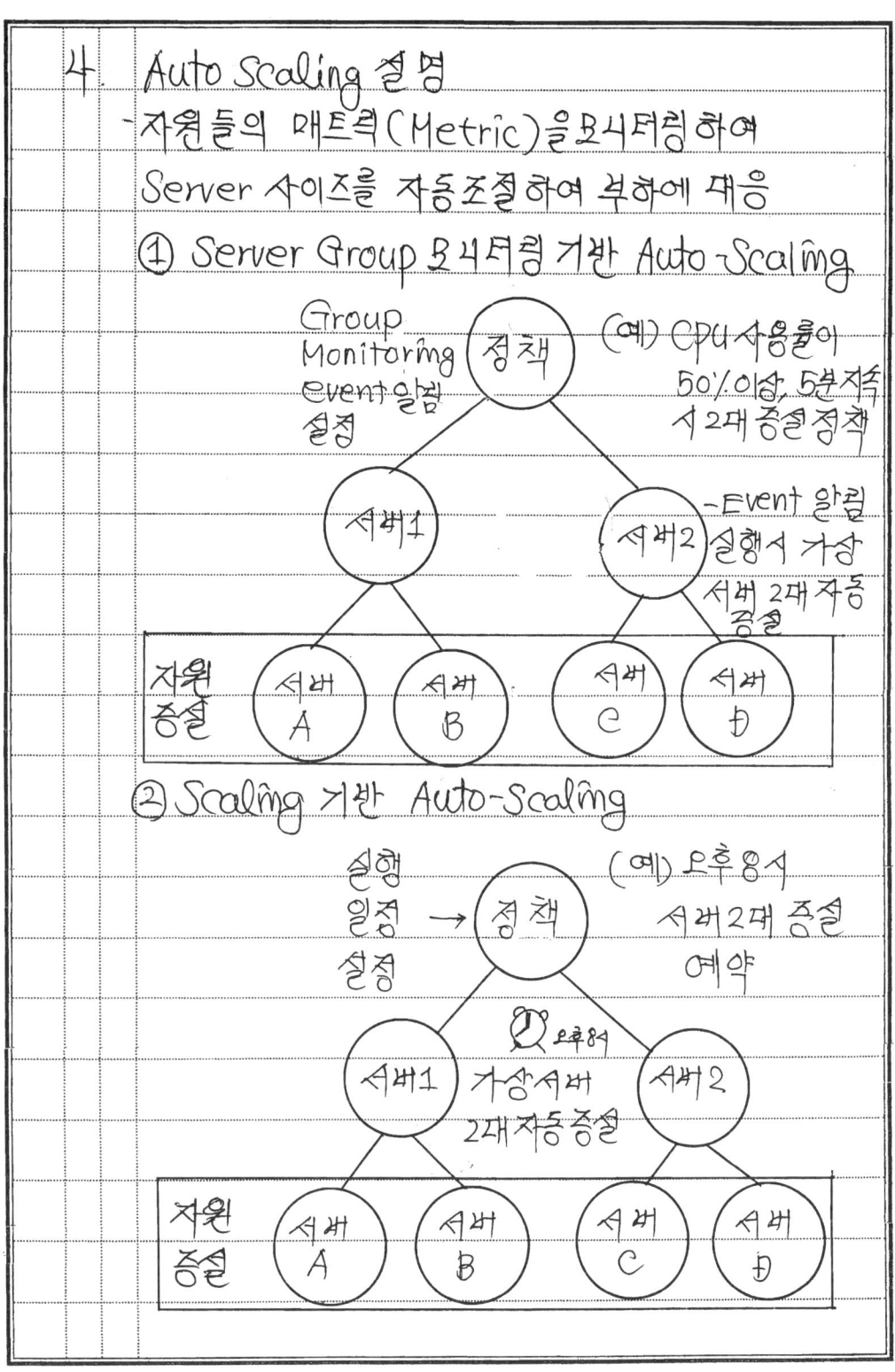

② Scaling 기반 Auto-Scaling

## 4. Micro-Service 별 격리의 설명

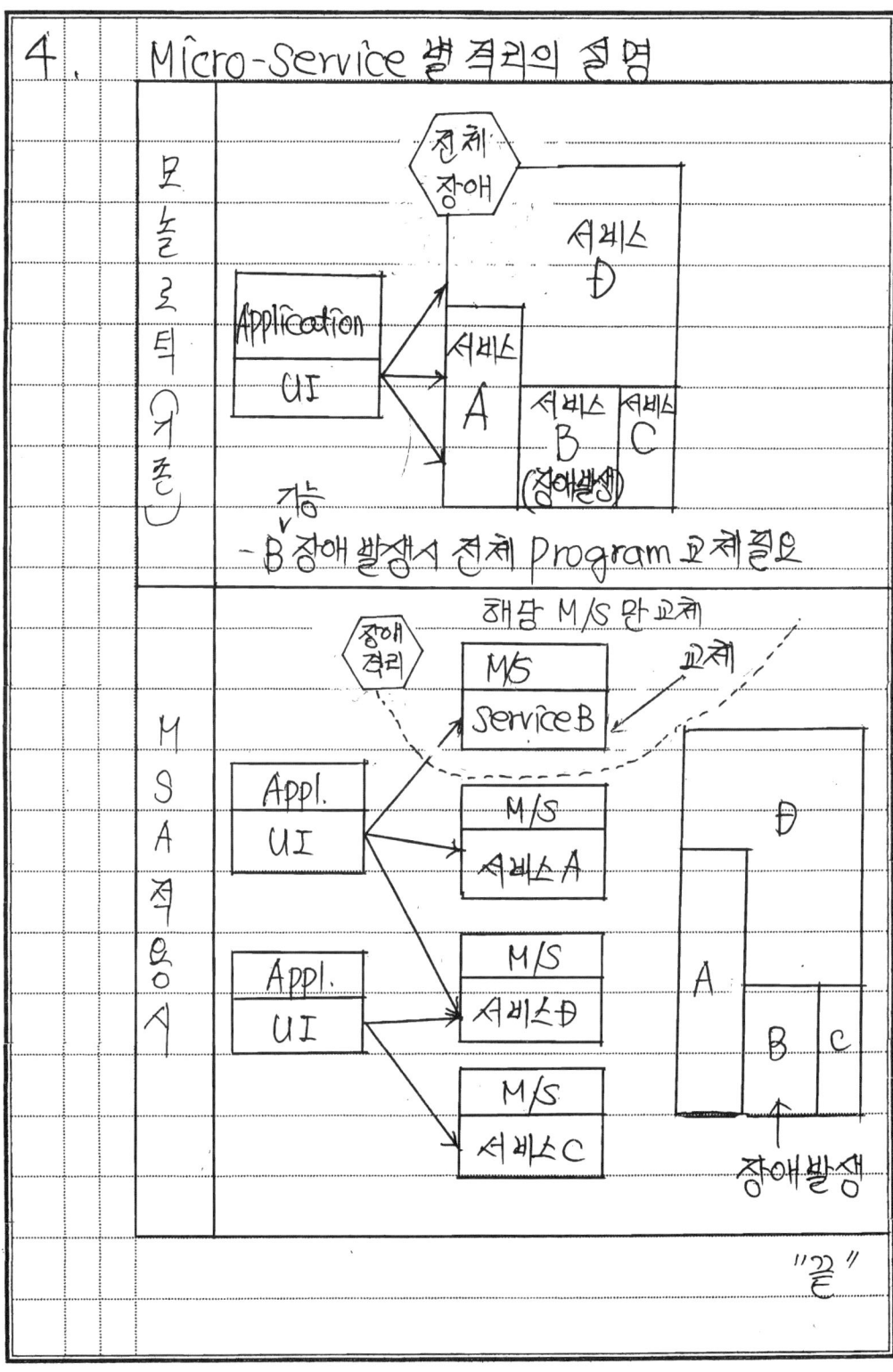

문 25) MicroService 아키텍처와 Monolithic 아키텍처
답)

1. 모놀리틱 / Micro Service 아키텍처의 정의

| 모놀리틱<br>아키텍처 | UX 프론트엔드(Front end) 하위에 모든 기능 & DB를 통합하고 각 컴포넌트들 간 상호호출을 함수를 이용한 Call-by-reference 구조 |
|---|---|
| Micro-<br>Service<br>아키텍처 | SOA 사상근간, 대용량 Web 서비스 개발에 맞게 UX Front end 하위에 기능 & DB를 분리(Vertical Slice)하여 사상(Mapping)을 경량화, 대규모 개발조직구조에 적합한 아키텍처 |

2. 모놀리틱 / Micro Service 의 비교

   가. Monolithic 아키텍처

   ① Frontend Layer  ② Backend Layer  ③ Data Access Layer

   Client, UI, Mobile ↔ [고객, 주문, 상품, 결제] ↔ [고객|주문|상품|결제] 단일DB

   - Application을 ①②③ 3개 Layer로 분리하여 개발
   - 단일 Appl., 단일 DBMS 구조, 기능간 종속성
   - 무거우며 복잡하게 기능이 얽혀 있어 신중한 배포 작업
   - 하나의 응용프로그램에 모든 기능 구현

   나. Micro Service 아키텍처 (MSA)
   - API Gateway 역할 중요 (Broker 역할)

```
┌─────────┬──────────┬─────────┐
│         │  라우팅   │ 고객─DB │
│ Client, │ API 변환 │ 주문─DB │
│ UI,     │ 부하분산 │         │
│ Mobile  │ 서비스목록│ 상품─DB │
│         │ 보안정책 │ 결재─DB │
└─────────┴──────────┴─────────┘
   client    API Gateway   Micro Service   DB
```

| API Gateway | - MS 사용을 위한 라우팅, 보안, 부하분산 등 담당 |
| --- | --- |
| | - 모든 MS를 등록하고 Service 간 통신을 중앙 통제 |
| MSA 특징 | - API를 통해 Micro Service 간 통신 가능 |
| | - Cloud 외부의 Micro Service 호출 가능 |
| | - 필요한 경우 Service 단위로 스케일링 In/Out |
| | - Service 단위의 부하분산, Routing 지원 |
| | - Service 단위의 Update 가능 (수정, New 등록 등) |
| | - API Gateway 통한 보안 강화 용이 |
| | - 꼼꼼한 설계 필수, Test 시나리오 작성 등 |

- MS : Micro Service

3. MSA와 모놀리틱 특징 비교

| 구분 | MSA | 모놀리틱 |
| --- | --- | --- |
| 장점 | - 서비스별 언어가 독립가능 | - 통합관리 |
| | - 서비스별 DBMS 독립가능 | - 운영 안전성 |
| | - 낮은 결합도 (서비스간) | - 개발자의 효율적 운영 |
| | - 이질적 기술 연계 용이 | - 이력(S/W)관리 단순 |

| 구분 | | [적용] |
|---|---|---|
| 배포방식 | Service 마다 각각 | 단일 Appl.을 단일프로세스 |
| 서비스호출 | API 통신 | Call by reference 모델 |
| 확장 | 서버에 서비스 복제 | 복수 서버에 단일 Appl. 복제 |
| 단점 | - API호출시 마샬링오버헤드<br>- REST 서비스통신: 속도↓<br>- N/W 트래픽<br>- 테스팅/디버깅 곤란<br>- Data 회복문제<br>- Data 일관성 문제 | - 동일 Code 및 DBMS:<br>  모든 모듈 의존적<br>- 높은 모듈별 결합도<br>- 유지보수성 저하<br>- 오류 전이, 수정시 전체배포<br>- 시스템 로드밸런싱 문제 |

- 마샬링(Marshalling) Overhead: 서로 다른 실행환경 & Programming 언어 간에 Data를 전달하는 과정

"끝"

문 26) CI(Continuous Integration)
답)

## 1. 지속적 통합, 단기간 고품질, CI의 개요

### 가. 실시간 Release 지향, CI의 정의

개발자별로 Source code를 지속적/연속적 통합, 자동화된 Build, Release 기능을 통하여 단기간(짧은)에 High Quality의 Software를 획득하는 기술

### 나. Big Bang식 통합의 문제점

(생산성 / 복잡도 vs 시간 그래프)

① Big Bang식은 분할&정복 어려움
② 폭포수모델은 통합시점 지연
③ 과도한 요구사항 변경은 통합 지연 유발 & Risk 커짐
④ 통합관계 오류발견과 수정시간 예측어려움
⑤ 통합지연, 비용예측불가

- Big Bang식 개발: 특정시점까지 대단위의 인력을 투입하여 한꺼번에 회사의 System을 변화시키는 개발 방식

### 다. CI 4가지 원칙 (Martin Flowler)

단일 저장소 유지 — 단일 빌드명령어 — 단일 Test 명령어 — 실행파일 신뢰성

- 형상관리 / 통합빌드 / 통합Test / System 신뢰성
- 누구든 현재 소스접근가능 / 누구든 소스 Code Build / 언제든지 Test sheet 생성 / 실행파일 신뢰성

## 2. CI의 구성도 & 설명

### 가. CI(Continuous Integration)의 구성

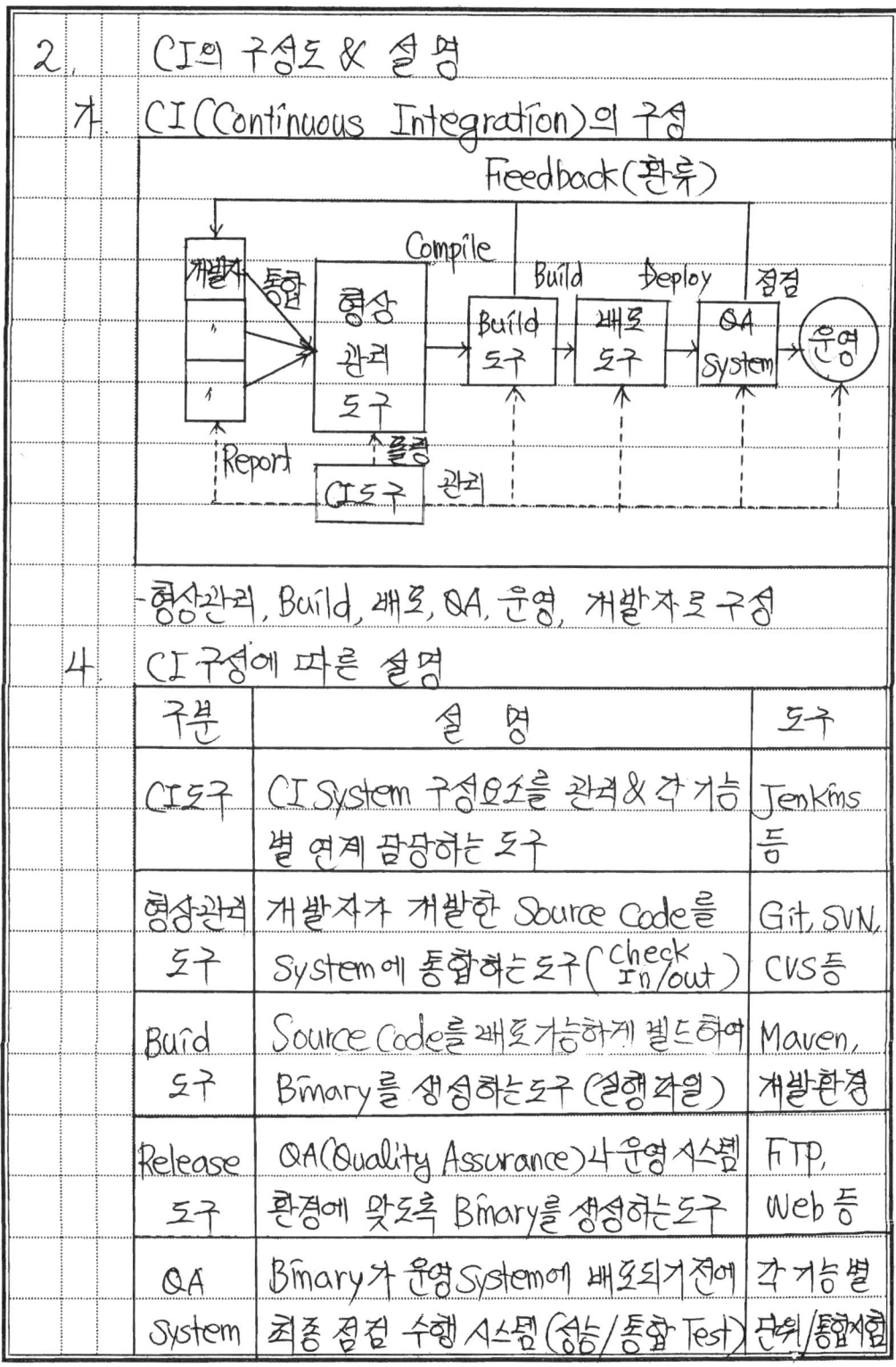

- 형상관리, Build, 배포, QA, 운영, 개발자로 구성

### 나. CI 구성에 따른 설명

| 구분 | 설명 | 도구 |
|---|---|---|
| CI도구 | CI System 구성요소를 관격 & 각 기능별 연계 담당하는 도구 | Jenkins 등 |
| 형상관리 도구 | 개발자가 개발한 Source Code를 System에 통합하는 도구 (Check In/out) | Git, SVN, CVS 등 |
| Build 도구 | Source Code를 배포 가능하게 빌드하여 Binary를 생성하는 도구 (실행파일) | Maven, 개발환경 |
| Release 도구 | QA(Quality Assurance)나 운영 시스템 환경에 맞도록 Binary를 생성하는 도구 | FTP, Web 등 |
| QA System | Binary가 운영 System에 배포되기 전에 최종 점검 수행 시스템 (성능/통합 Test) | 각 기능별 단위/통합시험 |

| 구분 | 설명 | 도구 |
|---|---|---|
| 운영 | 서비스 제공 운영 System | 실운영 장비 |
| | Check in/Out : Code Source의 동시성 제어 | |

3. CI 적용 가능 영역

| 영역 | 내용 | 비고 |
|---|---|---|
| 형상관리 항목선정/ 형상관리 구성방식 | ① Source 접근에 대한 단일 지점으로 필수요소 ② 개발시 필요한 내용(소스 Code, 설정파일등), Build & 배포시 조합 항목 (Binary file) ③ 형상관리 대상 항목들 구조 (주로 패키지 구조) 결정. JAR(Java Archive) WAR(Web.), EAR(Enterprise.) 등 구성 | SVN, Git, CVS, VSS, Harvest, SCM 등 |
| 단위/ 통합 Test 방식 | ① CI의 본질인 균일 품질확보로 필수적 점검 과정 필요 ② 현실적 문제 (Test Data, 연계, Test 소요시간등) 로 Test 자동화 제외시 대안필요 (주기적 품질 Test 등) | Junit |
| 비기능속성 (품질속성) 관리방식 | ① 직관적으로 점수하기 힘든 품질 속성에 대해 Test Automation화 ② 복잡도, 영향도, Side effect & Function point (fp) 지속 관리 | SonarQube |

| | | Build/배포 자동화 방식 | 다양하고 복잡한 컴파일(Compile) 환경요소에 대한 자동 통합관리 | Ant, Maven |
|---|---|---|---|---|

4. CI의 기대효과 & 고려사항

가. CI (Continuous Integration) 기대효과

① 제 3자 (감리 등) Test 용이
② 개발과정 가시성 (S/W Visualization) 확보
③ 타 모듈간 Version 불일치 제거, 결함도 즉시 발견가능
④ 단위 점검후 최종 테스트는 통합환경 통합 Test
⑤ Test Automation (Script 생성) 가능
⑥ 자동화된 통합 process 내에 여러 자동화 (Auto) 품질 프로세스 (process) 포함 가능

나. CI의 고려사항

| 구분 | 내용 | 대응방안 |
|---|---|---|
| STG (Staging) 서버도입 | ① SCM (소스코드관리)으로 Commit 되는 소스코드는 통합 검증을 거치지 않은 상태 ② 검증에 문제 존재시 운영 System에 대한 배포&통합 Test 환경에 대한 문제로 작용 | Commit 된 Source Code 중 기능 검증을 통과한 Build & Deploy 하기위한 중간단계 SCM을 적용, 검토필요 |
| Test 자동화의 | Test 자동화는 CI 개념 구현 위한 핵심적 기능이나 환경 | 먼저 Build/배포만 자동화 구현뒤 단계적 |

| | | 단계적 검토 | 연계, Test Data 등 현실적인 구현상의 어려움 존재 | 단위, 통합 & 회귀 Test 기능추가고려 |
|---|---|---|---|---|
| | | Process 적립필요 | CI 도구만을 도입 하는 것만으로 다완성되는게 아님. 이를 지원할 Process, 조직, 지표정립, 적용필요 | Process 지속보완, Test 전담조직, 정요시 Meeting |

"끝"

문 27) CI(Continuous Integration)/CD(Continuous Delivery) 파이프라인 (pipeline)

답)

## 1. 개발→검증→운영과정, CI/CD pipeline의 정의
- 개발, Test(검증)후 최종적으로 운영환경에 배포되고 서비스형태로 End User에게 전달되는 일련의 과정

| CI 파이프라인 | Build, Test 통합과정의 자동화 |
|---|---|
| CD 파이프라인 | Test/검증계로 전달, 운영계로 배포 자동화 |

## 2. CI/CD 일련의 과정

← CI pipeline | CD pipeline →
Build, test, 통합과정의 자동화 | 릴리즈, 배포 등 자동화

| 코딩(Coding) | Build(통합) | Test(검증) | Release(릴리즈) | 배포(배치) | 컨테이너 |
|---|---|---|---|---|---|

- 개발(Coding등), Build, 통합, 배포과정에 자동화 도구기반 pipeline을 통한 개발공정 자동화

## 3. CI/CD 과정 상세

| 구분 | 설명 |
|---|---|
| Coding | 개발자가 형상관리 System(Git등)에 Source Code를 통합, 저장(Commit) |
| Build | 형상관리 System(Git등)에서 Source Code 가져와 (환경내에) Build 수행 |

| | | | |
|---|---|---|---|
| | | test | 정적분석도구(Tool), Test도구 등을 이용하여 Test수행 (단위/통합Test) |
| | | Release | Build된 Version을 Test후 오류 Zero시 Release Version으로 생성후 패키징 |
| | | Deployment | 패키징된 Release Version을 개발환경, 운영환경으로 배포 |

"끝"

문 28) CTIP (Continuous Test & Integration platform)
답)
1. 자동화된 platform, CTIP의 개요
   가. Source code 품질향상, CTIP의 정의
   - 품질향상을 위해 CI (Continuous Integration) 개념을 바탕으로 Source 검토(테스트, 정적분석), 빌드, 통합, 배포 & Report 기능을 적용한 개발 지원 platform
   - SDLC 전반 개발/Build/Test 도구를 통합(Integration), 품질 향상을 위해 자동화한 통합 platform.
   나. 비용절감, 전주기 가시화 가능, CTIP 목적

   | 비용절감 | pipeline 통한 빌드, Test, Release의 자동화 |
   |---|---|
   | 고객이해 | 고객 요구사항 적극 수용하는 Agile 방법 적용 |
   | 최신상태 유지 | 회사의 Idea/품질향상방안을 S/W 제품으로 가능한 빠르고 효율적으로 적용하기 위한 방안 |
   | 품질향상 | SW품질향상, 납기준수, 생산성↑, 예산 절감 |
   | 개별도구통합 | 개별 도구한계 극복, Round Trip 엔지니어링 지원 |

2. CTIP의 구성요소 & 구성도
   가. CTIP 구성요소

   | 영역 | 설명 |
   |---|---|
   | Version 관리 저장소 | ① 지속적인 통합(Integration)의 필수요소, Source Code와 다른 SW 자산의 변경관리 ② Source Code의 일관성을 유지, |

| | | |
|---|---|---|
| | Ver. 관리 저장소 | - 주흐름에 지속적인 Source code 통합 실행<br>③ Version 관리 System의 Repository로 부터 최신 Source를 Check In/Out |
| | Build & Release 관리 | - CI서버 통해 지속 Build수행, 대상서버에 배포<br>- Build 주기는 정해진 시점에 수행 (Nightly Build), Repository 변경시 수행 |
| | Code 품질관리 | - Open Source code 검토도구를 활용, Code 품질을 확인, 결과를 개발자에 통보<br>- 다양한 Open 소스 & 상용품질관리도구 선택활용 |
| | Server 군 | - Staging 서버 : 운영서버, Release 목적<br>- Test 서버 : Test 위한 Server |
| | feedback 메커니즘 | - 통합 Build의 상태를 즉시 Feedback<br>- 다양한 Feedback 메커니즘 제공 |

4. CTIP의 구성도

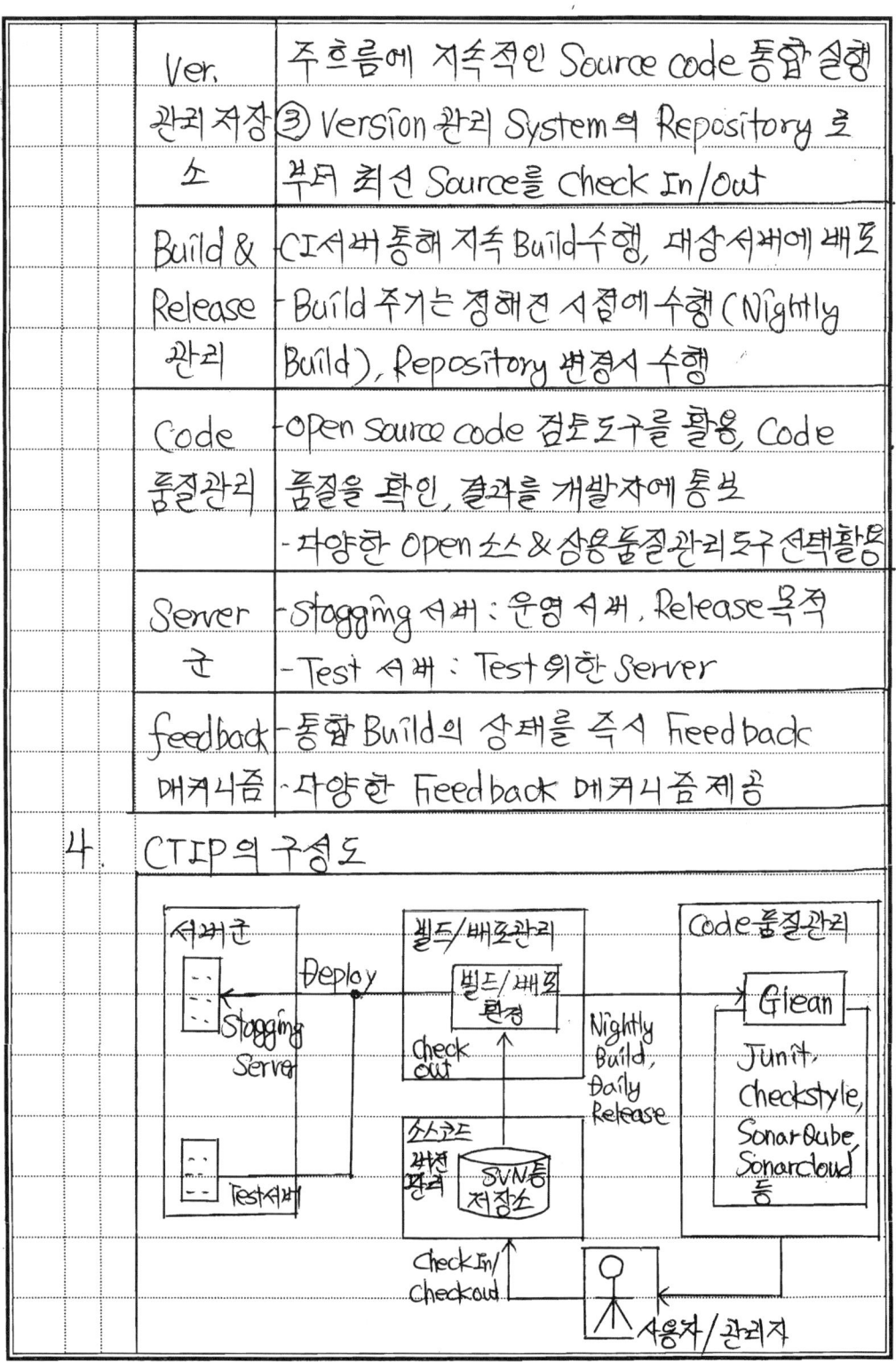

- CTIP는 Code 품질관리, Build & Release 관리, Source code 버전관리, 대상서버군으로 구성

3. 지속적 통합위한 System 및 지속적 통합요건
가. 지속적 통합위한 System 구성

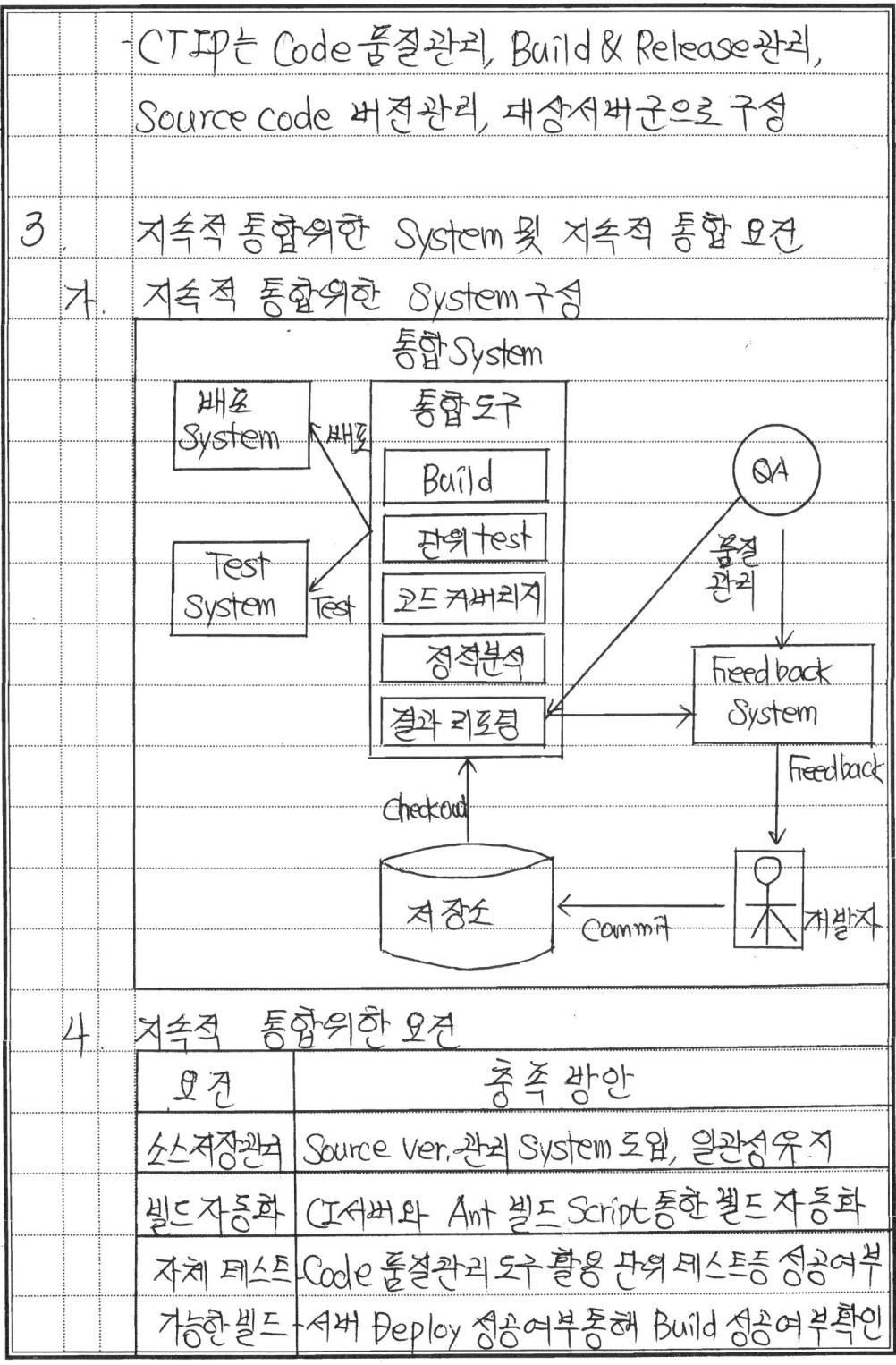

4. 지속적 통합위한 요건

| 요건 | 충족 방안 |
|---|---|
| 소스저장관리 | Source Ver. 관리 System 도입, 일관성유지 |
| 빌드자동화 | CI서버와 Ant 빌드 Script 통한 빌드 자동화 |
| 자체 테스트 | Code 품질관리도구 활용 단위 테스트등 성공여부 |
| 가능한 빌드 | 서버 Deploy 성공여부통해 Build 성공여부확인 |

| | | |
|---|---|---|
| Fast Build 수행 | CI서버와 Ant Build Script 사용 | |
| | 단계별 Build (Staged Build) | |
| 손쉬운 Build 상태 모니터링 | CI서버가 제공하는 RSS(Rich site요약) | |
| | Feed, Log등의 기능통해 상태 모니터링 | |
| OS와 유사 환경 | 운영환경과 유사하도록 설정 | |
| 최신 결과물의 Easy 접근 | CI서버를 통해 최신 Build 결과물, Build Report를 쉽게 접근하도록 구성 | |

4. CTIP 사용도구

| 구분 | 역할 | 도구 |
|---|---|---|
| 빌드 & 저장소 | CI서버 | Curuise Control, JENKINS 등 |
| | 소스버전관리 | CVS, SVN, Git, Subversion 등 |
| | 빌드관리 | XML기반 빌드 스크립트 → Ant 사용 |
| 품질 관리 도구 | 품질관리 | Clean, 다양한 품질관리도구 Easy 적용 |
| | Test 관리 | Junit, Java Framework |
| | 코드 표준 | Checkstyle, 표준 Guide 준수 |
| | 오류 검토 | PMD, Source Code 잠재적 오류 검토 |

"끝"

문 29) 실행중인 Application에 대한 배포(Release) 전략 및 테스트 전략에 대해 설명하시오

답)

1. 실행중인 Application 배포 & 테스트 전략 개요

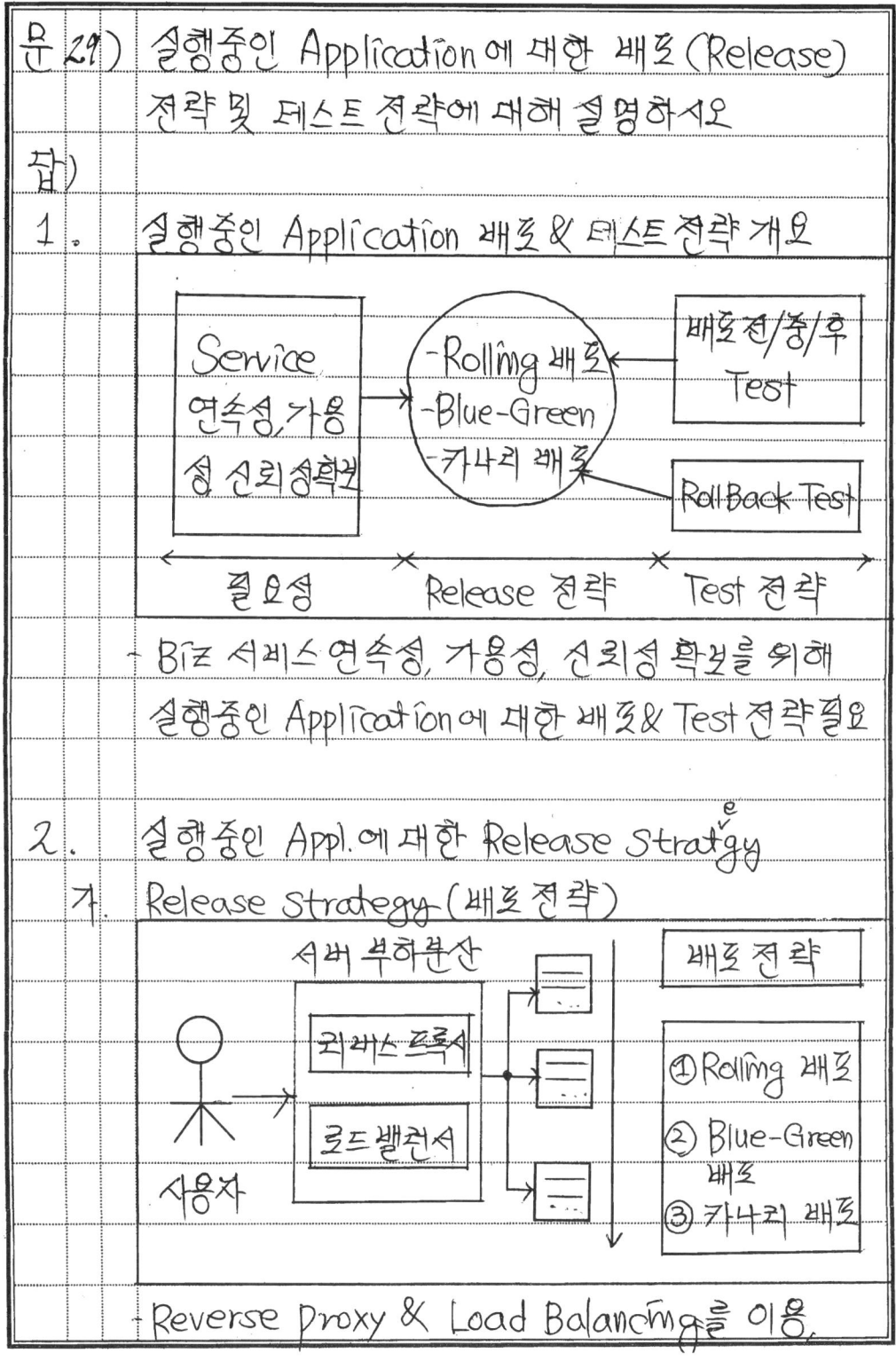

| 필요성 | Release 전략 | Test 전략 |

- Biz 서비스 연속성, 가용성, 신뢰성 확보를 위해 실행중인 Application에 대한 배포 & Test 전략 필요

2. 실행중인 Appl.에 대한 Release Strategy
   가. Release Strategy (배포 전략)

- Reverse Proxy & Load Balancing을 이용

실행중인 Appl.에 대한 무중단 Release 전략 검토적용

4. Release 전략 상세 설명

| 배포전략 | 개념도 | 상세 설명 |
|---|---|---|
| ① Rolling Deployment | 로드밸런서 → v1.1 ○ ○ ○ / 1개씩 증가 ----> | - 기본적인 배포전략<br>- Incremental<br>- 1개씩 Rolling 변경 |
| ② Blue-Green Deployment | 로드밸런서 → ○ ○ v1.1 v1.1 / Old ↔ New | - Old, New 구분<br>- New에 배포<br>- 한번에 Switching<br>- 자원 2배 필요 |
| ③ Canary Deployment | 로드밸런서 → ○ ○ ○ v1.1 (Few Users) | - Traffic 제어통해 일부사용자만 신규 버전 접속확인<br>- 위험 감소 |

- 배포전략 선택 & 사전/중간/사후 단계별 Test 전략통해 Service 안정성 검증 & 신뢰성 확보

3. 실행중인 Application에 대한 Test 전략

가. Test Strategy (전략)

배포전 → 배포중 → 배포후

```
┌─배포전──▷ 배포중 ──▷ 배포후 ──▷
│
│ -통합 테스트    -헬스 Check    -Monitoring
│ -시스템 테스트  -카나리 Test   -회귀 Test
│ -성능 테스트    -A/B Test      -사용자 피드백
│
│ ┌─RollBack 전략─────────────(오류)
```

- 테스트 전략과 Monitoring 도구를 적극 활용하여 오류를 조기에 발견하고 대응필요

4. Test 전략 상세설명

| 시점구분 | 테스트 전략 | 상세설명 |
|---|---|---|
| 배포전 | 통합 Test | 개발모듈조합, 상호작용 검증활동 |
| | System Test | 강도, 회복, 구조, 성능, 안전 Test |
| | 성능 Test | 부하 신뢰성 확보위한 리소스사용량 테스트 |
| 배포중 | 헬스 Check | 각 Service의 상태를 확인하여 서비스가 정상인지 check |
| | 카나리 Test | 소수 사용자에게 선배포, 초기문제 발견 |
| | A/B Test | 두가지 버전을 동시에 운영, 모니터링 |
| | 모니터링 | 실시간 모니터링, 이상 징후를 탐지 |
| 배포후 | 회귀테스트 | 수정후 Riffle / Side Effect 확인 |
| | 사용자 피드백수집 | 사용자로부터 Feedback을 받아 안정성과 사용성 평가 |

4. 롤백 자동화 전략 (Automated Rollback Strategy)

| 1. 버전관리 | 2. DB Migration |
|---|---|
| - Git, SVN | - DB Migration Stage |
| - Snapshot | - Rollback Script |
| 3. CI/CD pipeline | 4. Test & Monitoring |
| - Jenkins | - Junit, Sonacube |
| - Ansible, chef | - Prometheus, Grafana |

(롤백 자동화)

- Rollback이 원활하게 진행될 수 있도록 Database Migration 등도 Rollback 가능한 구조로 설계, 자동화된 도구(Tool)를 이용 Rollback 자동화 전략 구현 필요

"끝"

문 30) DevOps

답)

## 1. 개발(Dev)과 운영(Ops) 협업, DevOps 정의

```
                    고객요구사항
                  ┌─────────┐
           Fast → │  Biz 요구 │ ← 장애없이
                  └─────────┘
                                      Operation
    ┌────┐   의사소통, 협업, 융합    ┌────┐
    │개발 │─── Development ────────│운영 │
    └────┘     DevOps(품질향상)     └────┘
     SR    ↓ 생산성                  ↓ 유지관리
  (서비스   Time to market,         - 안전성, 신뢰성
   Request)
```

- 고객 요구사항을 개발은 Fast, 운영은 장애 없이 제공하기 위한 문화이자 개발방법론

## 2. DevOps 개발 Process, 구현방안

### 가. DevOps 개발 process

```
                              Deploy
                        Release  ┌배치┐
              ┌Plan┐ ─────────→  └──┘
        ┌Code┐     ┌배포┐  OPS  ┌운영┐
        └──┘  Dev  └──┘        └──┘
           ↓              ┌모니터링┐
        ┌Build┐─┌Test┐──→ └────┘
        └──┘   └──┘

  ├─── Dev 개발 process ──┤ Ops 운영 process ├ 거재효과┤
```

┌────┐
│ 개발 │
├────┤
│  +  │
├────┤
│ 운영 │
└────┘
= 품질보증

- 개발+운영의 지속적인 통합환경에서 품질향상 실현

### 나. DevOps 구현방안

| 관점 | 구현방안 | 설명 |
|------|---------|------|
| 품질 | 품질보증 | DevOps 통합품질관리 |

|   |   |   |   |
|---|---|---|---|
| | (QA) | Test 자동화 | 단위/Service/UI Test |
| | Process | Small Release | 잦은 배포, Cycle time 강조 |
| | | 지속적 통합/출시 | Build/Test 자동화 |
| | 도구 | Release 자동화 | 형상관리서버, Jenkins |
| | | Provisioning | 자동설치, Auto Scale |

- Git, Debian, SVN 등 다양한 자동화 사용 가능

3. DevOps의 효율적 적용방안
- 기존 개발팀 + 운영팀 협업 체제, Daily Meeting
- 기존 개발자를 DevOps 팀에 구성원으로 합류
- 소규모 Startup에서는 유리, 대규모(대기업) 환경에서는 점진적 적용, 개선안 도출 과정 필요.

"끝"

문 31) DevOps의 개념, 유형

답)

1. 개발(Development) + 운영(Operation), DevOps 정의
   - Dev(개발) + Ops(운영), 개발과 운영 process의 통합 & 자동화를 통해 신속한 Service를 제공하도록 지원하는 통합 process, 도구, 조직문화등을 포함한 체계
   - 개발팀과 운영팀이 상호협업 가능, 업무 병목 구간을 최소화하고 Appl. 신속개발, Release(배포) 가능한 구조

2. DevOps의 구성

   DevOps = 개발과 운영의 협력 체계

   | | 개발단계 (Dev) | | | | 운영 단계 (Ops) | | |
   |---|---|---|---|---|---|---|---|
   | 프로세스 | 계획 | 개발 코딩 | 빌드 | Test | 릴리즈 | 배포 | 운영 모니터링 |

   | | | CI/CD 영역 | | | | | |
   |---|---|---|---|---|---|---|---|
   | 도구 (툴체인) | 해당 S/W | git | Maven | JUnit | Jenkins | docker | 쿠버네티스 Splunk |

   | | | | | | |
   |---|---|---|---|---|---|
   | 조직 | 기획담당 | 개발자 | Test 담당 | 개발자 | 운영자 |
   | | 사용자 (요청자) | 변경관리 담당 | 사용자 (요청자) | 변경심의위원회 | 작업심의위원회 |

   - Process, Tool, 조직으로 구성

3. DevOps의 유형

가. **A유형: 개발과 운영조직의 분리**

| Dev(개발) ↔분리↔ Ops(운영) | 개발과 운영의 분리에 따른 S/W의 품질 & 운영상의 문제 존재 |

나. **B유형: 개발과 운영조직의 협업 (조직문화)**

| Dev │협업│ Ops | 조직문화의 변화를 통해 개발팀과 운영팀이 상호 업무에 대한 높은 이해도를 가지고 협업하는 구조 |

다. **C유형: SRE 조직을 통한 개발과 운영의 협업**

Google 사례
| SRE | SRE팀은 개발 & Test가 완료된 S/W를 검증한 후 운영이관을 담당 (SRE팀은 CI/CD 도구 활용, System 관리 & 운영 자동화 담당) |

SRE (Site Reliability Engineering)

라. **D유형: 전문가 공유를 통한 개발/운영조직 구성**

넷플릭스 사례
| 인력 Pool제 | 개발과 운영의 역할 구분없이 모든 사람이 공통된 목적 달성에 집중할 수 있음 (개발자, 테스트, DevOps 운영자는 인력 Pool로 존재하며 필요시 인력 Pool을 활용, 조직 구성 가능상태) |

"끝"

문 32) DevOps의 구성 및 설명

답)

1. 개발 + 운영 결합, DevOps의 정의
   - System 개발자와 운영을 담당하는 정보기술 전문가 사이의 소통, 협업, 통합 & 자동화를 강조한 S/W 개발방법론

2. DevOps의 구성

```
        code ← Plan        deploy
          ↖  ↑   ↘배포   ↗
           Dev    Ops    ← 운영
          ↙  ↓         ↘
        Build             모니터링
            test
```

| | 개발단계(Dev) | 운영단계(Ops) |
|---|---|---|
| | CI/CD 영역 | |

| 프로세스 | 계획 → 개발(구성) → 빌드 → 테스트 → 릴리즈 → 배포 → 운영 → 모니터링 |

| 도구 (툴체인) | Source Band (프로젝트관리) / 소스 Commit / Source Build — Container Registry — Source Deploy / Jenkins / Source pipeline | 쿠버네티스 / Docker / PaaS-TA / O 등 |

| 조직 | 기획수립 관리팀 (관리기준) | 개발·test·장애처리·기능개선 관리(정보기술 운영지원팀) | 권한관리 | 모니터링 |
| | 사용자 & 전략기획팀 (업무담당·개발요청) | 정보기술운영지원팀 (소속 개발 담당자들) | 정보기술운영 지원팀 | |

3. DevOps의 설명

| 단계 | 영문 | 업무 |
|---|---|---|
| 계획 | plan | 현업팀과 개발팀간 project의 목표로 협의하여 plan을 수립 |
| 코딩 | Coding | 개발팀은 Application 설계 & 개발을 수행하고 깃(Git: 형상관리 Tool)같은 도구를 이용하여 Code를 저장 |
| 빌드 | Build | 메이븐(Maven), 그레이들(Gradle)등의 Build도구를 이용하여 여러 저장소의 Code를 통합하여 Appl.을 Build |
| 테스트 | Test | 셀레늄(Selenium), 제이유닛(JUnit)등 의 Test 자동화도구를 이용하여 Appl. 을 단위/통합 Test |
| 릴리즈 | Release | 배포도구등을 이용하여 통합된 Appl.을 개발서버에서 운영서버로 Release |
| 배포 | Deploy | 젠킨스(Jenkins)등의 도구를 이용하여 구현한 기능들을 자동으로 Appl.으로 통합 |
| 운영 | Operate | Software가 배포되면 운영팀은 환경설정을 하거나 필요한 Resource를 통해 프로비저닝(Provisioning)등의 활동을 수행 |
| 모니터링 | Monitoring | 운영상 사용자에게 충격을 줄 만한 특정 |

| | | | | 이슈들의 식별을 위해 Monitoring 수행 |
|---|---|---|---|---|
| | - DevSecOps : 보안을 Software 개발 수명 주기의 | | | |
| | 모든 단계에 통합하는 Framework 임 | | | |
| | | | | "끝" |

문 33) DevSecOps

답)

1. 개발 + 보안 + 운영 협업 효율화, DevSecOps 개요
    가. S/W개발주기 + 보안통합, 데브섹옵스의 정의
    - 전통적 개발과 운영은 별도팀 담당, 보안은 주로 운영에서 고(려)
    개발 + 보안 + 운영을 하나의 통합된 process로 묶어
    개발초기 단계부터 보안을 고려하는 방법

    나. 데브섹옵스(DevSecOps)의 중요성

    | | |
    |---|---|
    | 안전성강화 | S/W 개발초기부터 고려, 취약점 사전 발견/해결 |
    | 효율성향상 | 통합(개발+보안+운영)통해 개발속도 높임 |
    | 협업증진 | 원활한 협업촉진, 조직내 시너지효과극대화 |

2. DevSecOps Lifecycle & 주요기술
    가. DevSecOps Lifecycle

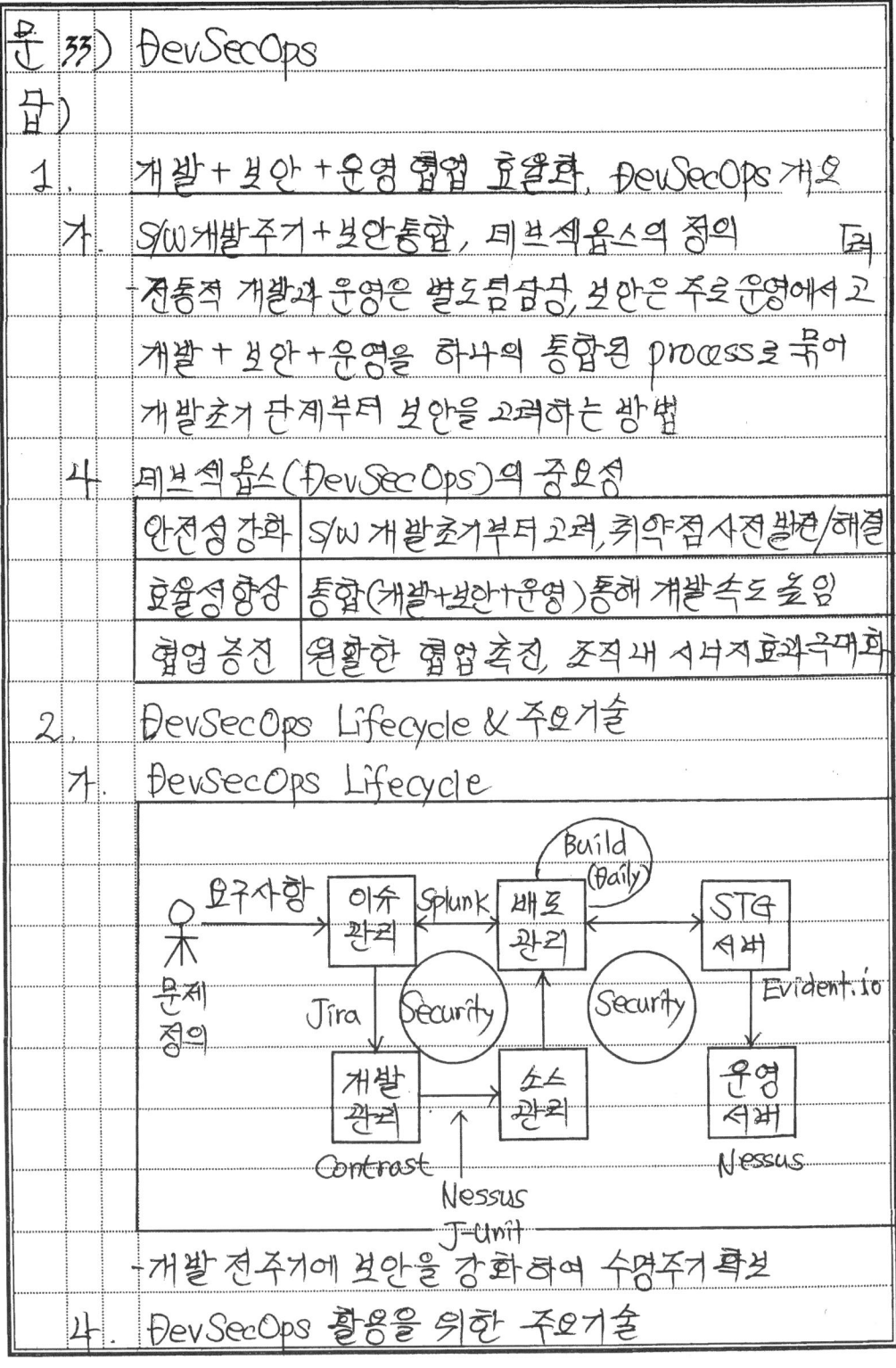

    - 개발 전주기에 보안을 강화하여 수명주기 확보
    나. DevSecOps 활용을 위한 주요기술

| 구분 | 기술요소 | 설명 |
|---|---|---|
| Issue 관리 | Jira | 이슈사항등록, Monitoring |
| | Splunk | SIEM기반 보안모니터링, 시각적 |
| 개발 관리 | Contrast | Application 정적분석도구 |
| | J-unit | Test Code 자동생성, Test 수행 |
| Source 관리 | Git | Github Source 분석도구 |
| | SVN | 버전별 Source 관리/분석도구 |
| 운영 관리 | Evident.io | Cloud 보안 Monitoring |
| | Nessus | 보안 취약점 스캐너 |

- 개발팀과 보안팀의 인식 & 습관, 소통방법 전환필요

3. DevSecOps 적용시 고려사항

| | |
|---|---|
| 반복의 이해 | 개발과정 반복, 보안, 개발 중요성 인지 |
| 마찰 제거 | 보안이 개발&운영 저해요인아님 인지 |
| 상호 공유 | 보안 전문가들의 개발 process 이해 |
| Bottom-Up 방식 | 개발과 보안의 상충 고려 |

"끝"

문 34) DevOps 구현시 Monolithic과 MSA 장/단점, 활용방안

답)

## 1. 개발+운영의 협업, Issue Zero화, DevOps 개요

### 가. 개발과 운영팀의 통합, DevOps 정의
- 신속한 제공, 안정성 & 유연성 확보, System 개발초기부터 개발과 운영팀이 협업, 설계/개발/구현/배포/운영 전주기 관리

### 나. 개발+운영 통합 장점

```
         Continuous Delivery Pipeline
  ┌─────┐  ┌──────────────────────┐
  │개발 │──│ Build / Test / Release│──────→  ☺
  │+운영│  └──────────────────────┘         고객
  └─────┘  ←──── Feedback ──── 신속성
```

## 2. 아키텍처별 DevOps 구현시 장단점

### 가. Monolithic 아키텍처 이용 DevOps 구현시 장단점

| 구분 | 항목 | 설명 |
|---|---|---|
| 장점 | 구조설계/개발 | 일체화된 구조로 인한 설계 & 개발 용이 |
| | 짧은 지연시간 | 내부 Process간 지연시간 짧음 |
| | Fast 배포가능 | Service 배포시 한번에 Release 가능 |
| 단점 | 낮은 모듈성 | 하나의 구조, 모듈성이 낮음 |
| | 낮은 확장성 | 변경 & 추가시 전체 System Build 필요 |
| | 생산성 감소 | IDE 과부하, 생산성 감소 |
| | Code 이해난해 | S/W가 클수록 Code 이해도 낮음 |

- Service 규모 증가시 유연한 대응이 어려워 주로 Micro Service 방식 이용

## 4. MSA 이용, DevOps 구현시 장점

| 구분 | 항목 | 설 명 |
|---|---|---|
| 장점 | 생산성 향상 | 단위별 개발 통한 생산성 향상 |
| | Test 용이성 | 단위별 (Micro) 구현, Test 용이 |
| | 안전성 확보 | 오류가 전체로 파급되지 않음 |
| | 책임소재명확화 | Micro 단위별 구분, 책임소재 명확화 |
| | 지속적 배포 | 지속적 통합(CI), 지속적 배포(CD) |
| 단점 | 저장공간문제 | Source 저장소 & 서버분리 필요 |
| | N/W 문제 | 각 MSA 간 N/W 대역폭 Issue 발생가능 |
| | Monitoring | 각 서비스 Monitoring 필요 |

- DevOps를 보다 효율적으로 구현하기 위해 MSA 이용

## 3. 효율적인 DevOps 구현방법

| 서비스 성장 | 방안 |
|---|---|
| (그래프: Y축 자원, X축 서비스규모. 초기서비스 → 성장 → 대규모 서비스 MSA (마이크로 서비스 아키텍처), 모놀리식) | - 서비스 초기에는 Monolithic 아키텍처 이용 서비스에 집중<br>- 이후 Service가 지속 증가서 자원수가 증가하면 MSA로 변화<br>- MSA 구현시 Docker 같은 가상화 기반 Container 사용 |

- Scale이 커짐에 따라 단계적으로 MSA로 변화

"끝"

문 35) Cloud Native의 조직 변화와 합리적인 개발방법론과 DevOps 조직 구성시의 고려사항에 대해 설명하시오

답)

## 1. Time to Market, Cloud Native의 조직변화

가. Cloud Native 조직
- Infra, Platform, Design, 개발/운영 등 Biz에 민첩한 대응이 가능한 조직으로 변화추구

나. 일반적 개발/운영 방식의 구성

[다이어그램: 인프라운영자(인프라운영팀), 디자인담당자(Design팀), 개발팀(서비스책임자, 개발자), 품질관리팀/테스트담당자, 변경승인자/배포승인자 간의 관계도 - 인프라 신규/변경요청, 디자인 신규/변경요청, Test/배포승인 요청]

- 개발팀이 Infra, Design, 품질관리팀에 연락하여 신규/변경 요청

다. Micro-Service 제공을 위한 개발/운영방식
- Service 단위로 DevOps 조직을 운영하고 운영환경에 직접 배포(Release)
- DevOps #1팀부터 ~#N팀까지 운영가능

- 행정·공공기관에서 아웃소싱하고 있는 개발/운영 조직에 한하여 DevOps 적용

- 정기적으로는 공공기관 관리 조직에 대한 적용방안 (협의체 구성등) 검토 필요

## 2. 합리적인 개발 방법론

### 가. 합리적 개발방법

- 폭포수 - Agile(애자일) 혼용방식의 적용이 합리적

전체 Process는 폭포수 방식, 개발은 Agile 방식

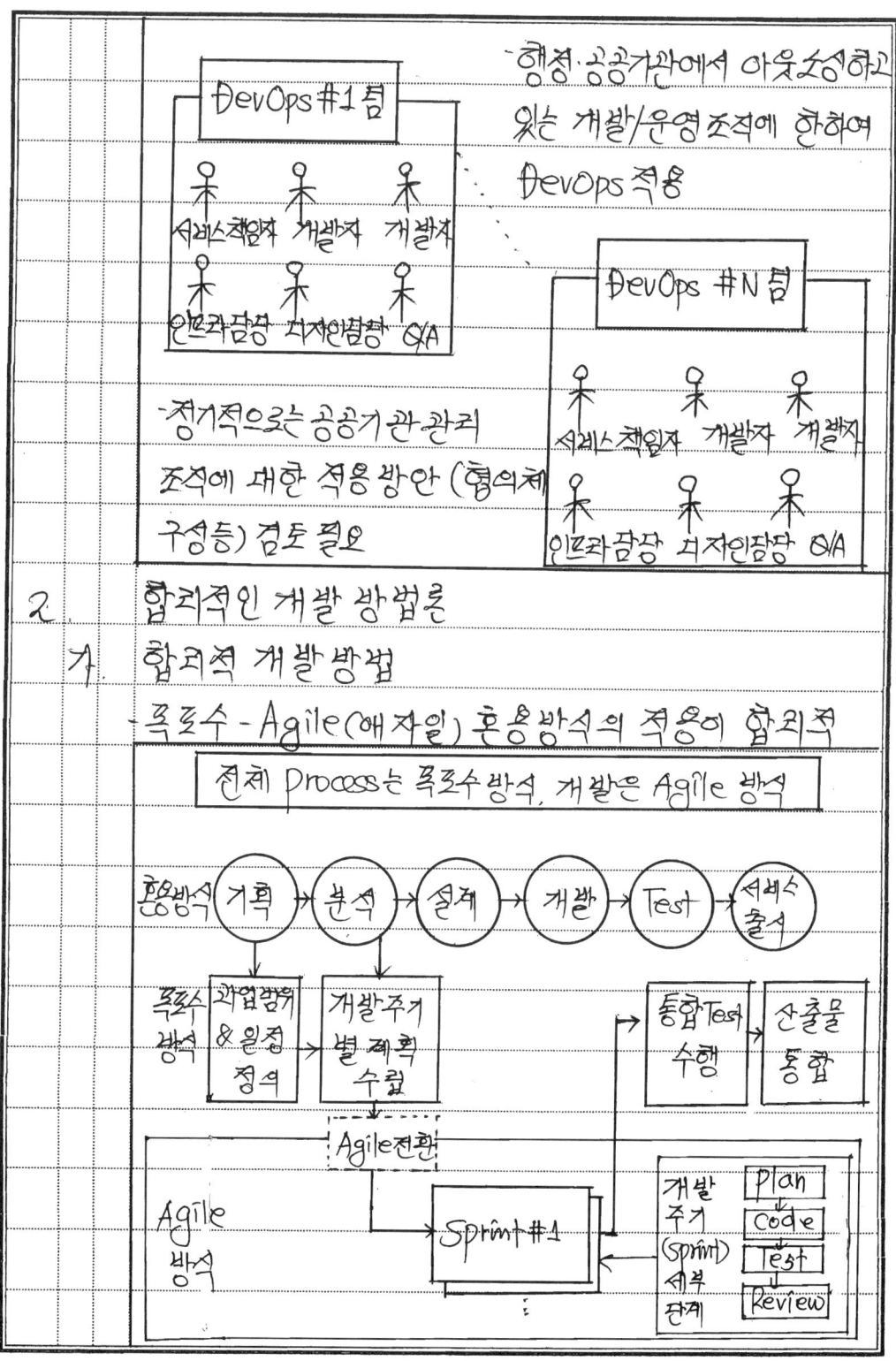

4. 폭포수-Agile 혼용방식 (Hybrid) 적용시 설명

| 항목 | 내용 |
|---|---|
| 계약방식 | - 확정된 예산금액 만큼 고정가 계약<br>- 과업범위, 수행인력 & 계약기간 명시 |
| 과업범위 | 요구사항 & 품질기준을 최대한 확정후 project 착수 (요구사항 정확성, 완전성) |
| 개발방식 | 개략적 개발일정으로 project 착수, 개발주기(Sprint)별 상세계획에 따라 설계, 개발, Test & 평가수행 |
| 결과물<br>(산출물) | 개발주기(Sprint)별 산출물 분할 작성후 project 종료시점까지 산출물 통합 & 검수진행 |
| 수행기간 | 계약서상의 도급계약 기간 준수 |

- 국외 공공부문에서는 Agile 도입사례 증가

3. DevOps 조직 구성시 고려사항

가. 소통/협업, 조직문화, 규모 차원에서의 고려사항

| 인위적<br>DevOps<br>팀 만들지<br>않기 | - 개발 + 운영 협업 가능, 소통방안<br>- 인위적 조직 구성시 개발과 운영 모두 수행<br>실무허락 추가적인 부담 증가 가능<br>- 개발 + 보안 + 운영 (DevSecOps) 추세임 |
|---|---|
| 조직규모<br>고려한<br>팀 구성 | - 소규모 공공기관의 경우 이미 개발+운영중<br>- 대규모 기관일 경우 업무 효율성 고려 DevOps<br>구성 검토 필요, 중장기 관점에서 DevOps 조직구성 |

| 4. 인력 차원에서의 고려사항 | 개발자 역량 고려한 개발+운영 업무 배정 | - 개발자의 업무수행 경험토대로 업무배정<br>- 개발경험자는 개발업무, 운영경험자는 운영업무, 개발+운영 경험자는 운영연계업무 |
|---|---|---|
| | 무분별한 DevOps 엔지니어 채용지향 | - DevOps 엔지니어 한 사람을 채용한다고 조직문화가 변경되지는 않음<br>- 중장기적 조직 내부 협업문화 생성 필요 |

"끝"

# 클라우드 네이티브 적합성 검토

클라우드 네이티브 정책과 업무 관점의 검토 항목과 기술 및 서비스 관점의 검토 항목, 프로세스 관점, 조직 관점의 검토 항목, Cloud Native 개발비용 산정, Cloud Native 사업추진의 우선순위 결정요소 등을 학습할 수 있습니다. [관련 토픽-6개]

문 36) Cloud Native 적합성 검토항목중 정책과 업무 관점의 검토항목과 기술관점의 검토항목에 대해 기술하시오.

답)

## 1. 정책과 업무관점 & 기술관점의 검토

| 정책&업무 관점 | - 정책&업무변화에 대한 민첩한 대응여부<br>- 디지털혁신(한국판뉴딜등)&지능화 지원 |
|---|---|
| 기술관점 | - 신기술 반영의 용이성 (Easy 접목&활용)<br>- 서비스 배포 시간과 주기가 단축 |

## 2. 정책과 업무관점의 검토항목

(정책변화) 한국판 뉴딜등    (업무변화) 기관 업무계획등

Micro-service: A 서비스 | B 서비스 | C 서비스

DevOps & CI/CD: 코딩 빌드 배포 | 코딩 빌드 배포 | 코딩 빌드 배포

Container: A컨테이너 | B컨테이너 | C컨테이너

- Cloud Native를 활용한 다양한 정책변화&업무 변화사항을 신속하게 Service에 반영
- 수시로 발생하는 정책&업무 변화사항을 신속하게 개발할수 있도록 Cloud Native 도입필요

- Cloud Native 구성요소인 MSA, DevSecOps, CI/CD, Container를 활용하여 민첩한 Application (Service) 개발 & 운영환경 구현

3. 기술관점의 검토항목

```
┌─────────────────────────────────────────────┐
│  Micro Service 아키텍처에서의 기술반영        │
│  ┌───────────────────────────────────────┐  │
│  │           Application                 │  │
│  │  ┌─────────────────────────────────┐  │  │
│  │  │            UI                   │  │  │
│  │  ├─────────────────────────────────┤  │  │
│  │  │        오케스트레이션            │  │  │
│  │  ├───────┬─────────┬───────────────┤  │  │
│  │  │서비스A │ 서비스B │  서비스C      │  │  │
│  │  ├───────┼─────────┼───────────────┤  │  │
│  │  │데이터A│ 데이터B │  데이터C      │  │  │
│  │  └───────┴─────────┴───────────────┘  │  │
│  └───────────────────────────────────────┘  │
│                                             │
│  ┌───────────────────────────────────────┐  │
│  │         개발/운영 환경                │  │
│  │  ┌──────┬──────┬──────┐              │  │
│  │  │ SW1  │ SW2  │ SW3  │              │  │
│  │  └──────┴──────┴──────┘              │  │
│  └───────────────────────────────────────┘  │
│        □  SW 변경시 Appl. 변경 영역          │
└─────────────────────────────────────────────┘
```

- SW 도입, Version upgrade, update 등 기술 반영시 연관된 Service 만 수정한 후 Test 수행함
- Service 배포시간, 배포주기가 단축됨

"끝"

문 37) Cloud Native 적합성 검토항목중 서비스 관점의 검토항목에 대해 기술하시오.

답)

## 1. 서비스 관점의 검토

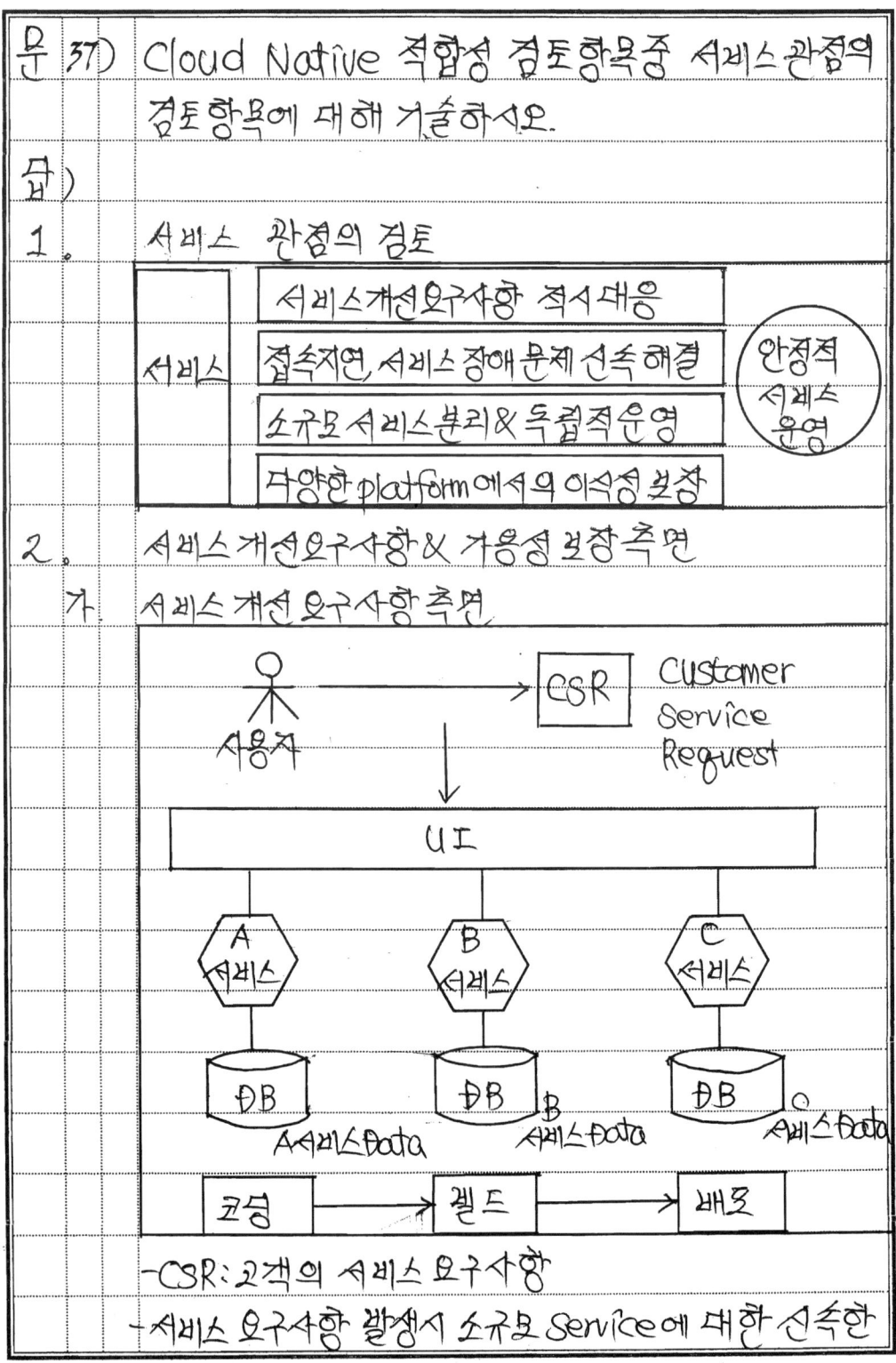

- 서비스:
  - 서비스개선요구사항 즉시대응
  - 접속지연, 서비스 장해문제 신속 해결
  - 소규모 서비스분리 & 독립적운영
  - 다양한 platform에서의 이식성 보장
- 안정적 서비스 운영

## 2. 서비스 개선요구사항 & 가용성 보장측면

가. 서비스 개선 요구사항 측면

사용자 → CSR (Customer Service Request)
↓
UI
├── A 서비스 ── DB (A서비스Data)
├── B 서비스 ── DB (B서비스Data)
└── C 서비스 ── DB (C서비스Data)

코딩 → 빌드 → 배포

- CSR: 고객의 서비스 요구사항
- 서비스 요구사항 발생시 소규모 service에 대한 신속한

Coding, Build, Release
- 사용자의 개선요구사항(CSR)에 대해 전체 서비스가 아닌 해당 Micro-Service에 대한 Coding, Build, Release를 통한 즉시 대응 가능

4. 가용성 보장 측면
- 접속지연, Service 장애 문제의 신속 해결을 위해 Auto-scaling로 가용성이 보장됨

| 컨테이너 오토스케일링을 통한 가용성 보장 |

```
              ┌─────────────┐
              │ Container 관리│
              │ (로드밸런서)  │
              └─────────────┘
           ╱  ╱    │    ╲    ╲
      ╱     ╱      │      ╲      ╲
  (Container) (Container) (Container) (Container)(Container)
      A         B          C          D         E
  ├────── 최소 Size ──────┤      ├── 필요시 확장 ──┤
                                  (사용자증가, 장애발생시)
  ├──────────── 적정 Size ────────────┤
  ├──────────────── 최대 Size ──────────────────┤
```

- 서비스 이용자의 증가, 서비스 장애등 다양한 원인에 의해 Service & 자원 확장이 필요한 경우 Container 관리 기능을 활용해 서비스와 해당 Resource를 즉시 확장 가능함
- 서비스의 규모가 작을수록 필요한 Resource가 줄어듦

3. 서비스 분리와 독립적 운영 & 이식성 측면
 가. Service 분리와 독립적 운영 측면
  - 소규모 서비스 분리 & 독립적 운영이 가능한 구조로 설계되며 각 Service는 API로 연결됨

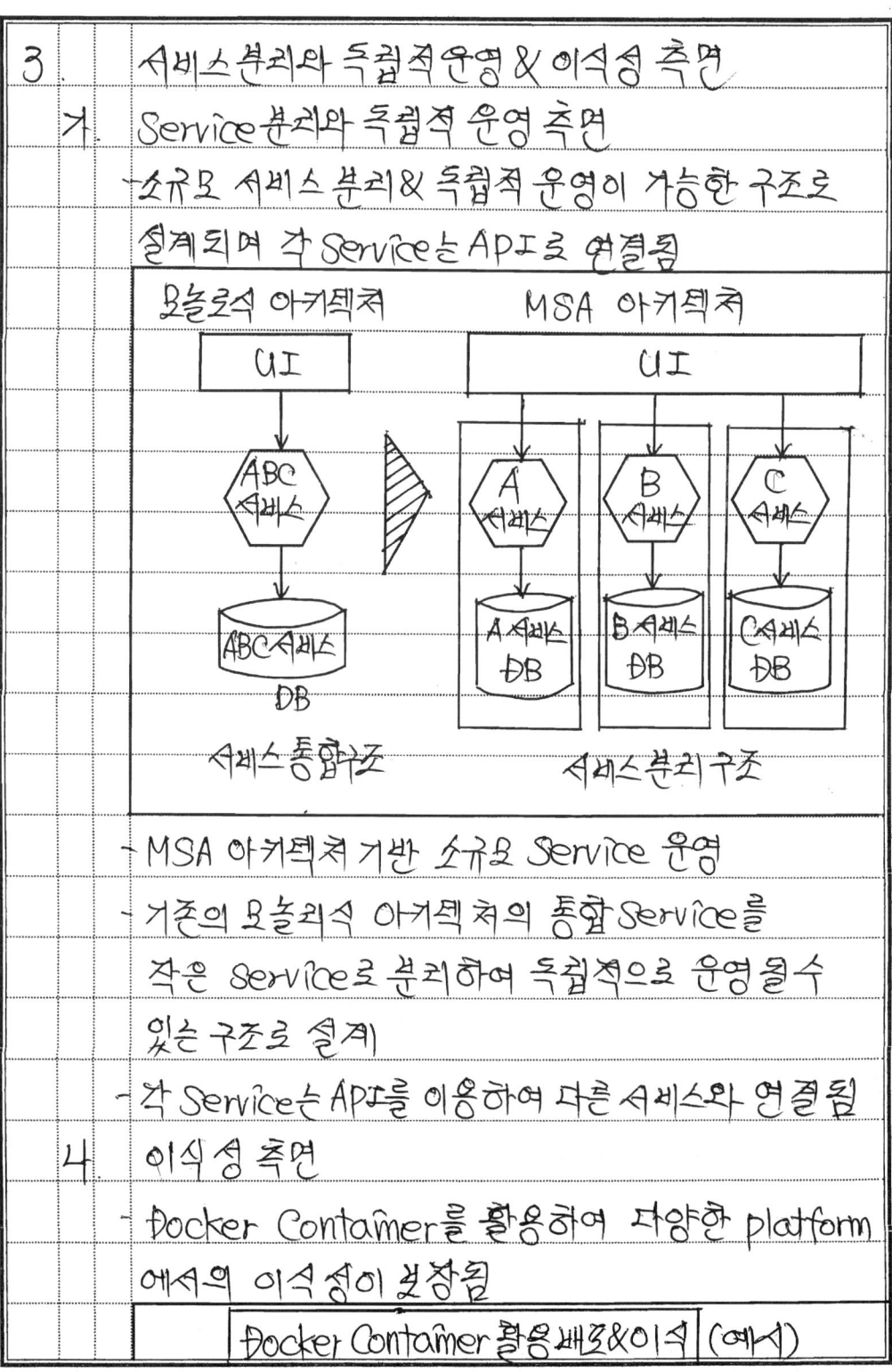

  - MSA 아키텍처 기반 소규모 Service 운영
  - 기존의 모놀리식 아키텍처의 통합 Service를 작은 Service로 분리하여 독립적으로 운영될 수 있는 구조로 설계)
  - 각 Service는 API를 이용하여 다른 서비스와 연결됨
 나. 이식성 측면
  - Docker Container를 활용하여 다양한 platform 에서의 이식성이 보장됨
  
  Docker Container 활용배포&이식 (예시)

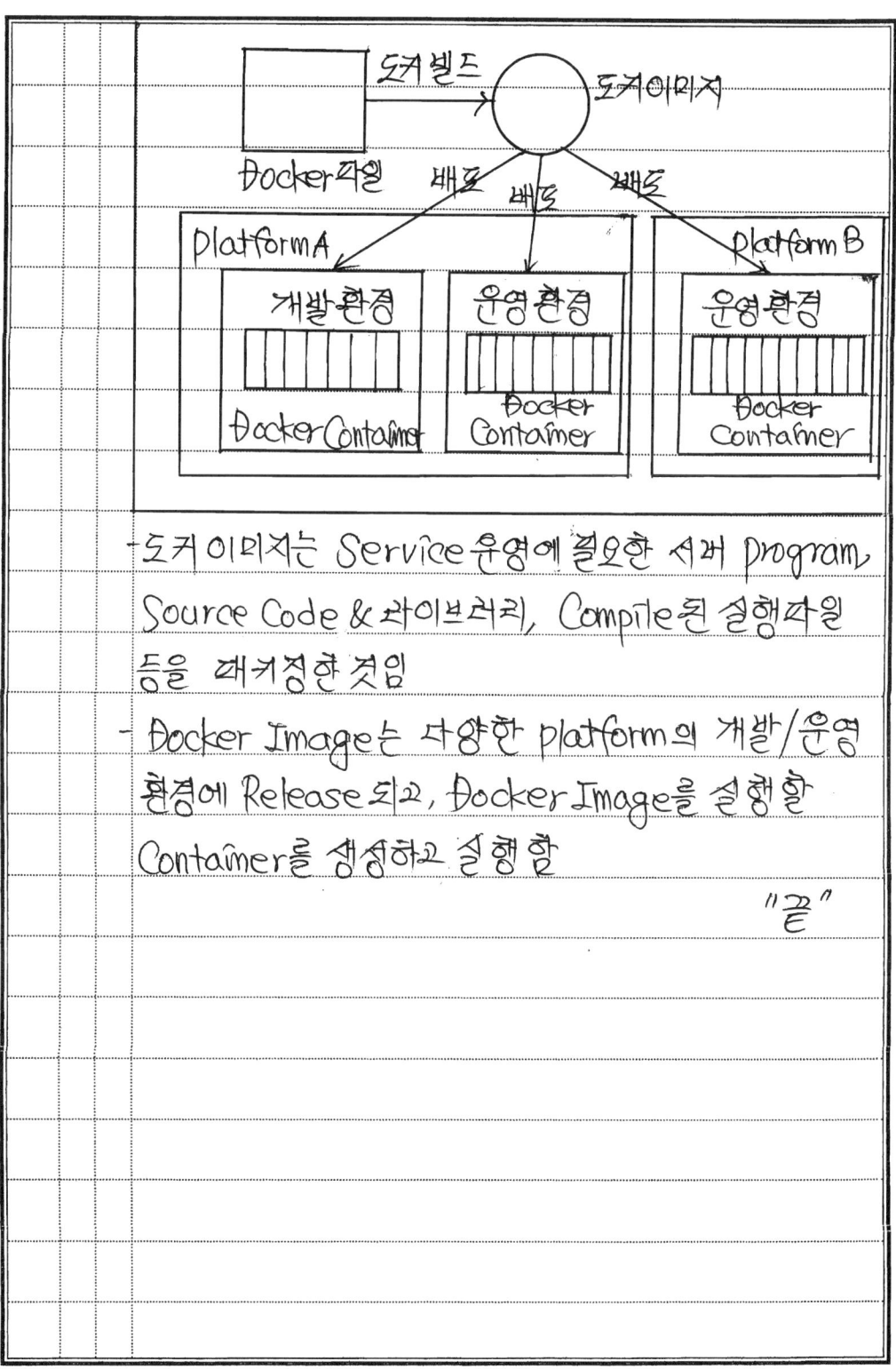

- 도커 이미지는 Service 운영에 필요한 서버 Program, Source Code & 라이브러리, Compile된 실행파일 등을 패키징한 것임
- Docker Image는 다양한 platform의 개발/운영 환경에 Release 되고, Docker Image를 실행할 Container를 생성하고 실행함

"끝"

문 38) Cloud Native 적합성 검토항목 중 프로세스관점의 검토항목에 대해 기술하시오

답)

1. Cloud Native 적합성 검토, Process 관점
   - DevOps 협업체계 기반 Coding, Build, Test, Release pipeline의 자동화

   | Process | Coding - Build - Test - Release pipeline 자동화 | 개발생산성향상 |

2. 개발/운영 협업 process 자동화 구현측면

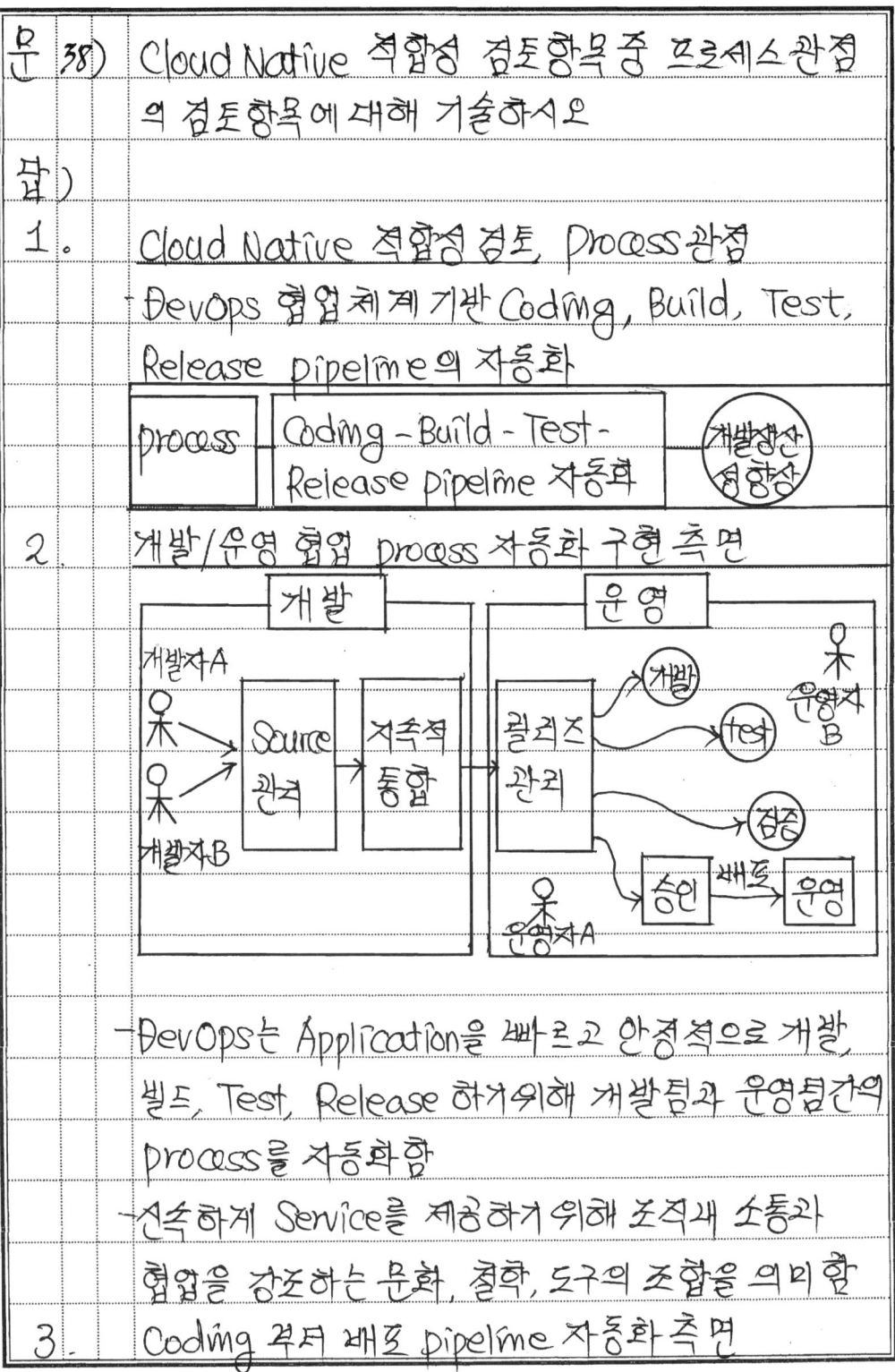

   - DevOps는 Application을 빠르고 안정적으로 개발, 빌드, Test, Release 하기위해 개발팀과 운영팀간의 process를 자동화함
   - 신속하게 Service를 제공하기 위해 조직내 소통과 협업을 강조하는 문화, 철학, 도구의 조합을 의미함

3. Coding 부터 배포 pipeline 자동화 측면

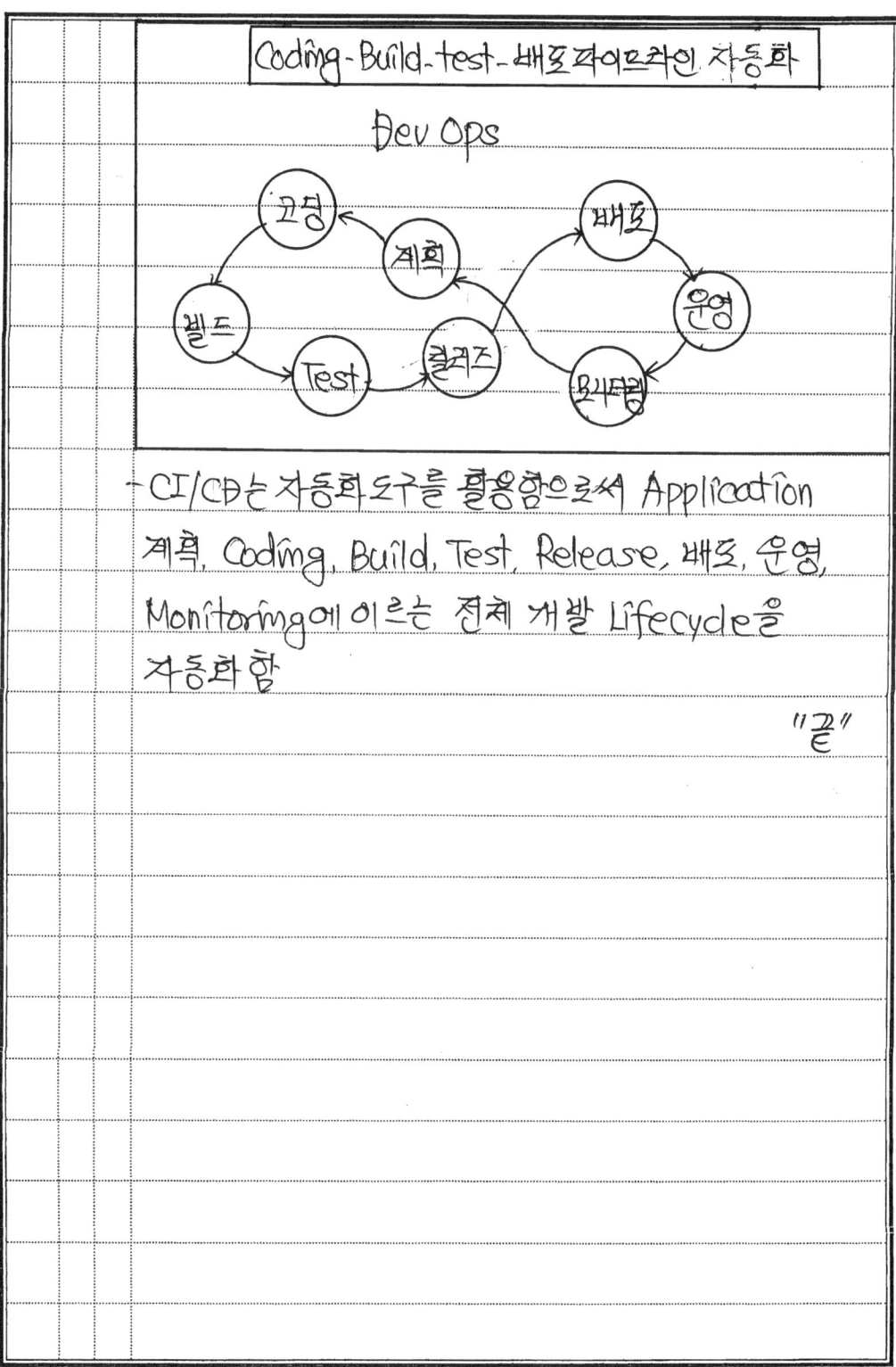

- CI/CD는 자동화도구를 활용함으로써 Application 계획, Coding, Build, Test, Release, 배포, 운영, Monitoring에 이르는 전체 개발 Lifecycle을 자동화함

"끝"

문 39) Cloud Native 적합성 검토항목중 조직관점의 검토 항목에 대해 기술 하시오

답)

## 1. Cloud Native 적합성검토, 조직관점
- 조직 관점의 검토항목은 개발/운영 조직체계구현과 전문인력 역량강화로 구분가능

| 조직 | 개발/운영 협업 조직체계구현 | (개발품질 향상) |
|---|---|---|
|  | 전문인력 역량강화 |  |

## 2. 개발/운영 조직체계 구현 측면

| ① 전통적인 IT조직 | ② 데브옵스 기반 IT조직 |
|---|---|
| 개발팀<br>○ ○ ○<br><br>QA팀<br>⬡ ⬡ ⬡<br><br>운영팀<br>△ △ △ | 데브옵스팀 A<br>○  ⬡  △<br>○  ⬡  △<br><br>데브옵스팀 B<br>○  ⬡  △ |

① 개발팀/운영팀이 분리되어 Team간 이해관계 상충
   가능성 존재 - 문제해결 주체 정의 미흡→협업곤란
   - 신속한 장애 대응 어려움
② DevOps 기반 IT조직 : 개발+운영 하나의 조직
   으로 협업체계 마련 - 기존 개발+운영+QA팀 층의
   인력 중 역할을 고려, 1개의 DevOps Team으로 구성

## 3. 전문인력의 역량측면

도입되는 Cloud 구성요소별 직무 역량과
필요스킬을 보유한 전문인력의 확보 & 역량강화필요

| DevOps 엔지니어 | 필요 Skill | 주요 직무 |
|---|---|---|
| 올바른 DevOPS 문화위한 S/W Lifecycle 에서 반복적인 일들을 자동화 하고 기술적 문제개선 & 지속고도화 가능인력 | 프로그래밍 | S/W개발 Infra 구조 설계 |
| | | CI/CD 자동화 구축 & 개발업무 |
| | OS 활용 | S/W 배포, Test & System 유지관리 & 개선 |
| | 서버관리 | IT Infra 유지보수 & 관리 |
| | | Cloud platform 환경 개선 |
| | 오픈소스 | Test 자동화 & 성능모니터링 |
| | | Communication & 협업 (개발, 운영팀간) |
| | Cloud | 각종 문서 작업등 |

"끝"

문 40) Cloud Native 개발 비용산정

답)

## 1. Cloud Native 개발 비용산정 방안
- 마이크로서비스(Micro-Service) 기반 개발시 업무 & process 재정의에 따른 기능점수(Function Point)의 유형증가 고려 필요

## 2. Cloud Native 전환 & 신규구축시 개발비용 소요

| AS-IS System | Cloud Native Application | 고도화 비용 | 신규구축 비용 |
|---|---|---|---|
| Appl | Appl. 실행영역 ⬡⬡… Micro-Service | 전환 개발비용 | 신규개발 비용 (TCO 절감) |
| 미들웨어 OS/DB | PaaS (platform) | 전환비용 (Cloud 표준 SW로 전환) | |
| H/W | IaaS (Infra) | Infra 비용 → Cloud 서비스 | Infra 비용 → Cloud 서비스 |

- 신규 구축 개발비용(용역 비용) = 기존과 유사하게. 정보 System의 기능점수(FP)를 집계하는 방식으로 비용을 산정하되 Cloud Native Appl. 유형을 반영하도록 보정계수의 조정이나 기능점수(Function Point)의 추가 필요

3. Cloud Native 도입시 기능식별의 변화
- Cloud Native 적용시 측정단위로 Transaction과 데이터 관점에서 Micro-Service 단위로 변화 필요

 가. Transaction (EI, EO, EQ)의 변화 예상

  | FP산정을 위한 업무 & Process의 변화 예상점 |
  ① 기존의 업무 & Process 단위를 Micro-Service 단위로 변경할 것인지 의사결정 필요
  ② Micro-Service 기반 개발시 업무 & Process가 세분화될 수 있음 (업무분리/통합/신규/명칭 변경 등)
  ③ 기관의 결정에 따라 기존의 업무 & Process 체계 재로 작업할 수 있음 (단, Micro-Service 관련 Back-end 작업 비중은 보정계수로 조정 가능)
  ④ Micro-Service는 Back/Frontend 서비스로 구분

 나. 데이터 (ILF, EIF)의 변화 예상

  | 데이터 처리 & 연계관련 Process의 변화 예상 |
  ① Micro-Service 단위별로 자체 Data를 관리하므로 내부 Data 처리 (ILF)와 외부 Data 처리 (EIF) 관련 FP(Function Point)가 많아질 수 있음
  ② 기관에서 기존의 Data 처리 방식대로 FP 작업을 수행할 가능성도 있음

4. 기능식별 방식의 변화
- 사용자 관점의 Transaction 처리관련 기능점수의

변화는 없지만, API Gateway를 통한 Data 처리 관련 기능유형의 증가가 예상됨

가. Micro-service 아키텍처에서의 기능식별 방안

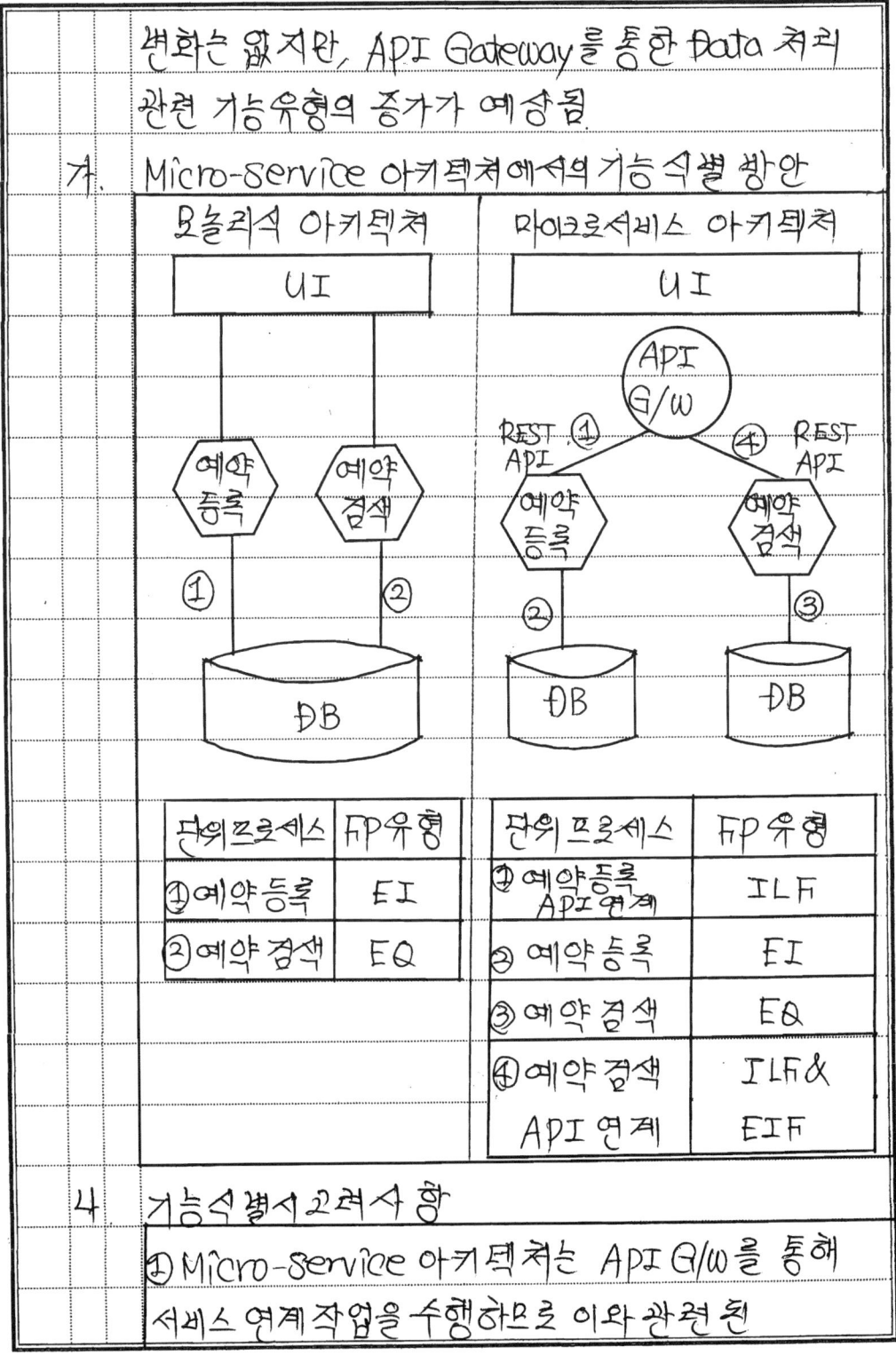

나. 기능식별시 고려사항
① Micro-service 아키텍처는 API G/W을 통해 서비스 연계작업을 수행하므로 이와 관련된

Process가 추가됨
- 예약 등록 서비스의 경우, 예약등록 API 연계가 내부논리파일(ILF)로 추가됨
- 예약 검색 서비스의 경우, 예약 검색 API 연계가 내부논리/외부연계파일(ILF & EIF)로 추가됨 (예약 검색 DB가 없는 경우 예약 등록 DB를 Read 해야 하므로 외부연계파일(EIF)로 정의함

② Micro-Service 아키텍처 적용시 모놀로식 아키텍처 대비 API 연계 process의 추가에 따라 FP가 증가될수 있음 ← 즉, 개발비 증가 예상

"끝"

문 41) Cloud Native 사업 추진의 우선순위 결정요소와 사업단계별 고려사항에 대해 설명하시오

답)

1. 정보화 사업의 우선순위 조정, 우선순위결정요소
   - Cloud Native 도입이 적합한 것으로 결정된 정보화 사업에 대해 System 규모, 복잡도, 확장필요성 등 고려

2. Cloud Native 사업 추진 우선순위 결정요소

   사업추진우선순위 결정요소

   | 구분 | 내용 |
   |---|---|
   | System 규모 | - 정보 System의 규모 크고, 개발요구사항 방대과 배포에 시간 소요시 우선추진<br>- 정보 System 규모는 기관별 자체 기준에 따라 대/중/소로 분류함 (예산규모, 기능점수, System menu 수(화면구성수) 등 참조) |
   | 복잡도 | - 복잡한 모놀리식 구조의 서비스를 마이크로 서비스로 분리하여 독립적 Service를 제공할 필요가 있는 경우 우선추진함 |
   | 확장 필요성 | - 정보 System의 이용자 증가시 자원확장의 한계가 있는 경우 우선추진 진행 |

   - 사업의 규모가 크고, 복잡하며, 확장의 한계가 있는 경우 정보화 사업을 우선적으로 수행하되, 우선순위의 조정은 업무와 관련하여 고려 필요

3. Cloud Native 사업의 단계별 고려 사항

① 기획/검토 ② 계획수립 ③ 사업자 선정/계약
④ 개발/구축 ⑤ 감리 ⑥ 검사 종료순으로 진행

| 발주 단계 | | | 사업단계별 고려사항 |
|---|---|---|---|
| 기획, 검토 | 기획, 검토 | 정보화사업 기획 | Cloud Native System 구축 관련 성과 계획수립 |
| 계획 수립 | 사업 계획서 (안) 작성 | (안) 작성 | - 관련 요구사항 상세화<br>- Cloud Native 도입을 고려한 개발비 예산 산정 |
| | | 기술적용 계획수립 | Cloud Native Appl. 관련 기술적용계획 수립 |
| | 검토 | 기술평가 시행 | Cloud Native 관련 요구사항 상세화 |
| 사업자 선정/ 계약 | 제안 요청 | 제안요청서 작성 | - 관련 요구사항 상세화<br>- 도입고려한 개발비 예산 반영 |
| | 사업자 선정 & | 제안서 평가 | 기술평가서 Cloud Native 적용 경험 & 기술력을 평가할수있는 항목 정의 & 배점부여 |
| | 계약 체결 | 협상&낙찰자선정 | 기술협상서 관련 기술적 이행사항에 대해 구체적으로 협상수행 |
| 개발/ 구축 | 사업 착수 | 착수 계획서 검토 | 착수계획서내에 Cloud Native 관련 과업 내용이 누락없이 잘 반영되어 있는지 확인 |

| | | | | |
|---|---|---|---|---|
| 개발/구축 | 검토/품질관리 | 검토/품질관리 | - 방법론의 공정단계별 품질관리 활동 수행 |
| | | | - 개발 방법론 준수 단계별 품질 보증활동 |
| | | | - 관련 요구사항별 이행 과정 점검 |
| 감리 | 감리 시행 | 감리 시행 (요구정의, 설계, 종료) | - 감리계획서 & 수행결과 보고서 검토 & 조치 |
| | | | - Cloud Native 관련 요구사항에 대한 점검계획과 결과 검토후 조치요구 (시정조치결과 보고서) |
| 검사 종료 | 완료 검사 | 준공 검사 | 준공 검사 수행시 Cloud Native 관련 요구사항의 이행 여부 확인 |

"끝"

# PART 4

# 클라우드 네이티브의 기반 기술

분할과 정복, REST, SSL, SOA, EAI, AnyLink, JSON, Open API, 서버리스 아키텍처(Serverless Architecture), Platform Engineering, 스토리지, 카프카(Kafka), Apache Storm, 넷퍼넬(Net Funnel), AMQP(Advanced Message Queue Protocol), 로드밸런싱(Load Balancing), IPC, 폭포수개발 모형과 애자일(Agile) 개발방법론, BaaS와 FaaS, 멀티 클라우드(Multi Cloud), 클라우드 상호운용성 등을 클라우드 네이티브 구성에 있어 매우 중요한 토픽들입니다.

[관련 토픽-35개]

문 42) 분할과 정복 (Divide and Conquer)
답)

## 1. 문제 해결위한 분할과 정복의 개요

### 가. Divide and Conquer의 정의
- 문제 해결을 위해 문제를 해결가능한 부분 문제로 분할/해결후 결합하여 전체문제를 해결하는 기법

### 나. Divide and Conquer의 특징

| 구분 | 내용 |
|---|---|
| 하향식 (Top-down) | 전체를 부분으로 분할하여 해결, 하향식 방법 |
| 재귀적 (Recursive) | 문제를 분할한 후 해결이 어려울 경우 해결(개선) 가능한 분량으로 반복분할 |
| Easy 적용 | 알고리즘 작성 간단, 쉽게 사용이 가능 |

## 2. 분할과 정복의 수행절차, 사례

### 가. Divide and Conquer의 수행절차

| | Step1 | Step2 | Step3 |
|---|---|---|---|
| 동작 원리 | ① 분할 (Divide) | ② 정복 (Conquer) | ③ 결합 (Combine) |

↑ 반복, Iteration

단순기법 적용이 어려울 경우, 반복 수행

| 수행 절차 | 내용 |
|---|---|
| ①분할 | 문제 쪼개기 (2개 이상 부분문제로 분할) |
| ②정복 | 쪼개진 단위 문제 해결 (단순기법 이용) |
| ③결합 | 부분문제 해결결과를 모아 전체문제 해결 |

- 분할, 정복, 결합 순으로 수행

나. 분할과 정복의 사례 (1 2 3 4 오름차순 정렬 예시)

① | 3 | 1 | 4 | 2 |
↓
② | 3 | 1 |   | 4 | 2 |
↓             ↓
③ | 3 |---| 1 |   | 4 |---| 2 |
      ↓Buffer활용         ↓Buffer활용
④ | 1 | 3 |---| 2 | 4 |
   Buffer    ↓Buffer 활용
⑤ | 1 | 2 | 3 | 4 |

① 정렬(Sorting)할 데이터 집합
② 데이터 Set(집합)를 반으로 분할
③ 하위 데이터 집합의 크기가 1이 될때까지 분할반복
④ Data 비교, 작은값 Buffer에 저장
⑤ 최종적으로 정렬된 하나의 Data 집합 생성

3. Divide and Conquer 적용분야

| Cloud | MSA (Micro Service 아키텍처) |
| Project | WBS (Work Breakdown 구조) 분류 진행 |
| 검색알고리즘 | Binary & Quick Search |
| S/W공학 | 구조적분석, 객체지향분석, 설계 기초 제공 |
| 복합문제개선 | 해결가능한 범위에서 개선→점진적→전체 해결 |

"끝"

문 43) REST (Representational State Transfer)
답)

1. Light Weighted 분산 환경 아키텍쳐 기술 REST 개요
   가. HTTP 사용 REST의 정의
   - Web과 같은 분산 하이퍼미디어 환경에서 자원의 존재/
     상태 정보를 표준화된 HTTP 메소드(Get, Post, Put,
     Delete)로 주고받는 SW 아키텍쳐 스타일
   나. REST의 주목 배경

   | SOA, Web 서비스 | | WOA, Mash-up |
   |---|---|---|
   | -SOAP 복잡성 | REST → 기술 활용 → | -Light (경량) |
   | -Light 서비스 지원불가 | | -HTTP Method 사용 |
   | -SOA 구현시 비효율적 | | -추적성, 가시성 |
   | -사용 어려움 | | -생산성 & 품질 향상 |

   - Mash-up: Web 제공 다양한 정보활용, New S/W & 서비스
   
   다. REST의 특징
   
   | Stateless | 비연결상태, Client-Server간 Stateless상태 |
   |---|---|
   | URI 사용 | 자원 표현의 위치를 검색(Search) & 접근 |
   | HTTP 사용 | HTTP Protocol을 통해 Data 송/수신 |
   | 비동기식 | Async. 비동기식 통신 |

2. REST 개념도, REST 예시
   가. REST 개념도
   - HTTP (HyperText Transfer Protocol) 사용

자원(명사) — URI ex) https://cafe.naver.com/96storpE

컨텐츠 타입 — XML, JSON

처리(동사) — HTTP Methods (Get, Post, Put, Delete)

- Light 하고 작은 단일 Method Interface 사용

4. HTTP 기반 REST의 예시

| 구분 | 요청 Methods | CRUD 동작 |
|---|---|---|
| POST | Create 새로운 자원(Resource) | CREATE |
| GET | Retrieve (검색) a Representation | READ |
| PUT | 수정 or Overwrite an 존재하는 자원 | UPDATE |
| DELETE | Delete or Exit 자원 | DELETE |

3. REST와 SOAP 비교

| 구분 | REST | SOAP |
|---|---|---|
| Proxy | 사용가능 | 사용불가 |
| Client APP. 상태변이 | 가능 | 불가능(외부에서 찾아야 함) |
| Caching | 가능 | 불일치 |
| Web의 진화 | 일치(자원별논리적URL) [URL] | 불일치 |
| 범용 Interface | 있음(고확장성) | 없음(낮은확장성) |
| 상호운영성 | 지원 | 비지원(커스트와이징 효초의존) |
| 보안 | 별도구현 필요 | 우수 |

"끝"

문 44) REST (REpresentational State Tranfer) API (Application Programming Interface)

답)

## 1. API 확장의 기반, REST API의 정의 & 특징

| 정의 | 자원(Resource)의 이름을 구분하여 자원의 상태를 주고 받는 HTTP 기반 무상태(Stateless) 통신규약 |
|---|---|
| 특징 | ① Stateless: 서버 상태 유지없이 요청시 응답만 ② HTTP기반: 다양한 Method (GET, POST등) 지원하여 구현 & 다양한 분야 확장에 용이 (비동기식 통신) |

## 2. REST API의 동작원리 & 구성요소

### 가. REST API의 동작원리

```
Client  --GET, POST, PUT, DELETE-->  REST API  --HTTP 요청-->  Server
        <--JSON/XML/HTML--           [API]     <--HTTP 응답--
```

- 요청한 HTTP Method와 자원을 식별하여 Server의 동작 결정후 다양한 Format으로 응답

### 나. REST API의 구성요소

| 구분 | 구성요소 | 설 명 |
|---|---|---|
| 자원 | URI | URI로 자원을 구분 |
| 행위 | GET | 기존 자원에 대한 정보 조회 (Query) |
|  | POST | 신규 자원의 생성 (Create) |

| | | | |
|---|---|---|---|
| | 행위 | PUT | 기존 자원 정보 수정(Modify) |
| | | DELETE | 기존 자원의 삭제 |
| | 표현 | JSON, XML, HTML | 다양한 Format으로 자원의 정보를 전송하는 방식 |

- REST API의 설계 법칙을 기반으로 생성된 API를 RESTful API로 정의

3. RESTful API의 예시

| GET | /users/1234 | //ID 1234 user의 정보조회 |
| POST | /users | //신규 user 정보생성 |
| PUT | /users/1234 | //ID 1234 user의 정보 수정 |
| DELETE | /users/1234 | //ID 1234 user의 정보 삭제 |

- RESTful API로 높은 유지보수성/확장성/가독성 확보 가능, 활성화된 API 생태계 구축 가능

"끝"

문 45) SSL(Secure Sockets Layer) Offloading(Proxy)
답)
1. SSL 암호화 트래픽의 접속 연결 부하 감소,
   SSL offloading (proxy)의 개요
   가. Network 단 부하감소, SSL offloading 정의
   - 서버 대신 SSL Handshake, 데이터의 암복호화를 수행하여 서버에 SSL 통신관련 부하 감소 시키는 기능
   나. SSL Offloading 필요성

| Overhead 감소 | Web 서버 SSL 적용시 인증/암호화시 오버헤드 |
| 비용 감소 | 1년주기 갱신 인증서, 발급비용/설치 비용 감소 |
| 보안부하 감소 | L7 스위치나 SSL 가속기에 설치, 처리를 분리 |

2. SSL Offloading 메커니즘 & 설명
   가. SSL Offloading의 메커니즘

   ① SSL Handshake          ③ 복호화 Packet 전달
                             & 응답
   Client ⟷ HTTPs ⟷ SSL Offloading ⟷ HTTP ⟷ Server
   ④ 암호화  ② 암호화/복호화
   Packet 전달

   - SSL Offloading 전까지의 Client는 암호화 통신하고 이후 Server는 복호화 트래픽을 이용
   나. SSL offloading의 process 설명

| 순서 | Process | 설명 |

| | | | | |
|---|---|---|---|---|
| | | ① | 전달 | 요청 Packet 을 암호화되어 전달됨 |
| | | ② | 복호화 | 전달된 Payload (Data들) 복호화 수행 |
| | | ③ | 응답 | 분산서버에서 SSL Offloading으로 응답 |
| | | ④ | 회신 | 암호화 후 Packet 전달 |
| 3 | SSL Offloading 기대효과 | | | |
| | 기대효과 | | 설 명 | |
| | 비용 절감 | | 별도의 Appl. 서버 증설 비용절감 | |
| | 서버성능 증대 | | 서버 암/복호화 작업 불필요, Load 절감 | |
| | 관리 용이 | | 암/복호화 집중화로 관리 point 용이 | |
| | 속도증가 | | Web환경 속도증가, 다양한 App. 제어가능 | |

"끝"

문 46) SOA (Service Oriented Architecture)
답)
1. 재사용성과 Biz 가치 실현, SOA의 개요
   가. 서비스간 Loosely Coupled, SOA의 정의
   - Biz process를 세분화하여 자동화 대상 Biz process를 Appl. Component와 Mapping하여 서비스 단위로 재사용 할수 있는 S/W 아키텍처
   나. Service Oriented Arch 의 목적

   | 구분 | 설명 |
   |---|---|
   | Block화 | 모든 Service와 process 블럭화 → 전산실 |
   | Biz 역량 | Block화된 서비스의 재사용, Biz 역량↑ |
   | 재사용 | 현업실무자가 서비스 모듈 조립 & 재사용 |
   | 공유 | Service 모듈 공유로 기업 Biz 촉진 |

   - Block화: 전산실에서 Service (창구)
   
   다. SOA의 특징

   | 특징 | 설 명 |
   |---|---|
   | 상호운용성 | Platform에 관계없이 상호운용 가능 |
   | 위치투명성 | 서비스는 N/W 주소를 Registry에서 찾아 접근 |
   | process 중심 | process Service를 별도의 구성요소로 두어 통합에 필요한 Service Orchestration 수행 |
   | Loosely Coupled | 필요시 연결되고 독립적으로 운영 |
   | Self-Healing | 특정서비스 장애 발생시 같은 기능의 Service로 Self Binding |

| | | 조립가능 | Application에서 조립, 서비스의 결합, 서비스 Orchestration 가능 |
|---|---|---|---|
| | | 동적Binding | Runtime 중에 필요한 서비스의 발견 & 사용 |

2. SOA 아키텍처 발전, Framework & 설명
  가. SOA 아키텍처의 발전

```
Primitive        Networked        Process-Enabled
 (SOA)    →       (SOA)    →       (SOA)

초기 Web서비스    ESB/EAI         BPM 기반의
형태             개념도입         SOA
                                          → 성숙도
```

**Primitive SOA**: 
- Enterprise 계층: 여행 Web site, 발권 Appl.
- ← Web service 적용형태
- Appl. 계층: 비행기, 예약, 발권, 고객
- Point-Point 형태로 연결하는 형태

**Networked SOA**:
- Enterprise 계층: 여행 Web site, 호텔
- Intermediary 계층: 예약발권, G/W
- Appl. 계층: 예약, 발권, flight

- Intermediary 계층에서 하관서비스간을 해
연결하는 분산 Transaction의 처리를 분산/캡슐
- 공통된 Bus형태의 통합을 지원하는 형태

Process-Enabled SOA

| | |
|---|---|
| 여행 website | Enterprise 계층 |
| 예약 → 결산 Process | Process 계층 |
| 예약 &Bill | Intermediary Service 계층 |
| 예약 빌링 고객 | Application 계층 |

→ Process의 복잡도와 가변성을 분리
- Process Orchestration 기반위에서 동작하는
형태이며, SOA-BPM이 결합된 환경
- SOA-BPM : SOA-Biz process Management

4. SOA의 Framework (F/W)

| UI F/W | Interface F/W | Biz. F/W | Data F/W | DB |
|---|---|---|---|---|
| -홈페이지 | ESB | 고객, | -Real-Time | RDBMS, |
| -Portal | EAI, | 상품, | -Data Hub | MMDB, |
| -Web UI | MCI, | 주문, | -NoSQL | Vector DB 등 |
| -Internet등 | SOAP등 | 결제등 | -Vector | |

나. SOA Framework 설명

| F/W | 설명 | 요소 |
|---|---|---|
| UI | Front end, UI, 홈page 등 | Client |
| Interface | SOA Lifecycle 지원, 모든 연계 조건을 지원하는 ESB 기반 I/F | ESB, EAI 등 |
| Biz | Biz 환경 요구사항 구현 담당 | BPM |
| Data (DBMS) | - Data Hub 등 Data 저장/관리<br>- 추상화된 형태의 통합 Data | Data Hub, 복제솔루션 |

3. SOA와 CBD 비교 & SOA의 Issue 사항, 개선방안

가. SOA와 CBD 비교

| 구분 | SOA | CBD |
|---|---|---|
| 관점 | 기업 내/외부 통합 | 기업 내부 특정 System |
| Process | Component를 연결하는 process 비중 큼 | process 보다는 개별 Component에 집중 |
| 컴포넌트특성 | 서비스 중심 | 기능 중심 |
| 추상화 | 상대적으로 높음 | 낮음 |
| 모델링 기법 | 컨설팅기법, UML, EA | UML |
| 목표 | Biz 목표와 연결시키는 것이 목적, 성과측정과 연계 | System 관점에서 Component 구축 |
| Platform | 이기종 통합 연계 | J2EE, .NET 개별적 연계 |
| 연계방식 | Loosely Coupling (SOAP) | Tightly Coupling |

| | | |
|---|---|---|
| Interface | 공개적인 I/F (WSDL 활용) | 개별 I/F 활용 |
| 응용기술 | EAI, Web Service | WAS기반 Web기술 |

4. SOA Issue 및 개선 방안

| 구분 | 내용 | 개선방안 |
|---|---|---|
| 성공적 SOA사례 | 대부분 pilot 형태 진행 | MSA 적용 |
| SOA 방법론 | SOA 방법론 부재 | CBD와 결합 |
| 구축비용과다 | 미들웨어 & Adapter 비용 | CBD 형태 구축 |
| 전문가 부재 | Biz/Solution 전문가 결요 | 교육, 전문가양성 |
| IT 환경 | DB와 Text 처리 의존 | 정형, 비정형처리 |
| Target Biz | 대부분 ERP 연동 처리 | 전전적 확대 |
| 서비스품질 | 내/외부 서비스 연계 활용 | 개별서비스품질↑ |

- MSA : Micro-Service 구조 적용

"끝"

문 47) EAI(Enterprise Application Integration)
답)

## 1. 기업내 Application 통합, EAI의 개요

### 가. Web service 가능, Appl. 연결, EAI의 정의
- 기업에서 운영되는 서로 다른 platform (OS, DBMS등) & Application (ERP, e-Biz, DW, CRM, Legacy등) 들간의 정보에 대한 전달, 연계, 통합 (Interface & Integration)을 가능하게 해주는 Solution

### 나. Appl. 서비스간의 중재역할, EAI의 필요성

| 구분 | 설명 |
|---|---|
| Time to Market | Appl. 통합 비용, 시간 단축필요 (시장대응) |
| Process 통합 | 기업내 Package형 Software가 산재되어 Process, Data 통합이 필요 |
| 유지보수 비용 | Peer-to-Peer 방식의 유지보수비용 급증 |
| Biz 연계 | 기업간 협업체계 구축위한 기반 체계필요 |

### 다. 서비스 통합(Integration), EAI 특징

| 구분 | 설 명 |
|---|---|
| 통합 | 이기종 platform 환경하의 Appl. 통신 통합 |
| 유연성 | 확장성을 고려, 유연하고 모듈화된 아키텍처제공 |
| 맞춤형 | 고객 개별 요구 지원 맞춤형 메시지 processing |
| 연계 | Data mapping, 인터넷 I/F, 외부 연계등 |

## 2. EAI 구성 & 구성요소

가. EAI 구성도

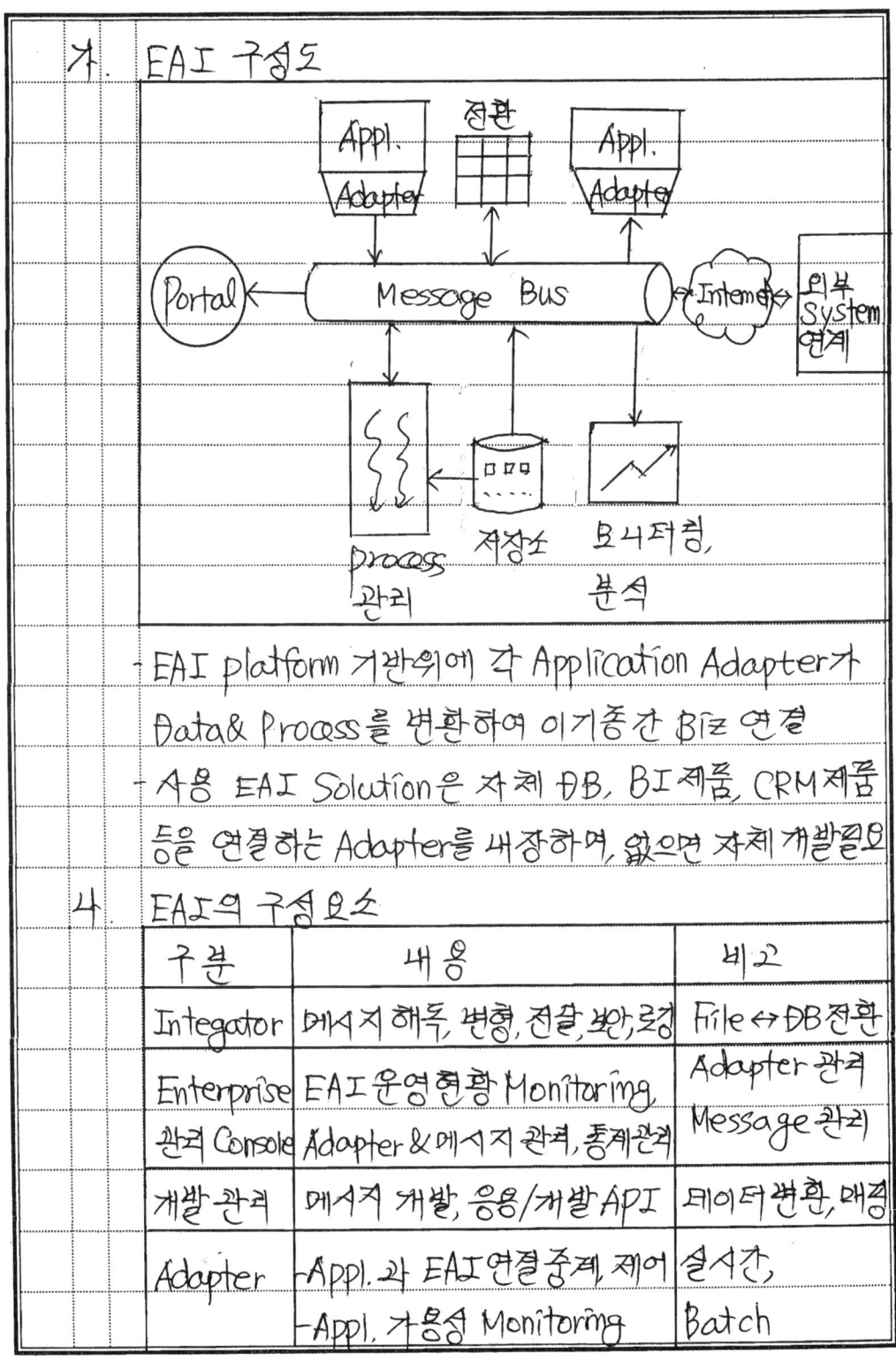

- EAI platform 기반위에 각 Application Adapter가 Data & Process를 변환하여 이기종간 Biz 연결
- 사용 EAI Solution은 자체 DB, BI제품, CRM제품 등을 연결하는 Adapter를 내장하며, 없으면 자체 개발필요

나. EAI의 구성요소

| 구분 | 내용 | 비고 |
|---|---|---|
| Integator | 메시지 해독, 변형, 전달, 보안, 로깅 | File ↔ DB 전환 |
| Enterprise 관리 Console | EAI 운영현황 Monitoring, Adapter & 메시지 관리, 통계관리 | Adapter 관리, Message 관리 |
| 개발 관리 | 메시지 개발, 응용/개발 API | 데이터변환, 매핑 |
| Adapter | -Appl.과 EAI 연결중계, 제어<br>-Appl. 가용성 Monitoring | 실시간, Batch |

| | | 메시지 채널 | 신뢰성있는 메시지 전달 | 전송보장, 순서보장, 메시지분산 |

## 3. EAI 구축유형 & 통합단계

### 가. EAI 구축유형

| 통합 방식 | 설명 | 장점 |
|---|---|---|
| Point-to-Point 방식 | 가장 기초적인 Appl. 통합 (1:1), 하나의 단순한 Appl. 간의 통신을 통합 방법 | 단순 개발자 간의 통신을 통한 단순방법 |
| Peer-to-Peer | 중간 Middleware 없이 각 Appl.이 Peer 서버가 Point-to-Point 방식으로 연결 | 상대적 저렴한 비용으로 통합 가능 |
| Hub&Spoke 방식 | - Appl. 사이에 미들웨어 배치<br>- 단일 접점인 Hub system을 통해 Data를 전송, 중앙 집중식 | 모든 Data가 Hub를 통하므로 Data 전송보장 |
| Messaging Bus | - Appl. 사이에 Middleware (Bus)를 두어 처리하는 방식<br>- Middleware 통한 통합 | Adapter와 Bus 간 통신 확장성/대용량 처리제공 |
| Hybrid 방식 | - Hub와 Spoke와 Messaging Bus 방식의 혼합형<br>- Group 내는 Hub&Spoke 방식, 그룹간은 Messaging Bus | 환경에 적합(Adaptive)한 통합 작업 가능 |

4. EAI 통합 단계(수준)

| 유형 | 설명 | 특징 |
|---|---|---|
| Platform 통합 | 지능적 라우팅 지원 위한 Data 기반구조 | 중개/메시지 교환 개념 공유, Biz 규칙 등 실시간 공유 |
| Data 통합 | Message 주제&내용을 Application으로 전달 | Data Source 변환, 가장 많이 사용, Risk/비용 적음 |
| Application 통합 | Appl. 간의 Transaction & 연관 Data 통합 | 통합메시지, API 등 같은 Appl. 입/출력에 의해 수행 |
| (Biz) Process 통합 | 복수의 Appl. 연결된 다단계 업무 process에 대한 집중적 중앙제어 | 3단계(기능, Solution, Biz process 최적화) 통합 - Process 자동화 방식 |
| 공동작업 통합 | 내/외부 Biz 유닛 통합 | 전사 Appl.에 대한 통합 |

4. EAI 구축시 고려사항들

가. Application 통합 관점 고려사항

| 구분 | 설명 |
|---|---|
| 통합 방식 | Big Bang 방식, 단계적 방식 |
| 대상 Appl. 결정 | Time out이 있는 기능과 같은 실시간성 요구 Application은 신중히 결정, 고려 충분 |
| 장애 대책 | 중요 Appl.은 EAI 외에 별도 전송 채널 마련 |
| 용량&규모 | EAI 수용 Appl. 선정 & 처리 용량 산정 |

나. EAI Solution 선정 관점 고려사항

| 구분 | 설명 |
|---|---|

| | | | |
|---|---|---|---|
| | | 유연성 | 다양한 protocol, platform 지원여부 확인 |
| | | Lock-in효과 | EAI Solution 선정이후 타 제품 변경곤란 |
| | | 확장비용 | Application 연계추가시 비용고려 |
| | | 유지보수 | 안정적이고 지속적인 유지보수 능력 |

"끝"

문 48) System 및 서비스(Service) 간의 연계 방식인 EAI, ESB, API Gateway, Service Mesh에 대해 설명하시오

답)

## 1. System & Service 간의 연계 방식들의 개요

가. EAI, ESB, API Gateway, Service Mesh 정의

- **EAI (Enterprise Appl. Integration)** - 기업 Appl. 통합. 중앙 허브(Hub) 역할을 하는 EAI 서버와 단위 System EAI Agent 간 통신 방식 (이기종 간 통신 제공)
- **ESB (Enterprise Service Bus)** - EAI + SOA (서비스 지향 아키텍처)를 이용한 XML 기반의 통신 방식. Protocol은 SOAP(Simple Object Access Protocol) 사용
- **API Gateway** - 단순 Messaging 처리를 이용한 통신 방식. HTTP/JSON 기반의 REST API 이용
- **Service Mesh** - API Gateway의 SPOF(단일 장애점) 문제를 해결한 Proxy 기반 통신 방식, MSA등 내부 서비스 간의 통합(Integration) 방식에 적용

나. System & Service 연계 방식의 진화

| EAI | → | ESB | → | API Gateway | → | 서비스 Mesh |
|---|---|---|---|---|---|---|
| Agent 기반의 Biz 로직 중심 통합 | | Bus 기반 Service 중심 통합 | | Web(웹) 기반 API 중심 통합 | | Proxy 기반 내부 서비스 간 통신 |

## 2. EAI와 ESB를 이용한 연계(통합) 방식

### 가. EAI & ESB의 구성

이기종 System 간의 통합을 위해 비표준 Adaptor 또는 표준 API를 이용하는 방식

| 구분 | EAI | ESB |
|---|---|---|
| 원리 | 이기종 System에 비표준 Adaptor(EAI Agent) 사용연계 | 공개된 표준 API를 통해 이기종 System 통합 |
| 구성 방식 | EAI Hub - Agent 비표준 Adaptor (A System, B System) | 표준 API - A System, B System |
| 통합 방식 | 비표준 Adaptor (EAI Agent) 통한 시스템 연계 | 개방형 표준 Web 서비스 이용한 서비스 연계(통합) |
| 통신 방식 | 각 System에 따라 다름 | SOA 이용한 XML 통신 |

### 나. EAI와 ESB 특징 비교

| 구분 | EAI | ESB |
|---|---|---|
| 목적 | 기업 내부 이기종 응용 모듈 간 통합 | 기업 간(System 간)의 서비스 교환을 위한 표준 적용 |
| 토폴로지 | Hub & Spoke 방식의 집중형 Topology | Service Bus를 이용한 분산형 Topology |
| 핵심 | Adaptor, Broker | Web 서비스, 포맷 변환 |

| | | | |
|---|---|---|---|
| 기술 | | Message Queue, Rule엔진 | 개방형 표준, SOAP/XML |
| 통합<br>형태 | | Appl.간의 Tightly 통합<br>→종속성 높음 | 서비스간의 느슨한 통합<br>→유연성 제공 |
| 적용<br>사례 | | 기업 내부망<br>내부망은 성능이 우수한<br>EAI 적용 | 기업 외부망<br>-행공센(행정공동이용센터)<br>-대외연계는 확장성 고려 |

```
   ← EAI ─────────── * ─────── ESB →

  ┌─────┐  ┌EAI┐                                    ┌───────┐
  │기관계│──│Hub│═══════(표준  )══(표준  )══════════│보험사  │
  │-비표준│  └───┘         ( API )  ( API )           │System │
  │Adaptor│   ┌정보계┐                                 └───────┘
  └─────┘   │비표준Adaptor│              ESB
```

## 3. API Gateway와 Service Mesh를 활용한 연계방식

### 가. API Gateway와 Service Mesh 구성

- MSA(마이크로서비스구조) 구성시 안정적인 접속과 Routing을 제공하는 통합 방식

| 구분 | API Gateway | Service Mesh |
|---|---|---|
| 구성<br>방식 | 외부<br>┌─API G/W (External)─┐<br>↕         ↕<br>(서비스)    (서비스)<br>↑ REST ↑<br>(HTTP/JSON)<br>┌─API G/W (Internal)─┐<br>내부 | 외부<br>┌─API G/W (External)─┐<br>↕         ↕<br>proxy<br>(등록) ⇄ (등록)<br>↕    ✕    ↕<br>(A)        (B)<br>시스템    System |

|  | 원리 | ESB의 XML 대신 HTTP/ JSON 기반의 REST아키텍처 이용, 중앙집중형 | 내부 서비스(Service) 간의 통신을 위해 Proxy로 구성한 분산형 아키텍처 |
|---|---|---|---|
|  | 통합방식 | 중앙집중형 API G/W 사용 | 분산형 Proxy 사용 |
|  | 장애 대응 | API G/W 장애시 SPOF 발생. G/W 이중화 구성 | Proxy 간의 서비스 호출로 SPOF 대응가능, 서비스분산 |

- MSA : Micro Service Architecture

4. API G/W와 Service Mesh 특징 비교

| 구분 | API Gateway | Service Mesh |
|---|---|---|
| 목적 | 내부 API를 외부 서비스로 제공시 라우팅/인증 등의 Interface 역할 | SPOF (단일 장애점) 해결, 내부서비스 간의 조율/협력 |
| 토폴로지 | 중앙집중형 API G/W Topology | 외부: 외부 G/W 이용한 노출 내부: Proxy 기반의 분산형 |
| 통합 형태 | REST/JSON 기반 경량화 구조 | 안전한 장치 이용한 Proxy 구조 |
| 주요 기능 | 인증/인가, API라우팅, 포멧변환, 로깅, 과금 등 | Traffic 제어, 서비스분산, 부하분산 (로드밸런싱) |

4. MSA (Micro Service Architecture)로의 발전과 Cloud Computing과의 통합
- 안정적인 Service 제공위한 차원

Service    ⓂSA        +        ⓒloud   Docker
Mesh
   서비스복잡도증가              Container 기반구조

- 작은 서비스 (Micro Service) 단위로 분리하여 전체 System에 영향도 줄임 (해당 서비스별로 배포, 배치 가능)
- 복잡한 Service 간의 연결과 안정적인 Serice를 위해 Service Mesh 이용이 증가됨

"끝"

문 49) AnyLink
답)

1. 통합 연계 솔루션, AnyLink 개요
   가. EAI, MCI, FEP 기능, AnyLink의 정의
   - 기존 Interface에 필요한 공통기능을 엔진 기반으로 구현하여 EAI(System 연계), MCI(채널통합), FEP(기관 연계)등의 기능을 plug-in 형태로 제공

   나. AnyLink의 특징

   | EAI | + | MCI | + | FEP | + | JTA(작업기반 제어) |

   | ESB 서비스 연계 |

   (Routing) (HA& Fail-Over) (메시지 매핑) (Queuing) (Sync/ASync 통신) (Logging) (프로토콜 Handler)

   - plug-in 형태 통합/개발/관리/모니터링 제공

2. AnyLink의 구성 및 설명
   가. AnyLink의 구성도

   | Studio | RTE | | Admin |
   |---|---|---|---|
   | 자원정의 | Adapter | Flow 엔진 | System 구성 |
   | 자원배포 | TCP/IP | -메시지 매핑 | 운영설정 |
   | 테스트/ | HTTP | -Routing | 권한, 모니터링 |
   | Debugging | File, | -Transaction | 등 |
   | | FTP, | -예외처리 | DIS |
   | | DB… | -Logging 등 | 구성/자원관리 |
   | Remote Agent | (스케줄)(SLA)(설정)… | | 통제/설정 |
   | | | | 저장소 |

| 4 | Anylink 구성도의 구성요소 설명 | |
|---|---|---|
| | Studio | 통합개발환경(IDE), RTE에 배포 |
| | Remote Agent | 원격지 서버의 Remote Agent 통해 처리 |
| | Runtime Engine | Resource Manager, Adapter, 동오우 엔진등 |
| | Web Admin | 운영/구성관리, 설정, 모니터링, 권한등 |
| | DIS | Data Intergration 서버, Data 통합서버 |
| | 저장소 | Data 적재, Repository |
| 3 | Anylink 도입효과 | |
| | 효율성 & 보안성 제고 | -모든 I/F 통합, 표준화 → 유연한 구조제공<br>-단일화하여 효율 & 보안성 강화 |
| | Seamless 거래 | 실시간 모니터링으로 구간 단절 없는 |
| | Log 수집 가능 | 거래 Log 수집, Log 활용기관 마련 |

"끝"

문 50) JSON (Java Script object Notation)
답)

## 1. Java Script 객체 표기법, JSON의 개요

### 가. {key : value} 쌍 구조, JSON의 정의
- 데이터를 쉽게 "교환"하고 "저장"하기 위한 Text 기반의 데이터 교환 표준

### 나. 텍스트 기반으로 다양한 프로그래밍 언어대응, JSON 특징

| 장점 | - 호환되는 JavaScript 라이브러리와 언어가 다수 존재 |
| --- | --- |
| | - Data구조 함축적 표현 → 빠른 데이터 송수신 가능 |
| 단점 | - 매우 함축적 → 사람이 의미파악어려울수 있음 |
| | - 복잡한 계층구조 표현하거나 대용량 데이터 송수신부적합 |

## 2. JSON의 기본 자료형 & 예시

### 가. JSON의 기본 자료형 (Data Format)

[ 1, "str", true, {inkey:"value"}, ["알","이"] null
  숫자, 문자열, 블리언, 객체,      배열,  널
  Number, String, Boolean, Object, Array, Null

### 나. JSON의 예시

{key1 : {inkey : mvalue}, key2 : [arr1, arr2, arr3]}
         ↓                              ↓
{"판매자":{"이름":"홍길동", "지역":"서울"},
  정보"
                    "판매품목":[ "사과", "배", "귤"]}

- 객체는 중괄호 { } 표현, 배열은 대괄호 [ ]로 표현

## 3. JSON 예시

| Data Type | 관계 | 예시 |
|---|---|---|
| 수 (Number) | | "name": "테스트" |
| 문자열 (String) | | "나이": 25 |
| 블리언 (Boolean) | | "기혼": True |
| 객체 (Object) | | "주소": "서울시 강남" |
| 배열 (Array) | | "특기": ["농구", "탁구"] |
| 널 (Null) | | "가족관계": {"#": 2, "아버지": "권", "어머니": "박"} |

"끝"

문 51) Open API

답)

## 1. Mash-up 구성을 위한 기반 기술, Open API 개요

### 가. Open API(Open Appl. Programming I/F) 정의
- Service의 개념으로 누구나 접근가능한 공개된 자료를 API를 통해 제공 받을 수 있는 Service

### 나. Open API의 특징

| | |
|---|---|
| Web 2.0 | 참여, 공유, 개방정신에 부합되는 기술 |
| Prosumer 환경제공 | 서비스 이용자(Consumer)이면서 제공자(Provider)로서의 전환기여 |
| Mash-up | 공개 서비스 활용, 새로운 서비스 재 창출 |

## 2. Open API 개념도 & 구성기술

### 가. Open API 개념도

```
┌─────────────────┐    ┌──────────┐
│ 3rd party       │    │  Cache   │
│ 개발자          │    └────┬─────┘
│ Community       │         │
│                 │    ┌────┴──────┐   ┌──────┐
│  ┌───────────┐  │    │           │   │ API  │
│  │   API     │──┼────│API Gateway│───│ 관리 │
│  │  개발자   │  │    │           │   │Portal│
│  │  Portal   │──┤    └─┬───────┬─┘   └──────┘
│  └───────────┘  │      │       │
└─────────────────┘    ┌─┴─┐ ┌───┴────┐
                       │인증│ │API지원 │
                       └───┘ │ & 분석 │
                             └────────┘
```

- Open API를 조합하여 Mash-up Service 제공

### 나. Open API 구성기술

| | |
|---|---|
| API Gateway | 다양한 API 통합, 하나의 API 제공, 모니터링, Traffic 제어, 이용자 식별/인증 |

| | | |
|---|---|---|
| | API 개발자 포털 | API 문서화, Sample Code 제공, Application 제공, API 사양한 검색 제공 |
| | API지원 & 분석 | API 이용 Log Data 추출, 통계 Data 생성 & API 대시보드 개발 |
| | Cache | Fast 서비스 속도위한 Caching |
| | 인증 | API 접근 인증 정보 점증 |
| | API 관리 포털 | Open API 관련 제휴사의 정보관리, 대상자들에게 Key 발급 & API 사용관리 |
| | Community | API 개발에 대한 개발자간 정보공유 |

3. Open API 이용 개발 절차

( Open API 확인 ) - ( 서비스별 인증키 발급확인 ) - ( Open API Spec, 확인 ) - ( 구현 & Test )

"끝"

문 52) Open API

답)

## 1. Web 기반 기술, Open API 개요

### 가. Web공유, 참조, 개방 기반, Open API 정의
- 인터넷 이용자가 일방적으로 Web 검색 결과 & UI 등을 제공 받는데 그치지 않고 직접 응용 program과 Service를 개발할수 있도록 공개된 API

### 나. Open API 특징

| 구분 | 설명 |
|---|---|
| Web 2.0/3.0 | 공유, 참조, 개방성 기반, 서비스 |
| 제공자 관점 | 수동자(서비스)가 아닌 제공자 관점으로 전환 |
| Content 창출 | 제공되는 Open API 활용 콘텐츠 재 창출 |

## 2. Open API 개념 & 기술요소

### 가. Mash-up 가능, Open API 개념도

### 나. Open API 기술요소

| 구분 | 기술요소 | 설 명 |
|---|---|---|
| Open | REST | Representation State Transfer |

|   |   |   |   |
|---|---|---|---|
| | open, 연결 | REST | - 분산 N/W 구축시 준수해야할 원칙<br>- GET / POST / PUT / DELETE 명령 |
| | | XML-RPC | XML-Remote Procedure Call<br>- 원격 Site에 정보요청 & 수신 (XML Data) |
| | | SOAP | - Simple Object Access Protocol<br>- XML-RPC가 발전된 형태, 여러 표현가능 |
| | 결합 | Mash-up | 여러 open API 활용, 새로운 서비스를 생성하여 부가가치 창출 |

3. open API 적용사례
- Naver open API 커뮤니티 서비스 - 오프라인 교육에 활용
- 지자체 서비스개방 (openservice.go.kr) 통한 다양한 공공서비스를 민간에 개방 - 민관 융합서비스 생성

"끝"

문 53) Open API, System, 구성요소, 요소기술

답)

## 1. 누구나 사용가능한 공개된 API, Open API 개요

### 가. Open API (Open Appl. Programming Interface) 정의
- 서비스, 정보, Data등 언제, 어디서나 누구나 Easy 이용할수 있도록 개방된 API (통신망 구조 및 기술에 독립적으로 새로운 응용서비스를 쉽게 개발가능)

### 나. Open API의 특징

| 매쉬업 Service | Open API 활용 다양한 Mash-up 서비스 |
|---|---|
| 개방성 | 누구나 사용할수 있는 공개된 API 제공 |
| Web 표준준수 | REST, SOAP등 표준 준수 |

### 다. Open API의 필요성

- **새로운 서비스 요구증대**
  - 페이지등 제공가능영역의 정보 제공
  - Data 포맷은 JSON, REST, SOAP, XML 등과 같이 표준사양, 확장/연계/협업 가능

- **인증 취약점 해결점**
  - 기존의 인증방식은 ID/PWD 기반 취약점 존재
  - Open API는 HTTPS 기반 적용 (보안)
  - 통신보안 & 인증키 기반으로 처리가능

- **서비스 증대 → Fast 대응**
  - 사용자 증대 → Fast 대응 요구됨
  - Scale up, Scale out 가능

- **빠른 환경변화**
  - 외부환경 변화에 따른 유기적인 대응필요
  - Biz Logic 간의 연계 활용, 변화에 빠른대응

|  |  |  |
|--|--|--|
| | 콘텐츠 증가 | - 하나의 정보가 아닌 다양한 정보조합필요<br>- 다양한 서비스 연계통한 Mash-up<br>- 서비스 결합통한 New 가치 창출 |

2. Open API의 System 구성도 & 구성요소

가. Open API의 System 구성도

```
3'rd Party
개발
커뮤니티      👤                    (Cache)
           ┌─────┐   ┌──────────┐   ┌─────┐
           │ API │───│API Gateway│───│ API │
           │ 개발│   │          │   │ 관리│
           │ 포털│   └──┬────┬──┘   │ 포털│
           └─────┘      │    │       └─────┘
                      (인증)(API
                            사용&분석)
```

- API 개발관리 portal, API Gateway 등으로 구성

나. Open API System 구성요소

| 구분 | 설 명 |
|---|---|
| API Gate-way | - 다양한 API 통합, 하나의 API를 통한 제공 및 Monitoring과 Traffic 제어<br>- 3rd party에 API 서비스 및 이용자 식별을 위한 인증처리 |
| API 관리 portal | - Open API 관련 제휴사의 정보관리<br>- 대상자들에게 Key 발급 & API 사용관리 |
| API 지원 | - API 이용 Log Data 추출 |

| | 분석 | 통계데이터 생성 & API Dash Board 개발 |
|---|---|---|
| | Cache | API 서비스 속도 향상위한 Caching 수행 |
| | 인증 | Authentication, API 접근위한 인증정보 검증 |
| | API 개발모델 | - API 문서화, Sample Code & Appl. 제공<br>- API 검색위한 다양한 접속 방법 제공 |
| | 개발커뮤니티 | API 개발에 대한 개발자간의 정보교류 |

3. Open API의 개념도 & 요소기술

가. Open API의 개념도

```
검색 정보공유
[포털Site] → (Open API) ─┐
                         ├→ [신규복합 서비스 Mash-up] →→ [서비스]
                         │                             ↘ [서비스]
[기업Site] → (Open API) ─┘
 단편적 서비스
←─────────────×─────────────×─────────────→
   서비스          서비스 조합         신규
   공개              창출           서비스 제공
```

- Open API 조합, Mash-up Service 제공

4. Open API 기술요소

| 구분 | 기술요소 | 설명 |
|---|---|---|
| Open, 연결 | REST | - Representation State Trasfer<br>- 현재 Web과 같이 대규모 분산 Network 구축시 지켜야할 원리, 원칙 |

| | | | |
|---|---|---|---|
| | open, 연결 | | -작고 어디서나 통용되는 Interface (GET, POST, PUT, DELETE) |
| | | XML-RPC | -XML- Remote Procedure Call<br>-분산 환경에서 이기종 System 자원 활용<br>-Remote에 있는 Site에 정보를 요청하고 받아옴 (XML Data) |
| | | SOAP | -Simple Object Access Protocol<br>-XML-RPC가 발전한 protocol<br>-더 복잡한 Data구조 표현, 특화된 처리지원 |
| | 결합 | Mash-up | 여러 Site에서 제공하는 openAPI로 전혀 다른 새로운 서비스를 생성 |

"끝"

문 54) 개방형 API (Open API)에 대해 설명하시오
　　가. 정의 및 특징
　　나. SOAP 및 REST 구성요소
　　다. SOAP와 REST 비교

답)

## 1. Web 표준 protocol, 개방형 API의 개요

### 가. Open API의 정의

```
공공기관  →  ┌─Open─┐ ─ 정책 ─ ┌─Open─┐  →  3'rd party   제3자
파트너    →  │ API  │ ─ 개체 ─ │ API  │  →  Parter       파트너
Data 제공자→ │ 활용 │ ─ Data ─ │ 활용 │  →  Startup      기업
           └──────┘         └──────┘
     ←── Input ──→ ←── 서비스 ──→ ←── Output ──→
       Data 공급자    개방형 API        활용
```

| 정의 | 정부, 기업, 대국민등 누구나 사용할 수 있도록 Web 표준 protocol과 Web 최적화 방식(REST)의 아키텍처를 활용하여 구축한 개방된 API 서비스 |

- System 구현 / Service 측면에서 효율성 입증됨
- System 통합시 대표적인 아키텍처로 활용됨

### 나. 개방형 API의 특징

| 구분 | 특징 | 설명 |
|---|---|---|
| 구현 측면 | 기계 가독성 | 컴퓨터가 Easy Read / 사용가능 표준 |
| | Data 표준화 | 서비스 데이터는 동일형식/방식 제공 |

| | | 코드자동생성 | ORM구조 활용 → Value Object 자동생성 |
|---|---|---|---|
| 서비스 측면 | 상호운용성 | | 다양한 서비스간 상호운용, New 가치 창출 |
| | 서비스확장성 | | 규격화된 System구조 서비스추가 신속확장 |
| | 이기종간 통합 | | 표준 Protocol 기반으로 Service 되어 다양한 이기종간 통합가능 |

- ORM (Object-Relational Mapping): 객체속성과 DB Table간의 Mapping. Easy programming 기술

2. SOAP 및 REST 구성요소

가. SOAP (Simple object Access Protocol)의 구성요소

| 개념 | 이기종간 통신위해 XML, UDDI, WSDL 활용하여 표준화된 방식 제공하는 Protocol |
|---|---|

구성도

```
                    Web Service Broker (중개)
         FIND →      ┌─ UDDI ─┐      ← PUBLISH
                     │  ▭  ▭  │
           ②   ③    └────────┘         ①
            ↓                            ↑
       ┌─────────────┐            ┌─────────────┐
       │ WSDL 문서 처리 │            │  WSDL 문서   │
       │   ④   ↓     │     ⑤      │     ⑥       │
       │ ┌────┬────┐ │ ────────→  │ WEB Service │
       │ │client│Stub│ │   HTTP     │             │
       │ │     │code│ │ ←────────  │             │
       │ └────┴────┘ │            │             │
       └─────────────┘    BIND    └─────────────┘
         WEB 서비스                    WEB 서비스
         Consumer                     Provider
```

| | | | |
|---|---|---|---|
| 구성요소 | WEB Service | N/W 통해 서로 다른 System간 Data 교환 | |
| | XML | Tag방식, Data구조 정의 & 표준화된 Data교환 | |
| | WSDL | Web Service 기능, Data, 통신 protocol 기술한 XML기반 문서 | |
| | UDDI | Web서비스 위치, 기능 등 등록&검색 표준 | |
| | Protocol | Message의 Routing, 보안, 신뢰성 등 다양한 Network 기능 정의 | |

- WSDL : Web Service Description Language
- UDDI : Universal Description Discovery Intergration
- SOAP은 표준화 & 확장성에 중시, REST는 유연하고 간결한 통신을 지향하여 목적에 따라 선택적 활용

4. REST(Representational State Transfer)의 구성요소

| | | |
|---|---|---|
| 개념 | 서버와 Client간 통신 위해 HTTP Method 통한 Transaction 처리하는 통신 아키텍쳐 | |
| 구성도 | Client → Get/Post Put/Delete → API ← HTTP Request ← Server<br>C ← JSON/XML/HTML ← API ← HTTP Response ← S<br>REST API | |
| 정의요소 | Resource | URI 통한 서버 자원 접근(Request)와 응답 수신(Response) |

| | | |
|---|---|---|
| 구성요소 | HTTP Method | POST, GET, PUT, Delete<br>Method 통해 Transaction 처리 |
| | JSON/XML | Document 타입의 표준화 및 규격화된 Data 제공 |
| | Http Status Code | 클라이언트(Client)의 Http status Code에 따른 결과 인식 |
| | HATEOAS | Client와 Server 상호작용시 Link 통한 상태(State) 전이 수행 |

- HATEOAS(헤이티오스) : Hypermedia As The Engine Of Application State
- 최근 Open API 기술의 확대와 Service 증가에 따라 API 아키텍처의 다양한 기술적 보안 사고 증가

## 3. SOAP와 REST 비교

| 항목 | SOAP | REST |
|---|---|---|
| What | Application 간 통신을 위한 Protocol | 통신 Interface를 설계 위한 아키텍처 스타일 |
| 설계 | 작업을 노출 | Data 노출 |
| 전송 protocol | 독립적, 모든 전송 protocol | HTTP/HTTPS |
| 메시지 형식 | XML 메시지 교환만 | XML, JSON, TEXT, HTML |
| 성능 | Message가 커서 통신 속도가 느려짐 | 작은 메시지와 Caching 지원, 성능 빠름 |

| | | |
|---|---|---|
| 확장성 | 어려움(서버는 Client와 교환한 이전 메시지를 모두 저장하여 상태유지) | 쉬움(Stateless, 모든 메시지가 이전 메시지와 독립적 처리) |
| 보안 | 추가 Overhead가 있는 암호화를 지원 | 성능에 무영향 암호화 지원 |
| 사례 | Legacy Application & Private API에 유용 | 최신 Application & 공개 API에서 유용 |

"끝"

문 55) REST, SOAP

답)

## 1. OPEN API, REST/SOAP의 정의

| REST | Representational (표현) State (상태) Transfer (전송), Web Appl. 정보를 전송하는 표현 | 형식 |
|---|---|---|
| SOAP | Simple Object Access Protocol. Web 서비스를 실제 이용하기 위한 객체간의 통신 | 규약 |

## 2. REST와 SOAP의 개념도 및 설명

| SOAP | REST |
|---|---|
| UDDI Registry, Find, Publish, WSDL, WSDL, 서비스요청자 ↔ 서비스제공자 (Bind SOAP) | 서비스 요청자 ↔ 서비스 제공자, HTTP / JSON, XML, RSS |
| 설명: SOA구조에 따라 UDDI 레지스트리를 통해 Web서비스 기록/탐색, Binding 전달 | 설명: ROA기반으로 리소스를 제공자가 요청자에게 직접 전달 (stateless 제공) |

## 3. SOAP와 REST API 비교

| 구분 | SOAP | REST |
|---|---|---|
| 유형 | Protocol | 아키텍처 스타일 |

| | | |
|---|---|---|
| 기능 | 기능위주로 구조화된 정보 전송 | Data위주로 Data를 위해서 리소스 접근 |
| Data | XML만 사용 가능 | Text, HTML, XML, JSON등 다양한 포멧 |
| Format | WS-Security & SSL 지원 | SSL, HTTPS 모두 지원 |
| 보안 | 상대적으로 많은 리소스 타 대역폭 필요 | 상대적으로 경량이며 적은 리소스 필요 |
| 대역폭 | Cache 사용 불가 | Cache 사용 가능 |
| Data | 통신규약엄격, 전송전 통지 | 전송전 통지 불필요 |
| 캐시 | 자체 ACID 기준, Data 손실 최소화 | ACID 기준 미 존재 |

"끝"

문 56) 서버리스 아키텍처 (Serverless 아키텍처)
답)

## 1. FaaS (Function as a Service) 설계, 서버리스구조 개요

### 가. Serverless Architecture의 정의
- Server단의 Logic들이 Client단으로 이동, 즉, 서버단에서 로직이나 상태를 관리하지 않고 특정 Event에 반응하는 함수가 실행되는 구조

### 나. Serverless 아키텍처의 장/단점

| 구분 | 항목 | 설명 |
|---|---|---|
| 장점 | 작업시간 단축 & 비용절감 | - 비전문적인 서비스를 외부 Service와 연계통해 구현, 작업시간 단축<br>- 신규기능/서비스 개발비용 절감 |
| | Side Effect 감소 | - 특정 Service의 변경이 다른 서비스에 영향을 미칠 가능성 낮음<br>- Service 단위로 독립적인 배포 가능 |
| | 신속한 의사결정 | 해당 서비스의 개선과 수정작업이 다른 서비스의 이해 당사자들과 독립적으로 진행 |
| | 고품질 서비스 제공 | - 독립적인 Test 구축용이<br>- 통합 테스트시 복잡도 감소 (최소연계) |
| 단점 | 통신 처리 | - 서비스간 통신 처리가 추가적으로 필요 |
| | 비용 증대 | - 사용자 요청을 처리위한 응답속도 증가 |

## 2. Serverless 아키텍처 구성과 설명

가. Serverless 구조의 구성

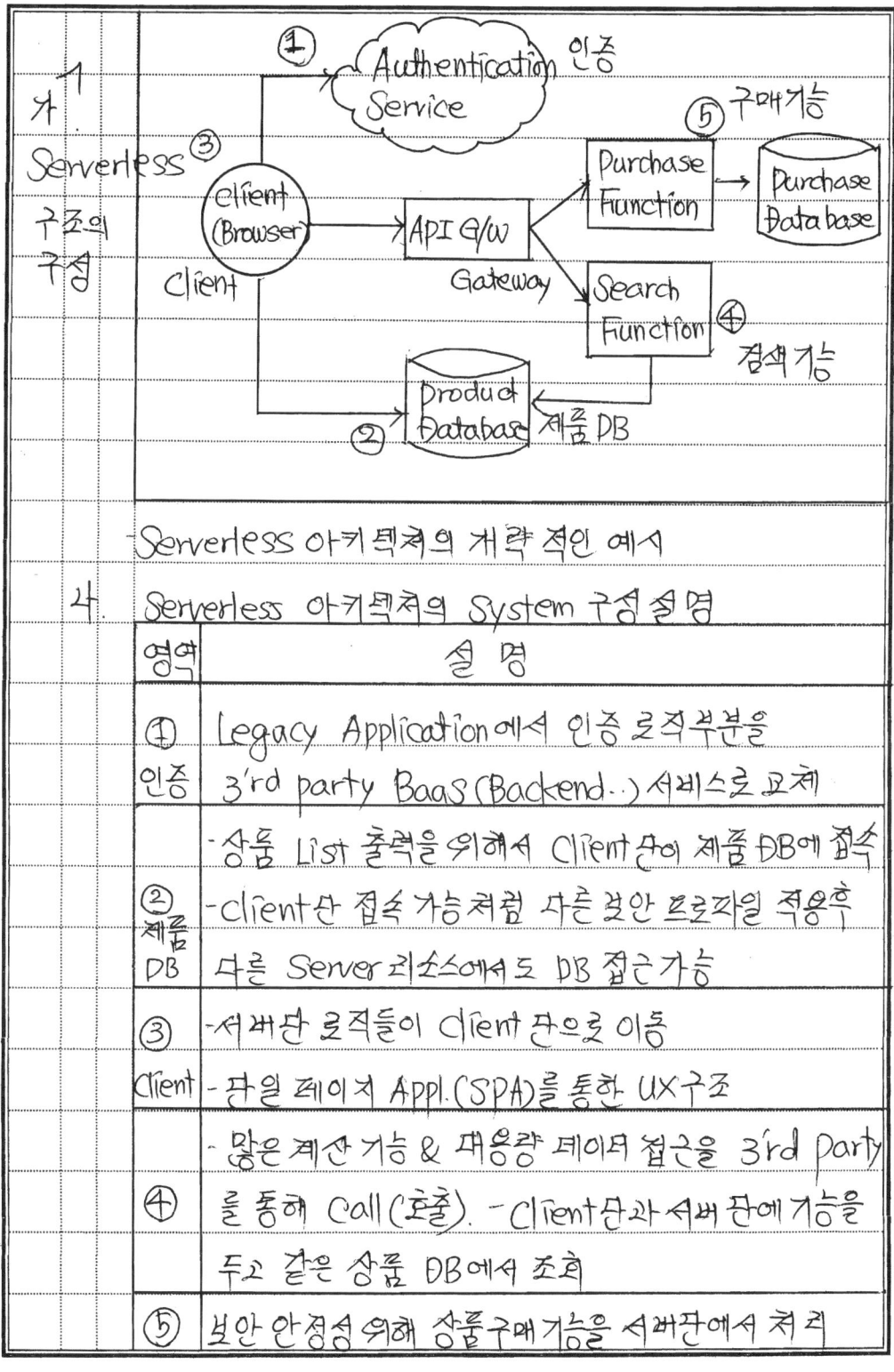

- Serverless 아키텍처의 개략적인 예시

나. Serverless 아키텍처의 System 구성 설명

| 영역 | 설 명 |
|---|---|
| ① 인증 | - Legacy Application에서 인증 로직부분을 3'rd party BaaS(Backend..) 서비스로 교체 |
| ② 제품 DB | - 상품 List 출력을 위해서 Client 쪽이 제품 DB에 접속<br>- Client단 접속 가능처럼 다른 보안 프로파일 적용후<br>- 다른 Server 리소스에서도 DB 접근 가능 |
| ③ Client | - 서버단 로직들이 Client 쪽으로 이동<br>- 단일 페이지 Appl.(SPA)를 통한 UX구조 |
| ④ | - 많은 계산 기능 & 대용량 데이터 접근을 3'rd party 를 통해 Call(호출). - Client단과 서버단에 기능을 두고 같은 상품 DB에서 조회 |
| ⑤ | 보안 안정성 위해 상품구매 기능을 서버단에서 처리 |

| | | | FaaS (Function as a Service)로 대체 가능 |
|---|---|---|---|
| | | | - 기업 핵심업무외 기능을 FaaS를 이용하여 개발 단축 |
| | | | - 개발된 기능은 연계 통한 사용, 서버간 기능 신뢰도 증가 |
| | 3 | | Server 아키텍처 도입시 기대효과 |
| | | | - 개발자가 Server만 개발시 보안, 인증, DB설계, API 설계, Infra구성등 a~z까지 설계&구현해야함(시간소요) |
| | | | - 개발자가 Server만 개발하지 않을 경우는 Front End 개발에 더 집중할수 있는 물리적 시간이 확보됨 |
| | | | "끝" |

문 57) 플랫폼 엔지니어링 (Platform Engineering)
답)

## 1. Biz 가치전달 실현, Platform Engineering 개요

### 가. 개발 과부하 개선, Platform Engineering 정의
- Software 시스템의 개발 생산성 향상과 효율적 운영을 위해 Infra, 도구등을 설계, 구축, 운영하는 엔지니어링

### 나. Platform 컴포넌트화, 재사용, 플랫폼 엔지니어링 특징

| 생산성 향상 | DevSecOps 환경 (개발+보안+운영) |
|---|---|
| UX(경험) 최적화 | UI/UX 적용, 과거 경험사례 적용 |
| Biz. 가치전달 | 자동화, 협업강화등 Biz이익 극대화 |

## 2. Platform Engineering 개념도 & 구성요소

### 가. 플랫폼 엔지니어링 개념도

```
        ┌──────────────────────┐
        │ 제품개발, 보안/운영팀 │         ┐
        └──────────────────────┘         │ 사용자 조직
              ╱          ╲               ┘
        ┌──────────────────────┐
        │  개발자 포털, XaaS    │         ┐
        └──────────────────────┘         │
        ┌───┬────┬─────┬─────┐           │ Platform
        │도구│재사용│플랫폼│적격│         │ Engineering
        │   │    │서비스│규격│           │
        └───┴────┴─────┴─────┘           ┘
              ╲          ╱
        ┌──────────────────────┐         ┐ Infra
        │   Cloud, 온프레미스   │         ┘
        └──────────────────────┘
```

- Platform Engineering 통해 개발&운영&보안팀의 인지부하(과부하) 문제를 공학적으로 해소

### 나. Platform Engineering 구성요소

| 구분 | 구성요소 | 설 명 |
|---|---|---|
| Infra | cloud, 온프레미스 | 자동화된 Infra 운영<br>내부 개발 platform 서비스 지원 |
| 플랫폼<br>엔지니어링 | 재사용컴포넌트 | 재사용 가능한 Service |
| | 도구(Tools) | 플랫폼 엔지니어링팀에서 지원하는 도구 |
| | 플랫폼 서비스 | 자동화된 Self Service |
| | 지식, 규칙 | platform Service Rule (규칙) |
| 사용자<br>조직 | 개발자포털/XaaS | 서비스 기반 개발자 Portal |
| | 개발/보안/운영 | 사용자 조직, 과부하(인지부하) 해소 |

- 생산성 향상 & 효율적 운영을 위해 DevSecOps 규칙 기반에서 Platform Engineering 수행

3. Platform Engineering과 DevSecOps 비교

| 구분 | Platform Engineering | DevSecOps |
|---|---|---|
| 공통점 | 자동화와 협업강화 & 개발/보안/운영팀의 조율 ||
| 범위 | 전사적 DevSecOps 확장 | 개발+보안+운영팀 중심 |
| 역할 | 플랫폼 운영(Cross Function) [팀구성] | 개발자 개발자 역할 중시 |
| 개발자 | 개발집중, 인지부하 해소 | 개발자직접학습, 배포, 관리 |

- Platform Engineering은 개발자의 관리 Overhead를 해소하여 업무 부담을 경감

"끝"

문 58) 클라우드 관리 플랫폼 (Cloud Management Platform)

답)

## 1. Cloud 효율적관리, Cloud 관리 platform의 개요

### 가. Cloud Computing Monitoring, CMP의 정의
기업이 Cloud Computing 리소스를 Monitoring 하고 제어하는데 사용할 수 있는 통합 S/W도구 모음을 제공하는 플랫폼 (Platform)

### 나. Cloud의 일반적인 기능

```
        IaaS, SaaS, PaaS 등
On-Demand              CASP, 보안
Pay Per Use   Cloud    가용성
Always-on              탄력성
   IT표준준수      확장성 (Scale out)
        Web기반, 꾸망
```

### 다. Cloud Management Platform의 필요성

| 측면 | 필요성 | 설 명 |
|---|---|---|
| 시장 측면 | Cloud 수요증가 | 시간과 장소의 구애없이 효율적인 비용으로 제공된다는 장점으로 기업들의 Cloud 수요가 매년 증가 추세 |
| | Cloud 도입 확산에 매시 수요증대 자드서비스 | Cloud 도입 확산에 Managed 서비스 수요 증대에 기업들의 관심이 쏠리면서 이에 참여하는 기업 또한 증가 |

| | | | | |
|---|---|---|---|---|
| | | | Cloud 전환의 가속화 | 코로나 19로 인해 예상보다 Digital 중심의 Service 확산이 가속화 |
| | | | Multi-cloud를 위한 통합관리 platform | Multi-cloud 환경으로 전환따라 Cloud Infra 통합관리, Appl. 자동 통합등의 요구를 충족시켜줄수있는 '멀티 Cloud 관리 platform'의 중요성이 부각됨 |
| | | 기술측면 | IT기술 전문성 부족 | Cloud platform 구축, System 이전, 이기종 기술간연계, 자원관리, 장애해결등의 역할을 할 내부 전문인력부족 |
| | | | IT기술 인력수급 | CSP(Cloud Service Provider)를 전문적으로 취급하는 전문 인력 구인어려움 증가 |

2. Cloud Management platform의 필수기능
  가. 운영자 환경에서의 CMP 필수기능

| 필수기능 | 설명 |
|---|---|
| Infra 가시성확보 | 다수의 Cloud, Hardware(Web, WAS, Storage, N/W 등), S/W 등을 아우르는 전반적 가시성 확보 |
| 운영 최적화 | 자본지출 대비 운영지출율(CAPEX/OPEX)을 고려해 최소의 Infra 비용으로 최적의 Biz 자원을 제공할수 있는 방안을 운영자에게 제시 |
| 인력자원 효율적운영 | 인적 자원이 투입된 반복 작업들을 정책설정과 자동화(Automation)통해 효율적 운영 |

| | | | |
|---|---|---|---|
| | | Cloud<br>자원<br>Lifecycle<br>관리 | -Cloud 자원의 Lifecycle관리 & 유지보수<br>-Cloud 서비스 & 자원생성/변경/회수 작업의<br>표준화등을 Infra & Config as Code (IaC)<br>를 이용해 Life Cycle의 자동화 |
| | | 자원<br>최적화 | Hybrid/Multi-cloud 자원 사용과 비용관리<br>를 위해서 AI 기술로 사용 패턴을 분석하는<br>최적화 기능과 성능, 비용 최적화 필요 |
| | | Interface<br>구조 | 기존 온프레미스 System, 관리/모니터링 Tool,<br>ERP등 많은 System을 연동해야 하기 때문에<br>다양한 Interface 방법과 안정성을 보장 |
| | | 사용량<br>측정 &<br>과금 | 비용 출처 파악, 타부서 & 고객에게 비용을 할<br>당하고 향후 비용을 예측하고 장기적 비용 절감 |
| 4. | 사용자관점에서의 CMP 필수기능 | | |
| | | 표준화 | Biz 목표와 정책, 보안사항, 거버넌스를 충족<br>하는 Service 표준화를 통해 사용자에게<br>알맞은 정책과 Infra 자원을 제공 |
| | | 자동화 | 자본지출 대비 운영지출을 (CAPEX/OPEX)을<br>고려해 최소의 Infra 비용으로 최적의 Biz 자원<br>을 제공할수 있는 방안을 운영자에게 제시 |
| | | 거버넌스<br>& 보안 | Cloud 자원의 안전한 보호와 보안을 위해 계정/<br>권한관리, 데이터 & 통신 암호화 기능이 요구됨 |
| | | 워크플로우<br>자동화 | Biz 정책을 기반으로 Cloud 환경을 자동으로 |

| | | | |
|---|---|---|---|
| | | 자가치유 | 생성, 관리 & Monitoring 하는 Tool을 제공 |
| | | 지원도구 (Tools) | Cloud 사용시 사용 편리성을 위한 자동화 도구 & 사용지원 도구 제공 |

- Cloud 관리 플랫폼(Cloud Management platform)의 필수기능을 기반으로 CMP 활성화에 기여

## 3. CMP (Cloud 관리 플랫폼)의 선정 기준

| 선정기준 | 관련 필수기능 | 설 명 |
|---|---|---|
| platform 대상 | Interface 구조 | 기존 Cloud와 통합 위해 호환 가능한 platform 개발 |
| 중점기능 | 지원도구, 자동화 | 기능의 장점과 해당 기능이 기업 내에서 필수기능인지 유무 |
| IaC지원 | Cloud 자원 Life Cycle관리, 최적화 | 서비스 카탈로그를 IaC형으로 제공하여 자원 최적화 용이성 제공 |
| Cloud 자원관리 | 자원 최적화 Lifecycle 관리 | Cloud 자원의 Lifecycle 관리가 자동화(Auto) |
| 편의성 & 확장성 | 인프라 가시성 확보, 확장성 | Logging/Monitoring 기능 편리성, 성능 확장성이 충분한지 여부 |
| 사용요금 자동화 | 동적 사용량 미터링/과금 | Metering & 과금을 자동으로 처리하고 안정성 제공 |
| 유지 보수성 | 워크플로 자동화 자가치유 | 유지보수(기능 추가나 변경 등) 작업이 쉬운가? |

4. CMP의 기대효과

| 기대효과 | 설명 |
|---|---|
| IT 서비스향상 | Cloud Infra의 자동화, 효율화를 통해 Service의 Release(배포)를 가속화하고 오류발생 가능성 감소 등 IT 서비스향상 |
| 복잡한 IT Biz 과제 해결 | 복잡하고 처리 어려운 IT Biz Logic을 자동화 & 단순화 하여 발생문제를 개선 |
| 전체 System 효율성 향상 | 전체 Cloud 기능들의 통합 & 관리, Workload 자동화를 통해 전체 System의 효율성 향상 |
| 커뮤니케이션강화 | 단위 Biz간 Communication 강화 |
| IT환경에 대한 제어유지 | 전체 Cloud 리소스에 대한 가시성 확보를 통해 IT환경에 대한 제어(Control) 확보 |
| IT 비용 절감 | 동적(Dynamic) 사용량 Metering과 사용요금에 대한 가시성 확보로 비용 절감 |
| 가상솔루션등 복잡성 관리 | 전체 Cloud 가시성 확보와 자동화기능을 통해 가상 Solution & Appl.의 자동화 제공 |

"끝"

문59) Block 스토리지, File 스토리지, Object 스토리지
답)
1. Fast Data 전송가능, Block Storage 개념&정의
   가. Block 단위 Access, Block Storage의 개념

   ```
   ┌─────────────┐
   │ Block Storage│
   └─────────────┘

   ┌──────┐              Protocol      ┌────────┐
   │      │   ┌────┐    -FC, iSCSI    │ 스토리지 │
   │Server│──│Appl│ ←──────────────→ │논리 Volume을│
   │      │   └────┘    Block단위      │Block으로 나눔│
   └──────┘                            └────────┘
   ```

   - Appl. 지정 Block의 주소로 Access 하는 경우, File System을 통해 Block의 주소로 Access 가능

   나. Block Storage의 정의

   일정한 크기의 Block으로 나누어진 Storage의 논리 볼륨을 Block 단위로 Access 할 수 있는 Storage

   다. 블럭 Storage의 접근방식 & 장단점

   | 구분 | 설명 |
   |---|---|
   | 접근방식 | - 각 Block은 저장된 위치에 대한 고유주소 보유<br>- Server에서 파일요청시 Block들을 재구성하여 하나의 Data로 Server에 전달<br>- SAN & 가상머신의 Disk로 사용됨 |
   |  | - 단일 Storage 볼륨을 'Block'이라는 개별 단위로 분할하여 저장 - 데이터가 Block 단위의 일정한 |

|   |   |   |   |
|---|---|---|---|
|   |   |   | - 크기의 조각으로 나뉘어 저장됨  [계속] |
|   |   | 장점 | - Data 블럭이 OS와 무관하게 가장 효율적인곳에 |
|   |   |   | - 파일(File) storage와 달리 접근방식이 단일 |
|   |   |   | - 경로에 국한되지 않아 탐색이 유연, 신속 |
|   |   |   | - 대규모 Transaction, 대용량 DB운영에 유리 [다능] |
|   |   |   | - H/W로부터 가상화 하기쉬운 컨테이너 기술과 호환 |
|   |   | 단점 | - 상대적으로 고비용 소모 |
|   |   |   | - Metadata 처리의 기능 제한적, 효율적인 |
|   |   |   |   데이터 정렬/관리 난해함 |

2. File 접근제어, 속성관리 편리. File storage
 가. File storage의 개념도:

```
┌─────────────┐
│ File storage │
└─────────────┘
                              protocol
                              SMB, CIFS, NFS 등
   ┌────────┐      ○─────────────────────→  ╔══════╗
   │ Server │──────│Appl.│   ←───File 단위──  ║스토리지║
   └────────┘      ○                         ║FileSystem║
                                             ║  제공    ║
                                             ╚══════╝
```

- File System을 Network을 통해 연결하여
  Storage File System을 제공 가능

 나. File storage의 정의
  SMB, CIFS, NFS 등의 protocol을 사용하여 파일 기준으로
  읽고 쓸수 있으며 공유 가능한 Storage

나. File Storage의 특징 & 장단점

| 구분 | 설명 |
|---|---|
| 접근 방식 | - 계층적 Tree 구조로 Data 저장, 디렉토리 접근<br>- 일반적인 Computer 사용시 볼 수 있는 Windows 탐색기, Mac OS의 Finder 형태<br>- 종이 파일 & Folder가 캐비넷에 정리되는 방식을 모방한 계층적 구조 (Tree 형태)<br>- 일반적으로 NAS (N/W Attached Storage) 구조 |
| 장점 | - 논리적이고 직관적인 계층구조로 인하여 Search(탐색)이 직관적이고 Simple 함<br>- 수십년간 사용된 방식, 많은 저장소가 파일(File) Storage 기반으로 구축됨<br>- 다양한 매체(Media) 저장 가능 |
| 단점 | - 저장 구조 변경시 Tree 구조 변경하거나 System 변경이 필요하며 확장성이 낮음<br>- 데이터 접근이 단일경로를 통해서만 이루어짐<br>- 파일수량 & 디렉토리 구조 복잡할수록 성능저하<br>- 운영체제 간 호환성이 낮음 |

3. 가용성과 비용 효율성 확보, Object Storage

가. Object Storage 정의

HTTP protocol 기반 REST API를 사용하여

4. Object Storage의 개념도

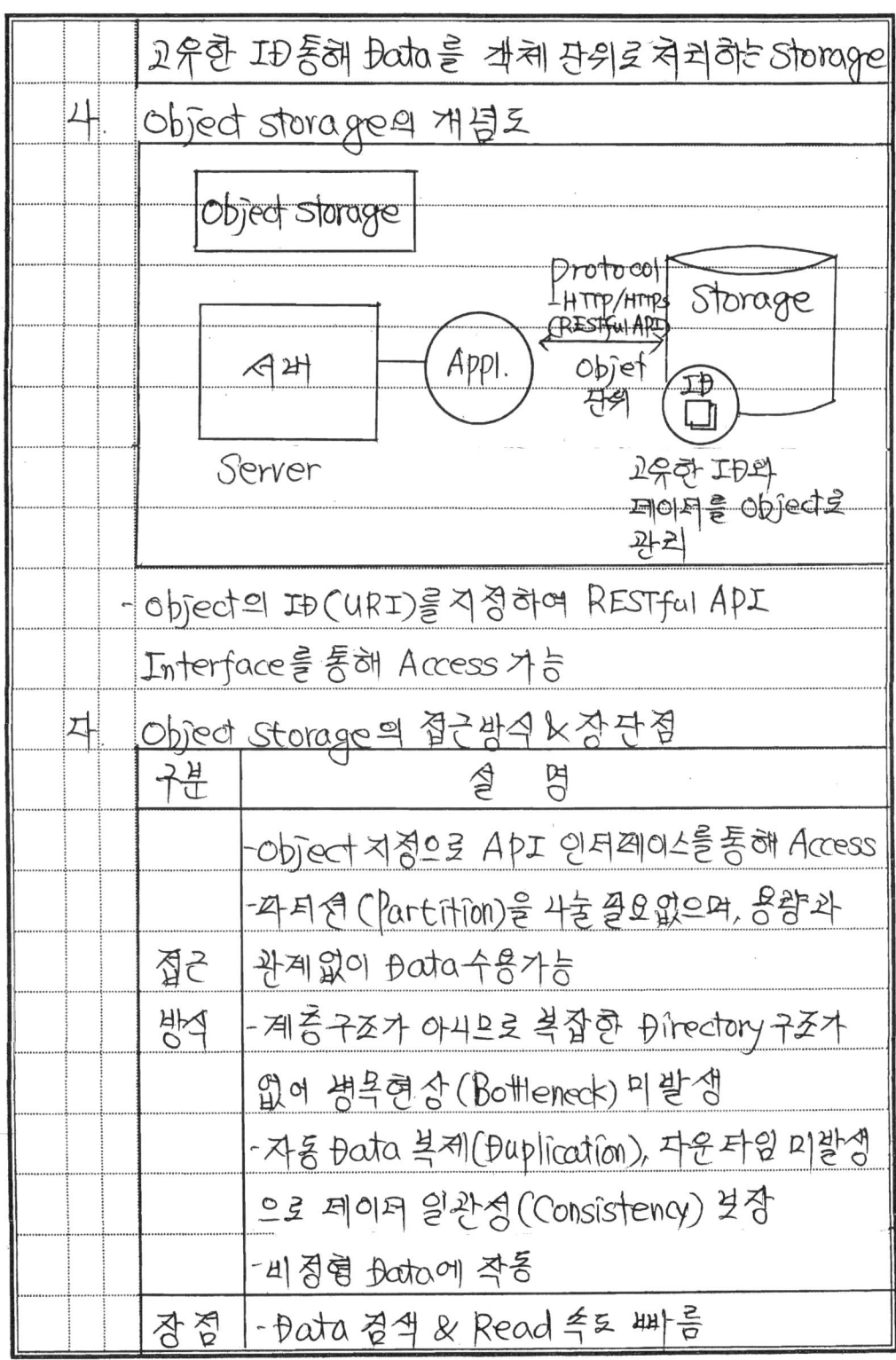

- Object의 ID(URI)를 지정하여 RESTful API Interface를 통해 Access 가능

자. Object Storage의 접근방식 & 장단점

| 구분 | 설명 |
|---|---|
| 접근<br>방식 | - Object 지정으로 API 인터페이스를 통해 Access<br>- 파티션(Partition)을 나눌 필요없으며, 용량과 관계없이 Data 수용가능<br>- 계층구조가 아니므로 복잡한 Directory 구조가 없어 병목현상(Bottleneck) 미발생<br>- 자동 Data 복제(Duplication), 다운타임 미발생으로 데이터 일관성(Consistency) 보장<br>- 비정형 Data에 적합 |
| 장점 | - Data 검색 & Read 속도 빠름 |

| | | |
|---|---|---|
| | 장점 | - 맞춤작성 가능한 Metadata 제공 (상세한 검색(Search) & 데이터 분석 수행가능) |
| | | - 대용량 Data 저장 가능 |
| | 단점 | - Metadata로 인한 입출력 Overhead 발생 |
| | | - Data수정 발생시 Object 전체 수정 필요 |
| | | - 성능(Performance)의 일관성 미보장 |

"끝"

문 60) 카프카 (Kafka)
답)

## 1. 대용량 실시간 로그(Log) 처리, Kafka 개요

### 가. 분산메시징 System, Kafka 정의
- 대용량 실시간 처리 위한 확장성 & 고가용성을 가지는 Publish(발행)-Subscribe(구독) 구조의 Open-Source 분산 Messaging System

### 나. Kafka의 특징

| 비휘발성 메시지 | Disk(HDD,SSD) 구조로 설계, 별도 설정없이 데이터(Data) 영속성 보장 |
|---|---|
| TCP기반 Protocol | TCP기반의 Protocol을 사용하여 Protocol에 의한 Overhead 감소 |

## 2. 카프카의 아키텍처 & 구성요소

### 가. 카프카의 아키텍처

```
        생성      Kafka Cluster        소비
   ┌────────┐  ┌──────────────┐  ┌────────┐
   │Produ-  │──│    Topic      │──│ Con-   │
   │ cer    │  │   Partition   │  │ sumer  │
   └────────┘  │               │  └────────┘
        발행   │    Topic      │   구독
   ┌────────┐  │   Partition   │  ┌────────┐
   │Produ-  │──│               │──│ Con-   │
   │ cer    │  └──────────────┘  │ sumer  │
   └────────┘      Broker   Zookeeper └────────┘
```

### 나. Kafka의 구성요소

| Producer | Message를 생성하는 Process |
|---|---|
| Kafka Cluster | Broker 서버로 구성 |
| Topic | 발행(Publish)된 메시지들의 카테고리 |

| | |
|---|---|
| Broker | Kafka 서버 |
| Partition | 각 Topic당 Data를 분산 처리하는 단위 |
| Zoo-Keeper | 분산 Appl. 관리위한 코디네이터 |
| Consumer | Message를 사용하는 process |

3. 카프카 활용, Real time Data 처리 System 구축

Kafka → Storm → MongoDB / Hadoop HDFS

- 실시간 대량의 Data를 Kafka에 안전하게 보관후, Storm에서 즉시처리, Message 내용 추출후 Mongo DB, Hadoop HDFS에서 활용

"끝"

문 61) 대용량 실시간 처리를 위해 사용하는 System인 카프카(Kafka)에 대해 특징, 구성요소, 동작방식에 대해 설명하시오.

답)

1. MSA 기반의 고성능 분산 메시징 System, Kafka 개요
   가. MOM(Message Oriented Middleware), Kafka 정의
   - Website, Appl. Sensor 등에서 취합한 Data 스트림을 실시간으로 목적지 System에 안정적으로 전송/관리하기 위한 open source System
   나. Pub/Sub(접/섭) 메시지 Queue, Kafka의 특징

   ```
              발행                    구독
           Publish               Subscribe
    Producer ───→  [서버]  ───→  Consumer
              ←------ 분리 ------→
    생산자      <Pub/Sub 모델>       소비자
   ```

| Producer와 Consumer분리 | 메시지 전송, 수신의 분리 (Pub/Sub 방식) |
|---|---|
| 다중성 | 한 Topic의 다중 프로듀서/컨슈머 접근 가능 |
| 확장성 | 서비스 중단없이 온라인 상태 확장 가능 |
| 연속성 | Disk에 메시지를 저장하고 유지 |
| 분산성 | 분산 System 기본, 분산 & 복제 Easy |
| 높은 성능 | 고성능 유지, 분산처리, 배치처리 사용 |

2. 카프카 구성도 & 구성요소

가. Kafka의 구성요소

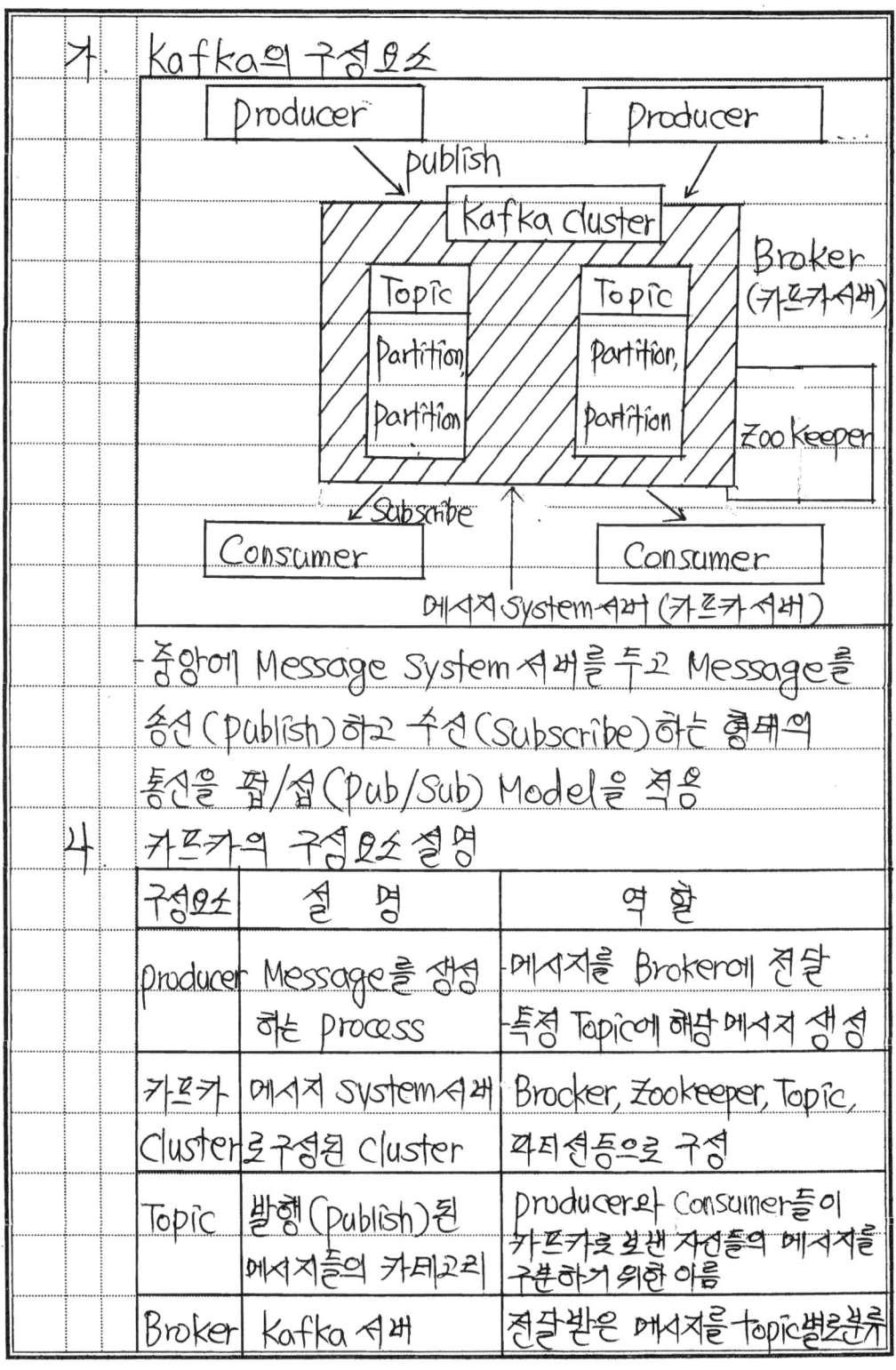

중앙에 Message System 서버를 두고 Message를 송신(Publish)하고 수신(Subscribe)하는 형태의 통신을 팝/섭(Pub/Sub) Model을 적용

나. 카프카의 구성요소 설명

| 구성요소 | 설 명 | 역 할 |
|---|---|---|
| Producer | Message를 생성하는 Process | -메시지를 Broker에 전달<br>-특정 Topic에 해당 메시지 생성 |
| 카프카 Cluster | 메시지 System서버 Cluster로 구성된 Cluster | Brocker, Zookeeper, Topic, 파티션등으로 구성 |
| Topic | 발행(Publish)된 메시지들의 카테고리 | Producer와 Consumer들이 카프카로 보낸 자신들의 메시지를 구분하기 위한 이름 |
| Broker | Kafka 서버 | 전달받은 메시지를 topic별로 분류 |

| | | |
|---|---|---|
| Partition | 각 토픽당 데이터를 분산 처리하는 단위 | Topic안에 파티션을 나누어 그 수대로 데이터를 분산 처리 |
| Zoo-keeper | 분산 Application 관리 위한 코디네이터 | 분산 노드의 정보를 중앙에 집중 관리하고 그룹 네이밍, 동기화 서비스 |
| Consumer | Message를 사용하는 Process | Broker에게서 구독(Subscribe)하는 Topic의 메시지를 수신하여 사용(처리) |

3. 카프카 동작방식

가. Kafka의 아키텍쳐

```
                    카프카 Cluster
   메시지관리   발행   Topic    ②          구독  ③   메시지
   Exchange  ①  ┌──┬──┬──┬──┬──┐              관리
              P ─→│메│메│...│메│메│──────→ C   교환
                 │시│시│   │시│시│
                 │지│지│   │지│지│
                 └──┴──┴──┴──┴──┘

                      Topic    ②                    메시지
   -메시지관리                                        관리
   -교환     ① ┌──┬──┬──┬──┬──┐         ③         교환
            P─→│메│메│...│메│메│──────→ C
              │시│시│   │시│시│
              │지│지│   │지│지│
              └──┴──┴──┴──┴──┘
        producer                              Consumer
```

- Producer에서 카프카 Topic에 저장하면 Consumer 에서 원하는 Topic에서 Data를 가져가서 처리

4. Kafka의 동작방식

| 번호 | 동작 방식 |
|---|---|
| ① | Producer는 새로운 메시지을 카프카 Cluster로 전송 |
| ② | 카프카 Cluster Topic에 도착해 저장 |

| | | | |
|---|---|---|---|
| ③ | Consumer는 새로운 Message를 가져감 | | |
| ④ | Producer는 Consumer와 관계없이 새로운 메시지를 Kafka로 전송, Consumer도 Producer와 관계없이 Kafka에서 새로운 Message를 가져옴 | | |
| ⑤ | 카프카 Cluster에 수많은 메시지들이 저장되고 메시지들은 Topic이라는 식별자를 이용해 토픽 단위로 저장 | | |

4. 주요 Messaging System 특징 비교

| 구분 | Kafka | RabbitMQ | Redis |
|---|---|---|---|
| 작동 방식 | 분산 스트리밍 platform & Message 브로커 | Pub/Sub를 사용한 메모리내 Key-value 저장소 | Advanced Message Queuing Protocol (AMQP) 기반 메시지 브로커 |
| 데이터 저장 | Data 복제 기능을 갖춘 Log 기반 Storage | Message 승인을 통한 영구저장 가능 | In-Memory (선택적 Disk 지속성 포함) |
| 메시지 모델 | Pub/Sub | Pub/Sub & Point-to-Point (Queues) | Pub/Sub |
| 확장성 | 파티셔닝&복제를 통한 높은 확장성 | 클러스터링 & 연합 (Federation) | Clustering을 통한 수평적 확장 |
| 지연 시간 | 높은 처리량시수 리오, 짧은 대기시간 | 메시징에 대한 짧은 대기 시간 | In-Memory 작업 대기시간 매우짧음 |

| | | | |
|---|---|---|---|
| 내결함성 | 내결함성위한 내장형 복제 & Leader-Follower모델 | Clustering 통한 고가용성 | 장애조치를 위한 Redis Sentinel 또는 Cluster |
| 사용 사례 | 실시간 Data 파이프라인, 이벤트소싱, 스트림처리 | 작업 대기열관리, 안정적인 메시지 전달, 트랜잭션메시징 | 캐싱, 실시간분석, 게시/구독 메시징 |
| Protocol | 사용자 정의 Kafka 프로토콜 | AMQP | Redis protocol (RESP) |
| 메시지 순서 | 파티션 내에서 보장 | 대기열(Message-Queue) 내에서 보장 | 보장되지 않음 |
| 메시지 지속성 | 로그기반 저장 & 복제로 내구성우수 | 승인이 포함된 영구 저장 | Optional (RDB, AOF Persistence) |
| 복잡성 | 분산 특성 & 구성 옵션으로 인해 복잡성 증가 | 고급 메시징기능 으로 인해 상대 적으로 복잡 | 간단한 설정 & 사용법 |
| 처리량 | Very High | Moderate | High (Limited by Memory Capacity) |

"끝"

문62) Apache Storm

답)

1. 대용량 Data 실시간 처리, Storm의 개요
   가. Real Time Data 처리, Apache Storm의 정의
   대용량 Data를 실시간으로 처리 위해 개발된 범용 분산 환경 기반 실시간 Data 처리 System
   나. Apache Storm의 특징

   | 실시간 처리 | In Memory 기반 실시간 스트리밍 처리 방식 |
   |---|---|
   | 스트리밍 | IoT등 지속적 발생 Data 처리 Solution |

2. Storm의 아키텍처 & 구성요소
   가. Master/Work Node, Zookeeper 구성, 아키텍처

   ```
                    ┌──Zookeeper──┐
                    ↓↑           ↓↑
   Topology    ┌─Nimbus─┐ ←→ ┌─Supervisor─┐    Worker
   배포,       │        │    │            │    생성,
   Task할당,   │        │    │   ┌────┐   │    Worker
   작업실패    │        │    │   │    │...│    시작/
   관리        │Master Node│   │   └────┘   │    종료
               └────────┘    │  Work Node │
                             └────────────┘
   ```

   - Storm cluster는 Master/Work Node, Zookeeper로 구성

   나. Storm의 구성요소 설명

   | Nimbus | Master Node는 작업할당과 실행 확인 등 관리(Management) 역할 수행 |
   |---|---|

| | | |
|---|---|---|
| | Supervi-sor | Worker Node의 시작/종료, 실행 상태 모니터링(Monitoring) 수행 |
| | Zookeeper | 분산 Node 관리 수행, System 안정성 유지하도록 관리 역할 |

- Nimbus와 Supervisor는 Zookeeper를 통해 작업 상황 & Cluster 상태 정보 제공

## 3. 스파크(Spark)와 Storm의 비교

| 항목 | Spark | Storm |
|---|---|---|
| Data처리 | 일괄 처리 방식 | 실시간 스트리밍 방식 |
| 업데이트 | 파일 & Table | 스트림 (튜플) |
| 컴퓨팅환경 | In-Memory 기반 | In-Memory 기반 |
| 반복작업 | 강력한 성능 | 일반적 수준 |
| 프로그램언어 | Scala | Clojure |
| 사용환경 | 반복 & 많은 연산 | 응답시간↓, 다양한 질의 |

"끝"

문 63) Apache Spark

답)

1. 범용 분산 platform, Spark의 개요
   가. 분산 처리 System, Spark의 정의
   - Disk I/O를 효율화 하고 Data분석 작업에 용이한 In-Memory Computing 기반 Data분산처리 System
   나. RDD (회복력 있는 분산 Data), Spark의 특징

   | HDFS사용 | 하둡(Hadoop) File System 기반 동작 |
   |---|---|
   | 직관적이해 | 스칼라 기반 최소화 Code로 작성 |
   | RDD | RDD 단위로 Data 연산을 수행 |

   - RDD : Resillient Distributed Data

2. Spark의 구조 & 구성요소
   가. Spark의 구조

   | SQL | Machine Learning | Streaming | Graphs |
   |---|---|---|---|
   | Spark Core ||||
   | YARN | Mesos || Standlone |
   | HDFS ||||

   - Spark는 일괄처리와 여러 복수 Framework로 구성가능
   나. Spark의 구성요소
   - SQL, Streaming, YARN(스케줄링), RDD 등으로 구성

| 구분 | 구성요소 | 설 명 |
|---|---|---|
| 구성 요소 | Spark Core | Hadoop과 같은 일괄처리 담당 Framework의 Core, 핵심 |
| | SQL | Data warehouse처럼 SQL에서 Interactive하게 상호분석 가능 |
| | Streaming | IoT Sensor Data나 SNS 데이터 등 Realtime으로 streaming 가능 |
| | 자원 스케줄링 | - 자원 스케줄링 기능(YARN) 사용<br>- 스케줄링 위해 Mesos 계층배치 |
| | RDD | - 데이터 회복력 구조 보유<br>- Data 집합의 추상적 객체 개념 |
| 요소 기술 | RDD 연산자 | RDD에 대한 병렬 데이터 처리 연산 자원 제공 (연산자) |
| | 인터랙션 | 함수형 programming이 가능하도록 Scala를 사용하여 Shell 사용 |
| | 작업 스케줄링 | RDD가 변화되는 과정을 Graph로 표현하고 Scheduling |

3. Spark와 Storm의 비교

| 항목 | Spark | Storm |
|---|---|---|
| Data 처리 | Batch 처리 방식 | 실시간 Streaming |
| Update | 파일 & Table | stream (튜플) |
| 컴퓨팅 환경 | In-Memory 기반 | In-Memory 기반 |

| 반복작업 | 강력한 성능 | 일반적 수준 |
|---|---|---|
| 프로그램언어 | Scala | Clojure |
| 사용환경 | 반복&다 연산 | 응답시간↓, 다 질의 |

"끝"

문 64) 넷퍼넬 (Net FUNNEL)

답)

1. 접속 대기중 본인순번 확인 가능, Net FUNNEL 정의
   - 실시간으로 서비스 상황에 맞게 사용자 Transaction을 제어하여 가용한 IT자원으로 최적의 서비스(성능)를 보장하는 Application 성능 제어 S/W (Solution)

2. Net FUNNEL의 동작 & 설명

   사용자 → Net FUNNEL → 순번 대기후 자동진입 → WEB, WAS / DB / APM

   Transaction 제어
   (Bypass, Wait & process Blocking)

   | 서비스상황에 맞게 이용자수제어 (Active User수) | Net FUNNEL / Net FUNNEL | 사용자 관점의 서비스상태 정보 Monitoring(첫걱설정) / System Appl. 상태점 Monitoring (APM 연동) | 순번 대기시, 대기 안내화면 통해 순번 & 접속예상 정보제공 / Please wait / 고객님 전후에 OO명 대기자 있음 |

   - Active User = (실시간) 서비스 요청 User + User in 서비스

3. Net FUNNEL 적용시 기대 효과

   | 항목 | 설명 |
   |------|------|
   | 실시간 트랜잭션제어 | 실시간 모니터링, 트래픽 부하조절과 성능 최적화 → 사용자에게 Fast Service 제공 |

| | | | |
|---|---|---|---|
| | | 최적의 서비스성능 | 트래픽 효율적 관리, Service 우선순위를 설정 → 원활하고 일관된 서비스 지원 |
| | | 비용절감 & 효율성향상 | IT자원의 최적 활용, Infra 구축 & 운영에 필요한 비용 최소화, Biz process 효율적 수행 |
| | | 유연성, 확장가능 | 기업 변화환경에 Adaptive 하게 대응, 큰규모의 서비스로 확장 지원 |

"끝"

문 65) AMQP (Advanced Message Queue Protocol)
답)
1. 응용 계층 Message 전달 표준, AMQP 개요 [정의]
   가. 송신자(Producer), 수신자(Consumer) 간 정보교환, AMQP
    - 메시지 지향 Middleware (MOM) System 간에
      통신하기 위한 개방형 Network Protocol
   나. Queue, Exchange, Binding 구성, AMQP의 특징

   | 이기종 메시지교환 | 이기종 System 간 Vendor 종속없이 표준화된 Network Protocol 사용 (표준) |
   |---|---|
   | 속도 & 응답성 | 비용/기술/시간적 측면에서 최대한 효율적 Message 교환 위한 MQ 사용 |

   다. AMQP의 기본 구성

   | Publisher (Producer) | Message 생성 및 Broker에 송신 |
   |---|---|
   | Broker | Consumer에 Pub과 매칭 메시지 전달/배포 |
   | Consumer (Subscriber) | Broker로 부터 Mapping된 메시지 수신 |

2. AMQP의 구성 및 구성 설명
   가. AMQP의 구성도

   ```
   생산자 →메시지→ Exchange →1:1/1:N Pattern→ Direct → 메시지 → Queue1 → 소비자
                                             Fanout →       Queue2 → 소비자
                                             Topic →        Queue3 → 소비자
                              Binding
   ```

- 생산자와 소비자간의 Message 전송과정

4. AMQP의 구성요소 설명

| 구성요소 | 설명 | | |
|---|---|---|---|
| 메시지 | - AMQP 전달의 기본단위 (Header, Body)<br>- Header + Body 구성 (Key-Value, 실제 Data) | | |
| 생산자<br>(Producer) | - 메시지 생성, 메시지 Broker에 전달<br>- 메시지 전달시 특정 교환기(Exchange)에 전달 | | |
| 교환기<br>(Exchange) | - 메시지 수신, 특정 Queue로 Routing | | |
| | Exchange의 종류 (Exchange type) | | |
| | Direct | 1:1, Routing key와 일치하는 큐에 전달 |
| | Fanout | 1:N, 모든 Queue로 메시지 전달 |
| | Topic | Pattern에 해당하는 큐로 전달 |
| | Headers | Header 특정 속성 분석후 큐로 전달 |
| Queue | - 소비자가 메시지 수신전 대기 장소<br>- FIFO(선입선출) 동작 | | |
| 소비자 | Queue에서 메시지 수신후 처리하는 주체 | | |
| Binding | - 교환기(Exchange)와 Queue 연결<br>- 메시지가 어느 Queue로 전달될지 정의<br>- 하나의 Queue가 여러개의 Exchange에 Binding 될수도 있고 하나일수도 있음 | | |
| Routing key | - 송신 메시지 Header에 포함된 주소<br>- Exchange type은 Routing key 이용 | | |

3. AMQP의 활용

| 프로토콜 | 활용사례 | 기능 |
|---|---|---|
| RabbitMQ | Openstack 메시지큐 | -AMQP 프로토콜을 구현한 프로그램<br>-Opensource, 다양한 언어/OS 지원 |
| ActiveMQ | JVM 기반 Appl. | -JMS Client, Java 기반 오픈소스<br>-다양한 언어와 Protocol 지원 |
| ZeroMQ | 임베디드 기반기기 | -Embedded N/W 메시징<br>-단순, 효율적 Protocol 고속 전송 |

"끝"

문 66) 가중 라운드 로빈(Weighted Round Robin) 방식의 로드 밸런싱(Load Balancing)

답)

1. 부하분산, Load Balancing의 개요
   가. 가용성, 확장성, 보안 & 성능보장 로드밸런싱 정의
   - 한곳의 Server에 Traffic이 몰리는 것을 방지하고 여러 Server에 적절히 분산시켜 주는 기술
   나. Weighted Round Robin 방식의 정의
   - System 효율 극대화, 서버에 가중치(Weighted)를 부여하여 높은 가중치의 서버가 더 많은 요청 받음

2. 가중 라운드 로빈 방식 예시 & 설명
   가. Weighted Round Robin 방식의 예시

   ```
   User           Queue    Load      Req=1/2    1,2,    Weight
   Client                  Balancer  Req=3/4    3,4     =5
                                                        서버1
                                     Req=5      5       Weight=1
                                                        서버2
                                     Req=6      6       Weight=1
                                                        서버3
   ```
   - 가중치가 5인 서버1이 서버2/3 보다 5배 더 자주선택
   
   나. Weighted Round Robin 작동원리(설명)
   ① 각 서버당 Weight 할당, 높은 가중치 서버가 자주선택
   ② 가중치는 Server 능력 & 가용자원에 의해 결정

③ 알고리즘은 현재 가중치 추적, Monitoring 후 Weight 고려한 분배

3. Weighted Round Robin 장/단점 & 비교

가. Weighted Round Robin 방식 장/단점

| | |
|---|---|
| 장점 | 서버 용량에 따라 부하를 균형있게 조정 |
| | 서버 자원을 더 효율적으로 활용 |
| 단점 | 단순 Round Robin보다 구현이 약간 더 복잡 |
| | 현재 서버 부하나 응답시간 미고려 |

나. 타 방식 (Load Balancing) 간 비교

| 방식 | 내용 |
|---|---|
| Round Robin | 간단, 균일하게 분산시키기에 적합 |
| Weighted Round Robin | 서버 용량/자원 고려, 타 종류 서버 혼합대응 |
| Least Connection | 부하에 따라 동적으로 균형 조정 |
| Least Response Time | 가장 빠른 응답 위해 최적화 |
| IP Hash | 세션 (Session) 지속성 보장 |

"끝"

문 67) IPC (Inter Process Communication)
답)

## 1. 다중(Multi) Process 상호간 통신, IPC 개요

### 가. IPC (Inter Process Communication)의 정의
- 공유 Memory가 존재하지 않는 독립된 Process간 동기화 & Data 교환을 위한 상호통신 기법

### 나. IPC의 필요성

| 동기화 문제해결 | 다중 Process 환경에서 여러 사용자가 동시 쓰기할 경우 Data 무결성 보장가능 |
|---|---|
| Process간 Data 교환 | - 작은 Data의 경우 메시지큐 방식<br>- 큰 Data의 경우 공유 Memory 방식 권고 |

## 2. IPC 통신기법과 IPC 구현방식

### 가. IPC 통신기법

| 구분 | 통신기법 | 설명 |
|---|---|---|
| 직접 통신 | -Send(P, 메시지)<br>-Receive(Q, 메시지) | - 두 Process가 상호 호출<br>- 대칭통신, 유출성 낮음<br>- Process P에 메시지 송신<br>- Process Q로부터 메시지 수신 |
| 간접 통신 | -Send(A, Message)<br>-Receive(A, ) | - 우편함과 송수신 방식<br>- 송/수신 분리, 유연성 제공<br>- 우편함 A로 메시지 송신 |

| | | | Message) → 우편함 A로부터 수신 |
|---|---|---|---|
| | | | - Link의 Message 보유 용량 |
| | 버퍼링 | -Zero Capacity | -버퍼링 없음, 동기통신 |
| | | -Bounded Capa. | -유한길이 Queue, 자동 Buffering |
| | | -UnBounded Capa. | -무한길이 Queue, 자동 버퍼링 |
| | | -Blocking Send | -Data 수신대기 동기/비동기 |
| | 동기화 | -Non-Blocking Send | -Message 받을때까지 대기 |
| | | -Blocking Receive | -Message 보내고 다른 연산 |
| | | -Non-Blocking Receive | -Message 있을때까지 대기 <br> -메시지 유무 관계없이 수신 |

사. IPC 구현 방식

| 구현방식 | 핵심기술 | 설 명 |
|---|---|---|
| Pipe 방식 | -Pipe기반 <br> -단방향 <br> 통신 | -통신 Buffer 기반 단방향 통신 <br> -익명 pipe <br> -Named pipe (반이중) |
| 세마포어 | P(), V() <br> 연산 | -Process간 동기화, 보호 <br> -상호배제, 자원공유, Signal |
| 공유 메모리 | Kernel <br> 공유메모리 | -Process가 커널에 Memory 요청 <br> -공간할당 (Space Allocation) <br> -자원공유 (Resource Sharing) |
| 메시지 큐 | System Call | -커널 내부 메시지 기록 공간 생성 <br> -송/수신시 OS에 요청, 전달느림 |

| Socket | 소켓기반 송수신 | - 생성도메인, Type, Protocol 지정<br>- Bind, Listen, Accept 소켓 연결 |

## 3. Message Queue & Share Memory 방식 설명

### 가. Message Queue 방식 구성 & 수행절차

| 구성도 | 수행절차 |
|---|---|
| P: process<br>┌─────────┐<br>│ P1 (M) ──①│<br>│ P2 (M)◄──②│<br>│         │<br>│ kernel(M)│<br>└─────────┘<br>M: Message | ① 송신필요 P1이 커널통해 M 전달<br>② 전송메시지는 마지막에 전송 (바로)<br>③ 수신측 P2는 메시저 Queue 선택<br>- msgget(): Queue 생성<br>- msgsnd(), msgctl()<br>- process간 이산적 양송수신<br>- 전송 Data는 메시지 형태 생성/수신 |

### 4. Share Memory 구성 & 수행절차

| 구성도 | 수행절차 |
|---|---|
| P: process<br>┌─────────┐<br>│   P1   │─①<br>│Shared MM│<br>│   P2   │─②<br>│        │<br>│ Kernel │<br>└─────────┘<br>M: Message  MM: Memory | - P요청으로 커널에의해 생성/관리<br>① 통신필요 P1이 공유메모리 생성<br>- 자신의 메모리 영역으로 첨부, 쓰기<br>② P2가 공유메모리 검색, 첨부, 읽기<br>- 생성된 메모리는 직접 제거필요<br>공유 |

4. IPC간의 비교

| 구분 | Pipe/FIFO | Message Queue | Share Memory |
|---|---|---|---|
| 충돌 | 단방향 | 없음 | 발생 |
| 구현난이도 | Easy | Easy | 어려움 |
| 속도/크기 | 고속/대량 | 저속/적은량 | 저속/소량 |
| 커널간섭 | 없음 | 메시지 전달시 마다 커널호출 | 커널호출 (System Call) |
| 활용분야 | Console Program | 소량의 정보교환 | 대량/고속의 정보교환 |

"끝"

문 68) IPC (Inter-process Communication) 기법 중 pipe 방식에 대해 설명하시오

답)

## 1. Process 간의 협력, IPC의 개요

### 가. IPC (Inter-Process Communication)의 정의
- 프로세스(Process)간 정보(Data) 교환을 위해 process 간의 Data 통신 위한 protocol

### 나. Process 간의 통신 필요 이유

| 정보공유 | Information sharing 동일정보 공유 |
|---|---|
| 가속화 | Task를 Sub-Task로 분리, 병렬실행 |
| 편의성 | 동시에 많은 작업 처리 환경 제공 |

## 2. Pipe 기반 단방향 통신, pipe 방식 설명

### 가. pipe 기반 통신 flow (개념도)

```
  부모                         close      자식
(Process) write → ┌─────────┐ ← X write ⑤ (Process)
                  │ pipe 1  │
         X      ← └─────────┘ → Read
      ③ Read

       write     ┌─────────┐        write
     ④ X    →   │ pipe 2  │ ←    → X Read ⑥
                └─────────┘
                 ← Read
```

### 나. Pipe 방식의 설명
① Pipe 1 생성 후 Fork (New process) 생성
② Fork 명령으로 pipe 2 생성

③ Parent Process는 pipe1의 Read close
④ Parent Process는 pipe2의 Write close
⑤ Child process는 pipe1의 write close
⑥ child process는 pipe2의 Read close
⑦ 전송완료후 모든 pipe 닫음

3. pipe 방식에서 양방향전송
- 양방향 Data 흐름 필요시, 두개의 pipe 생성후 양방향전송 위해 각각 하나씩 사용 (Full Duplex)

"끝"

문 69) Cloud Computing 제공 모델의 이점을 활용하는 Application 구축 및 실행 접근 방법으로 Cloud Native Application이 주목받고 있다. Cloud Native Application의 주요특징 & 관련 기술, 참조 아키텍쳐에 대해 설명하시오.

답)

## 1. Cloud Native Application의 개요

### 가. MSA, Container, DevSecOps, CI/CD 등의 구성요소로 이루어진 Cloud Native Application의 정의

① MSA : Appl. 한가지 업무에 특화된 독립적인 단위
② Container : 경량화된 가상화 환경에서 구동 가능
③ 개발구축 : 여러개 Container 관리 가능 환경

### 나. Cloud Native Application의 출현 배경

- 민첩성 / 유연성 / 효율화

| 출현배경 | | 관련기술 |
|---|---|---|
| Appl. 개발/운영 현실적화 | Application → Cloud Native Appl./서비스 | DevSecOps / MSA |
| Biz 변화에 신속 대응력 환경필요 | 기존 Computing환경 → Cloud Native 컴퓨팅 환경 | Container / 오케스트레이션 |
| | Cloud Infra. → 멀티/하이브리드 Cloud Infra. | PaaS / Multitenancy |

- 기존의 Application 개발한계를 극복하고 민첩성, 유연성, Appl. 개발 효율화를 위해 Cloud 기반 Appl. 개발방식이 출현하게 됨.

2. Cloud Native Appl. 특징 & 기술 설명

가. Cloud Native Appl. 주요특징

| 항목 | 설명 |
|---|---|
| On demand Delivery | 필요한 Computing 자원을 즉시 제공 |
| Consistency & Continuous | 이미지 기반으로 구성, 빠도 효율화 개발과 운영(Operation) 환경의 일관성 |
| Rolling Update | Update & patch시 다운 타임 (Down Time)은 zero & 최소화 |
| Self Recovery | 비정상 Application 재기동 Node의 장애 발생시 정상 서버(Server) 노드로 자동(Automation) 재배치 |
| Appl. Scaling | VM(Virtual Machine) 단위가 아닌 Appl. Appl. 단위의 Auto Scaling |
| Portable | Multi/Hybrid cloud 기반의 Application/Service 운영 |

- Cloud Native Appl.은 cloud 환경에 최적화되어 Service 되도록 개발된 Application임.

4. 관련 기술 설명

# CN(Cloud Native)

| 구분 | 관련기술 | 설명 |
|---|---|---|
| 조직/Process 측면 | DevSecOps | 자동화도구 활용, 개발+보안+운영 조직 협업하여 Build, 배포, 운영 |
| | Agile 개발방법 | Multi-Cloud, Cloud Native 개발 패러다임으로 전환하기 위한 지속적인 사람, Process, 기술 변환 |
| 아키텍처/Interface 측면 | MSA | -작은 독립서비스 → 복잡 Appl. 구현<br>-API를 사용해 서로 다른 Service와 통신하고 독립적으로 운영&확장되고 진화할 수 있는 아키텍처 |
| | API | -API기반 서비스 연동 I/F 구현<br>-REST API, API Gateway |
| 가상화 기술 측면 | 컨테이너 | -가볍고 Easy 이식성가능 솔루션<br>-가상화 기술 비교, 컨테이너는 오버헤드가 더 빠르고 효과적 자원 활용 |
| | 오케스트레이션 | -컨테이너화된 Appl. 배포/확장지원<br>-쿠버네티스, SWARM |
| | 멀티 테넌시 | -단일 S/W 인스턴스가 여러 Client에 서비스를 제공<br>-Application, DB등을 여러 사용자 그룹에서 공유하면서도 각자정보&서비스를 독립적으로 유지하는 기술 |

- Cloud Native Appl.은 DevSecOps, Agile, MicroService, cloud platform, 쿠버네티스 & 도커와 같은 Container등 새롭고 현대적인 모든 Application 배포 방식으로 사용됨

3. Cloud Native 참조 아키텍처 구성 & 설명

가. 참조 아키텍처 구성

| ① Appl. 정의 / Development |
| ② 오케스트레이션 & Management |
| ③ Runtime |
| ④ Provisioning |
| ⑤ Infra (Bare Metal / Cloud) |

4. Cloud Native 참조 아키텍처의 상세설명

| 참조아키텍처 | 설명 | 활용 |
|---|---|---|
| ① Appl. 정의/개발 | Container Native Appl. 을 구현하는데 필요한 (요되는) Metadata 도구 | 컨테이너 이미지관리 |
| ② 오케스트레이션 & 관리 | -컨테이너 오케스트레이션(쿠버네티스)도구 활용한 컨테이너배포<br>-Logging, Monitoring, Service Discovery | 쿠버네티스, SWARM |
| ③ Runtime | 컨테이너 실행표준, 컨테이너 Networking, Storage 등 | Volume Driver |

| | | |
|---|---|---|
| Provisioning | 컨테이너환경고려, DevSecOps 개발도구 & Provisioning | CI/CD도구 |
| Infra | BareMetal, Public Cloud 등 Infra | IaaS, PaaS |

- CNCF중심으로 Cloud Native Reference 아키텍쳐 영역에 다양한 Open Source project가 수행되고 있음

"끝"

문 70) 폭포수개발모형과 애자일(Agile) 개발 방법론

답)

## 1. Waterfall/Agile 개발방법론의 정의

| Waterfall 개발모형 | 개발공정은 기획, 분석, 설계, 개발, Test 단계가 위에서 아래로 순차적으로 진행 |
|---|---|
| Agile 개발방법론 | 각 개발공정을 명확하게 구분하지 않고 각 단계를 반복적으로 수행하면서 요구사항을 추가하거나 수정하면서 개발을 수행 |

## 2. Waterfall 개발 모형과 특징

### 가. Waterfall 개발모형의 도식

기획 → 분석 → 설계 → 개발 → 테스트 → 서비스출시 → 최종산출물

- 전체 개발 범위/요건 정의
- 전체개발요건 반영 설계, 개발, Test 순차적 진행

Ⓢ 시작 → 긴 개발 일정 → Ⓔ 끝

### 나. Waterfall 개발모형의 특징

① 기획 단계에 많은 시간 소요 (업무부서 요구사항)

② 초기 요구사항 불명확, 잦은 변경 (개발자 피로감)

③ 정형화된 절차 (기획부터 검증까지), 방법론 적용으로 많은 개발 산출물 생성 (초기부터 산출물 제일러링)

## 3. Agile 개발방법론과 특징

### 가. Agile 개발방법론

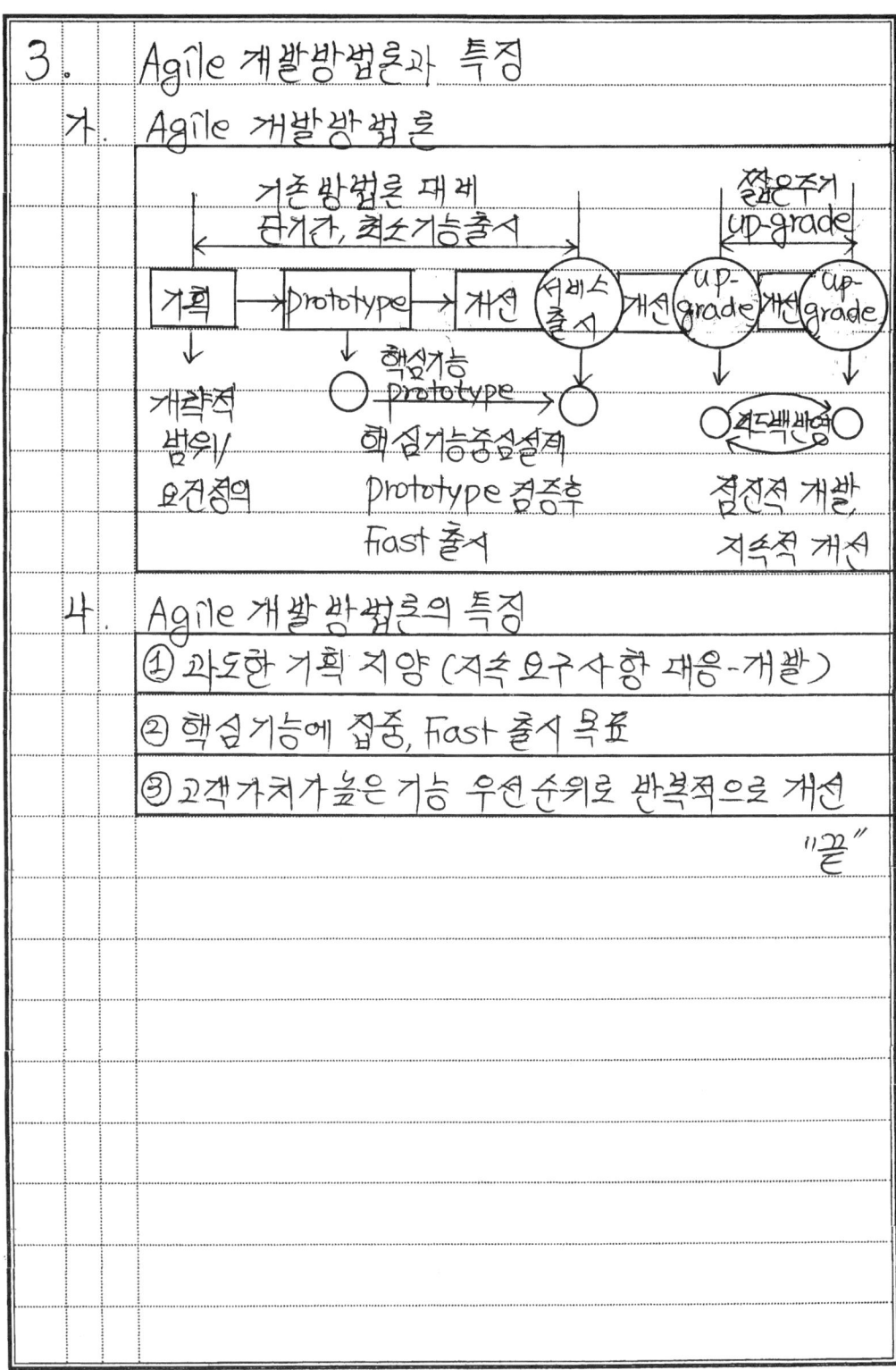

### 나. Agile 개발방법론의 특징

① 과도한 기획 지양 (지속 요구사항 대응-개발)

② 핵심기능에 집중, Fast 출시 목표

③ 고객가치가 높은 기능 우선순위로 반복적으로 개선

"끝"

문 71) Agile 개발방법론의 특징, Waterfall (폭포수) 개발모형과 비교, 장단점에 대해 설명하시오

답)

1. 의사소통 강조, 민첩성 강화, Agile 개발방법론 정의
   - 사용자의 요구사항을 신속반영위해 기획/분석/설계 과정에 많은 시간과 노력을 기울이지 않고 빠르게 Prototype을 개발하여 사용자의 Feedback과 방향성을 확인후 지속적인 개선작업을 짧은 주기로 반복하는 개발방법론

2. Agile 개발방법론의 특징

   | Agile 개발방법론 |
   
   기획 → 설계 → 개발 → Test → 검토  순으로 반복

   (설계↔기획↔개발↔검증) → (설계↔기획↔개발↔검증) → (설계↔기획↔개발↔검증)
   
   ────────────────────────→ 사업 착수후 지속적인 개선 노력

   | 설명 | ① 사용자와 개발자의 지속적인 소통을 통하여 변화하는 요구사항을 신속하게 수용 |
   |------|---|
   | | ② 개발자 개인의 가치보다는 Team의 목적과 사용자의 의견을 가장 우선시 함 |
   | | ③ 팀원들과 주기적인 회의 & 제품 Test 수행 |

③ 개발과정에 지속적으로 사용자의 Feedback 받음
④ 내부구조 개선을 통한 비용절감과 Program 품질 향상을 위해 노력

3. Waterfall 모형과 비교
   개발

| 구분 | Waterfall | Agile |
|---|---|---|
| 관점1 | 개발모형 | 방법론 |
| 관점2 | Model | Methodlogy |
| 수행원리 | Top-down | Iterative |
| 의사소통 | 적음 | 많음 |
| 요구사항 | 거의 한번에 정의 | 지속적 요구사항 반영 |
| 설계 | 단계별 상세화 | 점진적 구체화 |
| 개발 | 순차/단계적 개발 | 반복적 |
| 테스트 | 빅뱅 Test 주로 이용 | 회귀 테스트 주로 이용 |
| 배포 | 종료 단계 배포 | 반복,지속적 배포 |

- Agile 개발 방법론은 Source Code가 곧 문서, 절차보다는 개발자 중심, 변화유연, 신속성, 의사소통 강조, Agility 개발등이 특징임

4. Water-fall 모형과 Agile 방법론의 장/단점

| 구분 | Waterfall | Agile |
|---|---|---|
| 장점 | -일정/비용/산출물관리용이<br>-개발단계 전체 일정예측 | -지속 협업 통한 서비스품질↑<br>-ROI 증대, 이익 극대화 |

| | | 장점 | -간결하고 이해용이 | -창의성/생산성 향상 |
| --- | --- | --- | --- | --- |
| | | 단점 | -요구사항 변경시 전체 일정부담 및 복잡성 초래<br>-단계별 산출물이 완벽하지 않으면 다음단계 오류 전파 | -체계적인 문서부족<br>(감리나 IT감사시 검토 확인곤란 상황 발생)<br>-사업관리 부분 미흡발생 |

"끝"

문 72) Single / Hybrid / Multi / Edge cloud의 정의, 특징, 구조, 적용시 검토할 사항에 대해 설명하시오

답)

## 1. Single cloud의 정의, 특징, 구조, 적용시 검토사항

**정의** - 정보 System 집합을 서비스 platform 단위로 G-cloud, 단일사업자의 민간 Cloud로 이관하는 형태

**특징** - 하나의 Cloud 서비스만 이용

| 구조 | 검토사항 |
|---|---|
| 하나의 Cloud (WAS / WEB / DB,App) | System 전체를 G-cloud, 단일 민간 Cloud로 이관시 Service & 보안에 취약점이 없는지 검토 |

## 2. Hybrid cloud의 정의, 특징, 구조, 검토할사항

**정의** - 정보 System의 집합을 Serice platform 단위로 G-cloud, 단일 사업자의 민간 Cloud로 이관하고 개인정보, 정보보안 등의 이유로 일부는 Public, 일부는 private cloud에 결합하여 위치

**구조**

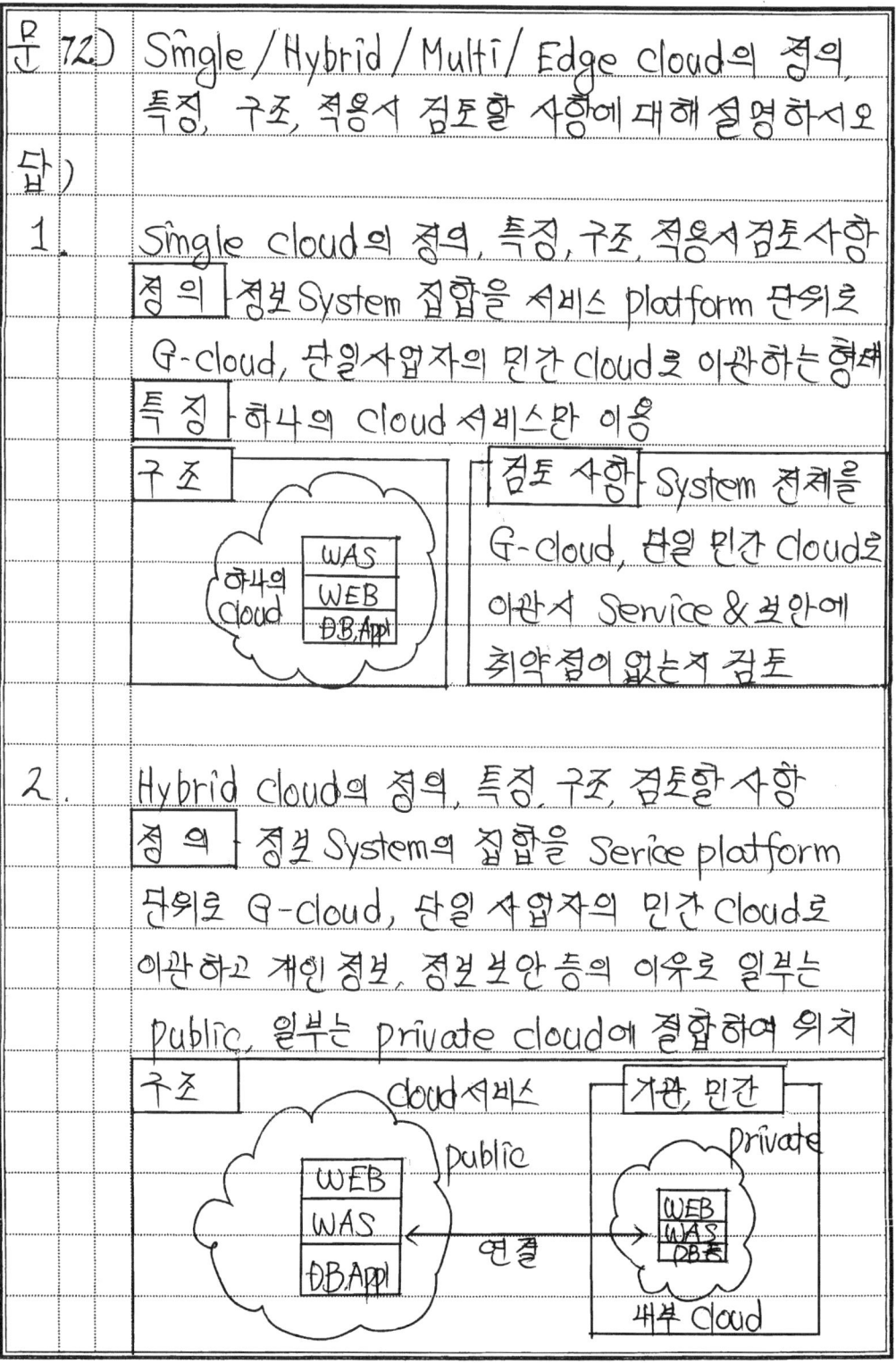

Cloud 서비스 Public / 기관, 민간 Private / WEB WAS DB,App / 연결 / WEB WAS DB등 / 내부 Cloud

|특징| ┤특정 Resource는 public Cloud에서
나머지 Resource는 private cloud에서 관리

|검토사항| ┤System 중 일부는 반드시 기관이나
민간 cloud에 위치해야 하는 System
· System 전체 중 일부는 public cloud, 일부는
private cloud에 위치해야 하는 경우임

3. Multi cloud의 정의, 특징, 구조, 검토할 사항

|정의| ┤정보 System의 집합을 서비스 platform 단위
로 2개 이상의 G-cloud, 민간 cloud 사업자로 이전형식

|특징| ┤2개 이상의 Vendor(cloud 사업자)와 계약
하여 Vendor 종속성 최소화 & Vendor별 장점 극대화

|구조|

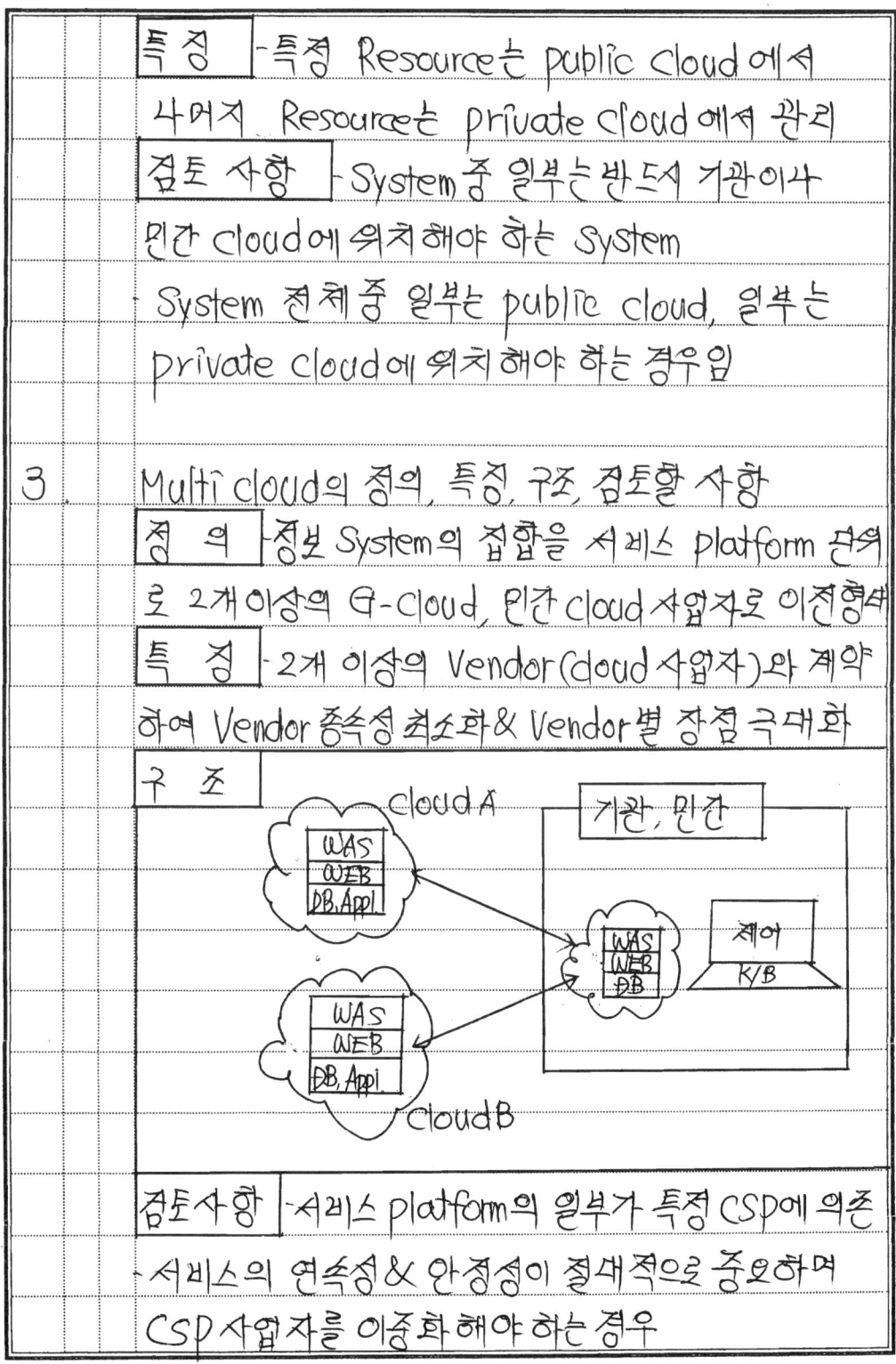

|검토사항| ┤서비스 platform의 일부가 특정 CSP에 의존
· 서비스의 연속성 & 안정성이 절대적으로 중요하며
CSP 사업자를 이중화 해야 하는 경우

4. Edge cloud의 정의, 특징, 구조, 검토할 사항

| 정 의 | -분산된 각 디바이스에서 연산처리를 실행한 후, 해당 결과만 중앙서버에 전송하는 형태 |
|---|---|

| 특 징 | -중앙집중식 Data를 분산화 통해 병목현상 방지 |
|---|---|

구 조

```
         (Central)
        /   |   |   \
    (Edge)(Edge)…(Edge)(Edge)
```

| 검토사항 | Data는 중앙서버에 보관하지만 Local System에서 연산을 수행해야 하는 System |
|---|---|

"끝"

문 73) BaaS(Backend as a Service)와
Faas(Function as a Service)

답)

1. Serverless 환경 제공, BaaS/FaaS 정의

| BaaS | Appl. 개발에 있어서 필요한 다양한 기능들(DB, 소셜, 서비스연동, 파일 System 등)을 API로 제공 |
|---|---|
| FaaS | 거대하고 분산된 Computing 자원에 준비해둔 함수를 등록하고 이 함수들이 실행되는 횟수와 실행된 시간 만큼 비용을 내는 방식 |

2. BaaS와 FaaS 도입시 App 개발 예시

Messager App. 개발(예시)

BaaS/FaaS 도입전: 기획/설계 → 서버개발 → Front End 개발 → Test

서버구축후 프로그램 개발

Program들
| 회원관리 | Data 저장 |
| 파일관리 | Push |
| DB 설계 | |

작업시간 단축

BaaS/FaaS 도입후: 기획/설계 → Front End 개발 → Test

- BaaS와 FaaS 도입으로 서버개발(program들) 시간 단축으로 개발 납기 준수, Time to Market 가능

3. BaaS/FaaS 적용
　가. BaaS 적용 (구글 Firebase DB 사용)
　　- DB의 Data가 새로 생성되거나, 수정경우 Socket&
　　　API 통해 Client에 실시간 반영하여 개발시간 단축
　　　(예: Game Backend Service는 GBaaS)
　나. FaaS 적용 (Function 제공)
　　- Function 배포, 계속 실행되는 것이 아닌 특정 Event
　　　발생시 실행되었다가 작업 종료시 이전 상태로
　　　공유할수는 없음. 즉, 무상태적 (Stateless)

"끝"

문 74) Cloud Service 중 온프레미스(On-Premise), IaaS, CaaS, PaaS, FaaS, SaaS의 설명

답)

1. Cloud Service, On-Premise / IaaS 의 설명

| On-premise | IaaS |
|---|---|
| 인프라(Infra.)인 H/W 부터 기능(S/W)까지 전부 구축(자체적)하고 개발 | Infra as a Service<br>- Infra 요소를 서비스 형태로 제공, 원하는 사양의 서버를 VM으로 생성 |
| 기능<br>Application<br>Runtime<br>Middleware<br>O/S<br>가상화<br>Hardware | 기능<br>Application<br>Runtime<br>Middleware<br>~~O/S~~<br>~~가상화~~<br>~~Hardware~~ |

- On-premise는 이용기관이 자체적으로 (private cloud 형태) 직접 개발 (In house 개발)
- IaaS에서는 가상화, Hardware 분야는 공급자 (CSP: Cloud Service Provider)가 제공
- IaaS에서 O/S는 이용기관과 공급자 공동 책임&관리
- MSP (Cloud Service Provider)는 Cloud 관리 역할

2. CaaS와 PaaS 설명
   - CaaS : Container as a Service
   - PaaS : Platform as a Service

   | CaaS | PaaS |
   |---|---|
   | Service로 제공되는 Container를 활용해 Application을 배포 (Release) | Appl. 개발에 집중 가능하게 Infra와 Run-Time 환경제공 (서버 단위 확장) |
   | 가능<br>Application<br>Run time<br>///Container///<br>///O/S///<br>///가상화///<br>///Hardware/// | 가능<br>///Application///<br>///Run time///<br>///Container///<br>///O/S///<br>///가상화///<br>///Hardware/// |

   - CaaS에서는 O/S, 가상화, Hardware는 CSP에서 제공, Container는 이용기관과 공급자가 공동책임
   - PaaS에서는 Run-time, Container, O/S, 가상화, Hardware는 CSP에서 제공, Application은 이용기관과 공급자가 공동책임 & 관리

3. FaaS와 SaaS 설명
   - FaaS : Function as a Service

- SaaS : Software as a Service

| FaaS | SaaS |
|---|---|
| Serverless 의미있는 Function을 서비스로 제공 (서버없이 함수단위 확장) | CSP에서 제공되는 Software를 사용하는 형태 |
| ~~기능~~<br>~~Application~~<br>~~Runtime~~<br>~~Container~~<br>~~O/S~~<br>~~가상화~~<br>~~Hardware~~ | ~~기능~~<br>~~Application~~<br>~~Runtime~~<br>~~Container~~<br>~~O/S~~<br>~~가상화~~<br>~~Hardware~~ |

- FaaS에서는 Appl. Runtime, Container, O/S, 가상화, Hardware는 CSP에서 제공하고 기능(Function)은 이용기관과 공급자 관리
- SaaS에서는 기능부터 Hardware까지 ISP(Cloud Service Provider)에서 제공

4. Cloud의 발전 (서비스측면)

온프레미스 → IaaS → PaaS → SaaS

# CN(Cloud Native)

```
Physical → 가상화 → Platform → Service
온프레미스   IaaS      PaaS       SaaS
            가상화    가상화기반  가상화기반
            기반환경  표준화된    특정 Biz.
                      개발/실행/   도메인기반
                      운영환경    서비스환경
                      (DBMS등)   (ERP등)
```

"끝"

문 75) 멀티 클라우드(Multi-Cloud)
답)
1. 여러개 cloud 함께사용, Multi-Cloud의 개요
　가. 상호운용성 Multi-Cloud의 정의
　　- 두개 이상의 public & private Cloud 공급업체의
　　서비스 & Computing, 스토리지 Service를 활용,
　　cloud간 연계와 상호운용성, 탄력성을 보장하는
　　Cloud 구축 Model을 의미함
　나. Multi-Cloud의 구성요소

| 구성요소 | 설 명 |
|---|---|
| Public Cloud | 여러 사용자가 공유하는 Cloud Service (예: AWS, Google Cloud, Azure 등) |
| private cloud | 특정기업, 조직이 독립적으로 사용 Cloud |
| End-to-End 연결성 | 여러 클라우드(Cloud)를 연결하는 SD-WAN, VPN, Internet 기술활용 |
| Data 센터 | Cloud 서비스운영하는 대규모 서버시설 |
| 클라우드 Infra구성요소 | 라우터(Router), 스위치(Switch), 방화벽 등 cloud Network 운영 위한 장비 |

　　- Multi-cloud는 여러개의 cloud (Internet 저장
　　공간)를 함께 사용, 안전하고 빠르며 저렴하게 데이터
　　를 관리(Management)하는 기술
2. Multi-cloud의 핵심기술

## 가. 핵심기술

```
┌─────────────┐         ┌──────────────┐
│Multi-cloud  │         │ Application  │
│Infra 연동   │         │ 통합운용/관리│
└─────────────┘    ╲    └──────────────┘
  API 연동         ╲  ╱    Cloud 간 로드밸런싱
                  ┌─────┐
                  │Multi│
                  │Cloud│
                  └─────┘
┌─────────────┐   ╱   ╲  ┌──────────────┐
│Infra 서비스 │         │통합 모니터링 │
│통합 운용/관리│        │(Infra & Appl.)│
└─────────────┘         └──────────────┘
  통합관리  ┌─동일방식의 One-┐
           │ Point 통합관리 │
           └────────────────┘
```

- Multi-cloud는 Infra 연동, 통합운영, Monitoring, 개방형 Interface 기술 등을 활용하여 여러 Cloud 환경을 효과적으로 관리

## 나. Multi-cloud의 핵심기술의 설명

| 기술유형 | 주요기능 | 설명 |
|---|---|---|
| 인프라 연동기술 | 단일 API | 서로 다른 클라우드(Cloud)를 공통방식으로 연결 및 제어 |
| | 인프라 연동드라이버 | 각 Cloud의 API를 단일 API로 통합 |
| 통합운영 & 관리기술 | 자원 Life-Cycle 관리 | Multi-cloud의 컴퓨팅 자원 (서버, 스토리지 등) 통합제어 |
| | 최적 배치 스케줄링 | Appl.을 가장 적합한 Cloud에 배치 |
| | 통합 서비스관리 | 여러 Public Cloud에 분산된 Service를 하나로 통합관리 |
| | 실행환경연계 | Cloud 간 Data & Application 연동, 정보교환 |

| | | | |
|---|---|---|---|
| | Appl.<br>관리<br>기술 | 자동배포<br>& 이동 | Application을 여러 Cloud 간<br>이동 & 자동배포 (Release) |
| | | 로드밸런싱 | Traffic 부하를 여러 cloud로 분산 |
| | 통합<br>모니터링<br>기술 | Agent<br>방식 | Cloud 서비스 상태(State)를<br>지속적으로 감시하는 System |
| | | PUSH/PULL<br>모니터링 | Cloud 간 성능 & 보안(Security)<br>상태를 실시간(Realtime) 수집 |
| | 개방형<br>I/F<br>기술 | 개방형<br>API | REST API, gRPC API 등을<br>활용한 Cloud Service 연동 |
| | | CLI | 터미널 환경에서 cloud 자원관리 가능 |
| | | 웹기반 UI | Web 환경에서 직관적 cloud 관리 가능 |

- CLI (Command Line Interface)

3. Multi-Cloud 활용방안 & 발전전망

  가. Multi-Cloud 활용방안

| 항목 | 내용 |
|---|---|
| 벤더종속성 해소 | 특정 CSP에 미종속, 다양한 서비스 활용 |
| 비용절감 | Cloud 최적 비용(Cost) 모델 구축 |
| 고가용성 보장 | 장애 발생시 다른 Cloud로 자동전환 |
| 보안강화 | 멀티 Factor 인증(MFA), 암호화 적용 |
| AI기반 최적화 | AI기반 자동화 & 운영 최적화 |

  나. Multi-Cloud 발전방향

| Cloud Native 확대 | Container 기반 Service 증가 |
|---|---|

| | | Kubernetes 기반 서비스 증가 |
|---|---|---|
| | 보안기술강화 | Cloud Security & AI 기반 위협 감지 Solution 도입 증가 |
| | 자동화(Auto)된 운영기술발전 | AI기반 AIOps 도입으로 최적화된 운영(Operating) 환경구축 |
| | Edge Computing 확산 | Real time Data 처리 & 분석을 위한 Edge cloud 도입 증가 |

"끝"

문 76) 클라우드 상호운용성에 대해 설명하시오

답)

1. Cloud 활성화의 핵심, Cloud 상호운용성의 개요
   가. Cloud 상호운용성(Interoperability)의 정의
   - Cloud 사용자 입장에서 특정업체의 Cloud 플랫폼에 종속되지 않도록 서로 다른 Cloud 환경간에 기능적, 관리적, 비즈니스 Interface 호환성을 제공하는 기술
   나. Cloud 상호운용성의 필요성

   | 구분 | 필요성 | 상세설명 |
   |---|---|---|
   | 정부 | Cloud 산업 활성화 | 국내 Cloud 산업 경쟁력 강화 위해 상호운용성 지원 필요 |
   | 기업 | 중복투자 방지 | Cloud 구축시 표준화된 기술 사용으로 비용(Cost, 투자) 절감 |
   | 개인 | Lock-in 효과 방지 | 특정 platform에 종속되지 않고 Cloud 자원(Resource) 활용 |

2. Cloud 상호운용성 Interface & 상세 기술
   가. Cloud Interoperability 인터페이스
   - Cloud 상호운용성 확보를 위해서는 기능적, 관리적, 비즈니스적 Interface 표준화 필요
   - Customer System과 Cloud Service로 구분

   | Customer System | Cloud Service |
   |---|---|

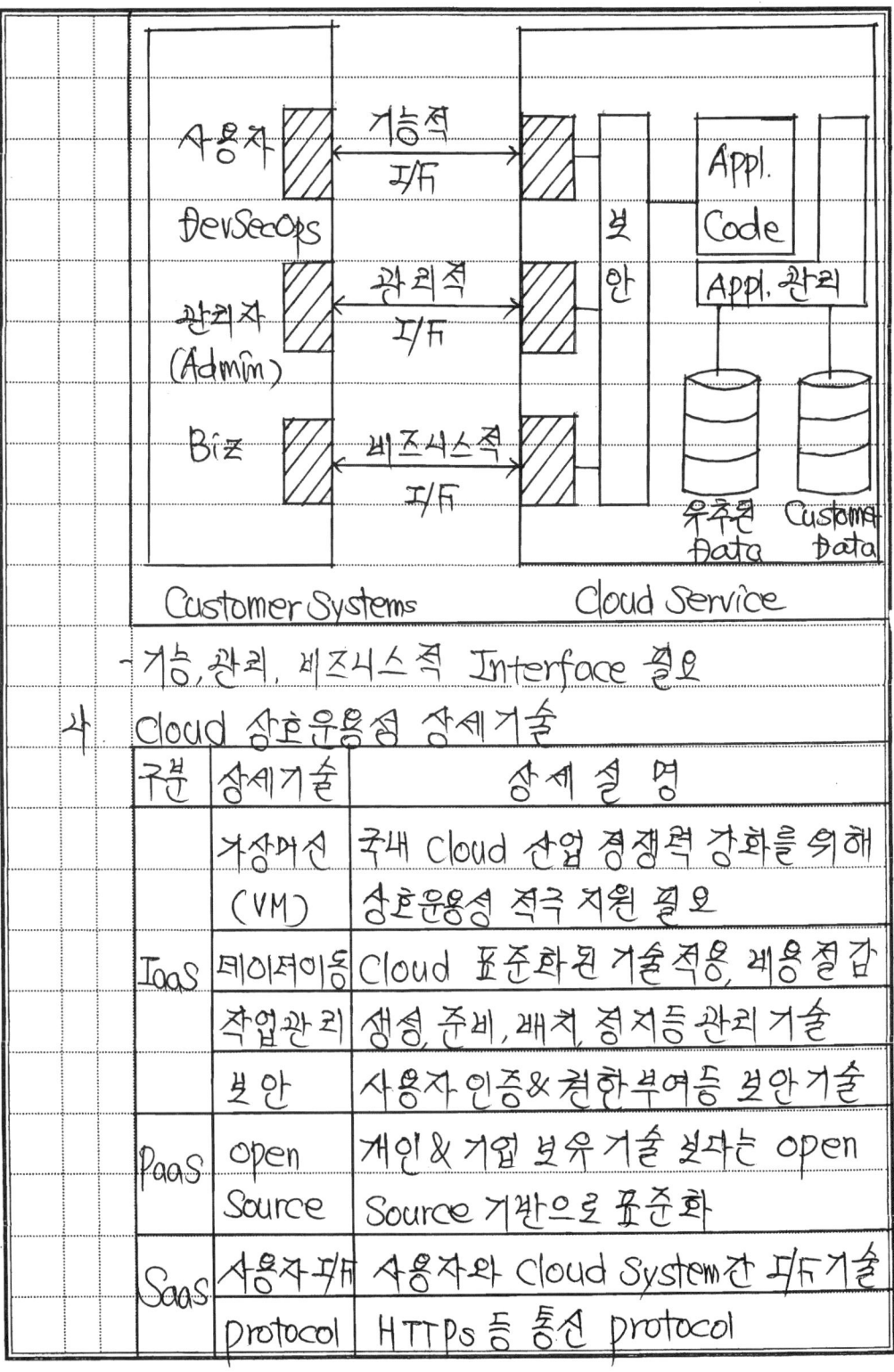

- 기능, 관리, 비즈니스적 Interface 필요

사) Cloud 상호운용성 상세기술

| 구분 | 상세기술 | 상세설명 |
|---|---|---|
| IaaS | 가상머신 (VM) | 국내 Cloud 산업 경쟁력 강화를 위해 상호운용성 적극 지원 필요 |
| | 마이그레이션 | Cloud 표준화된 기술적용, 비용절감 |
| | 작업관리 | 생성, 준비, 배치, 정지등 관리기술 |
| | 보안 | 사용자 인증 & 권한부여등 보안기술 |
| PaaS | Open Source | 개인 & 기업 보유기술 보다는 Open Source 기반으로 표준화 |
| SaaS | 사용자I/F | 사용자와 Cloud System간 I/F 기술 |
| | Protocol | HTTPs 등 통신 protocol |

- IaaS는 표준화가 진행됨. SaaS는 Interface 표준화가 현실적으로 어렵기 때문에 cloud 상호운용성 표준화 작업은 주로 PaaS 기반으로 Open Source platform을 구축하는 방향으로 진행중

3. Cloud 상호운용성 & 이식성 대상범위

가. 상호운용성과 이식성 구성도

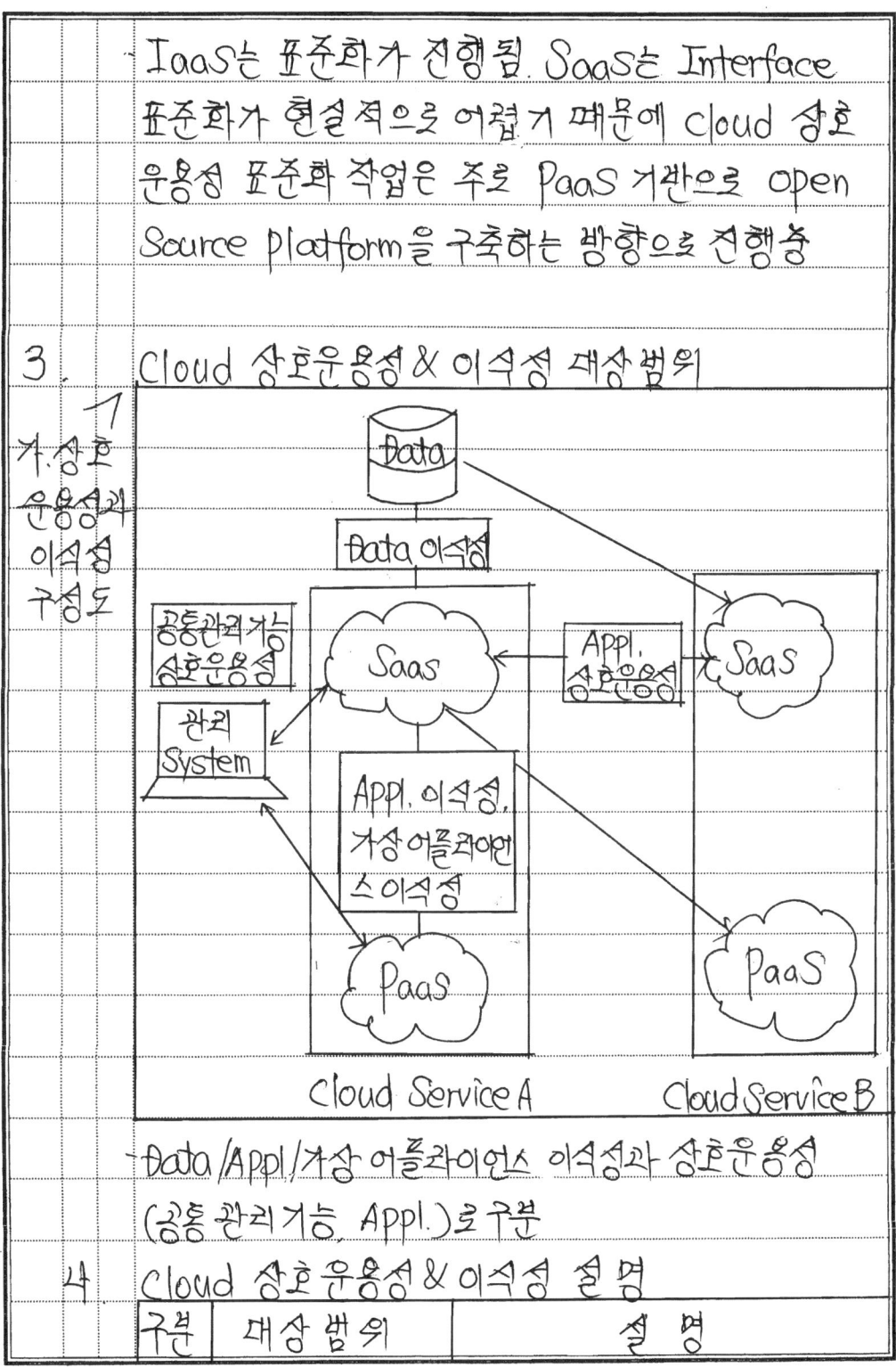

- Data/Appl/가상 어플라이언스 이식성과 상호운용성 (공통 관리기능 Appl.)로 구분

4. Cloud 상호운용성 & 이식성 설명

| 구분 | 대상범위 | 설 명 |
|---|---|---|

| | | | | |
|---|---|---|---|---|
| | | 상호 운용성 | Appl. Interoperability 공통관리기능 상호운용성 | Cloud Application 간 또는 Cloud Appl.과 사용자 간 상호작용 Cloud 자원 배포, 설정, 오케스트레이션과 같은 기능을 제공하는 관리시스템들 간에 상호작용 능력 |
| | | 이식성 | 데이터이식성 (Portability) | 서로 다른 Appl. 사이에 (Data의 재기입 없이) Data를 재사용 능력 |
| | | | Virtual 머신 /Container 이미지 이식성 | 가상 머신 관위의 운영체제와 Appl. Bundle & Container를 서로 다른 인프라 사이에서 재사용하는 능력 |
| | | | Appl. 이식성 | 서로 다른 Cloud 환경 간 & Cloud 환경과 비Cloud 환경 사이에서 Appl. 을 이관하여 재사용 가능하게 하는 것 |
| 4 | Cloud 상호운용성 동향 | | | |
| | 구분 | 동향 | | 상세설명 |
| | 국내 | Cloud 산업 활성화 | | -정부 주도 파스타(PaaS-TA) -민간 주도 Opencloud 플랫폼 (OCP) |
| | | Cloud 상호 운용성 협의체 | | 다양한 Issue 분석 & 국내외 표준화 작업 정보 교류 |
| | 해외 | Lock-in 문제방지 | | ISO/IEC JTC1 SC38 WG4 주관 |
| | -Cloud 발전법 제22조에 상호운용성 협력 체계 구축 지원 | | | |

"끝"

# 클라우드 네이티브 내·외부 아키텍처

내부 아키텍처, 외부 아키텍처, Cloud Native 정보시스템의 개발 절차, MSA 전환 예시, API(Application Programming Interface) Gateway, 서비스 메시(Service Mesh), 서비스 디스커버리(Service Discovery), 쿠버네티스 (Kubernetes), 개발 및 실행지원 서비스와 도구, Application 실행영역과 Backend 서비스, 운영지원 서비스와 Cloud 인프라(Infra) 등을 학습할 수 있습니다.

[관련 토픽-18개]

문 77) Cloud Native 정보 System의 개발 절차

답)

## 1. Micro-Service 도출/설계/구현/Test 필요, Cloud Native 정보 System의 개발

- Cloud Native 정보 시스템 개발은 기존 정보 System 개발공정에서 Micro-Service 도출/설계/구현/검증/이행 등 Micro-Service와 관련된 항목이 추가됨

## 2. Cloud Native 정보 시스템 개발 절차

```
           ────────────→ 폭포수방법론, 애자일 방법론
    ┌──┐      ┌──┐      ┌──┐      ┌──┐
    │분석│──→  │설계│──→  │구현│──→  │테스트│
    └──┘      └──┘      └──┘      │&이행│
                                   └──┘
     │          점진적 반복            │
   ┌──────┐   ┌────────────────┐    ┌──────┐
   │요구사항│   │마이크로서비스 마이크로서비스│ 빌드│ │통합Test│
   │ 분석 │   │설계(내부아키텍처) 개발&Test │드 │ └──────┘
   └──────┘   ├────────────────┤ 배│
   ┌──────┐   │Cloud Native   Cloud Native│포│ ┌──────┐
   │마이크로│   │아키텍처 설계   아키텍처    │  │ │데이터│
   │서비스 │   │(외부아키텍처)   구축      │  │ │ 이행 │
   │ 도출 │   ├────────────────┤    └──────┘
   └──────┘   │             Front End(UI)│    ┌──────┐
   ┌──────┐   │FrontEnd(UI) 개발&Test    │    │릴리즈│
   │Cloud │   │   설계                  │    │(운영│
   │Native│   ├────────────────┤         │이관)│
   │아키텍처│   │         사용자 Test      │    └──────┘
   │ 설계 │   └────────────────┘         ┌──────┐
   └──────┘   ┌──────┐ ┌──────────┐      │안정화│
              │개발원칙│ │개발&Test&│      │ &   │
              │ 수립 │ │운영환경구축│      │ 운영│
              └──────┘ └──────────┘      └──────┘
```

- 내부아키텍처: 마이크로 서비스 도출, 외부아키텍처: API G/W 등

## 3. Cloud Native 정보 System 개발절차 상세

| 단계 | Task | 설 명 |
|---|---|---|
| 분석 | 요구사항 분석 | - 인터뷰 & 설문, 개선 업무등 요구사항 수집<br>- 업무개선요구: 현행업무 문제점, VOC<br>- System 개선요구: 성능 UP, 신기술 등 |
| 분석 | Micro 서비스도출 (내부 아키텍처) | - 업무기능 응집도와 유사성고려, 독립적 배포 가능여부, 확장성고려 도출<br>- Domain주도, 이벤트스토밍, 기능분해 등 |
| 분석 | Cloud Native 아키텍처분석 (외부아키텍처) | - Cloud Native 아키텍처 구성요소<br>: API G/w, 서비스메시, Runtime platform, CI/CD, 백엔드 서비스, 텔레메트리 등 |
| 설계 | Micro 서비스설계 (Domain Modeling) | - Domain Modeling 통한 Micro-Service 내부구조 상세 설계, 구현단계 Coding<br>- Domain 제공기능 & 주요 Data 포함 |
| 설계 | Cloud Native 아키텍처 설계 | - Micro-service 환경설정, 서비스관리, 서비스 G/w, 모니터링, Queuing 등 환경구성 설계<br>- 표준패턴 활용 구현모델 설계 (CQRS, SAGA) |
| 설계 | Front-End (UI) 설계 | - 효율성 / 편의성 고려 UI/UX<br>- 사용자 Interface (UI/UX) 설계<br>- 화면구성 & 디자인 설계 |
| 설계 | 개발원칙 수립 | - 개발원칙 수립<br>- SaaS 원칙인 12 Factor 토대로 원칙 수립 |

## CN(Cloud Native)

| | | | | |
|---|---|---|---|---|
| | | | 개발·Test 운영환경 구축 | - 개발 & 단위 Test 위해 S/W를 Local 개발환경 (사용자 유사환경) 설치 & 검증<br>- 공공 & 민간 Cloud Platform 기반 검증 |
| | | 구현 | Micro-Service 개발 & Test | - Domain Model 결과물 기반 Micro-Service Code 구현후 단위 Test<br>- Service 구현후 Container화 (패키지) |
| | | | Cloud Native 아키텍처 구축 | - Micro Service (Cloud Native) 환경성<br>- API G/W 설정, Service Discovery, 서킷 브레이크, Event버스, 로드밸런서 등 구축 |
| | | | Front-End (UI) 개발 & Test | - 사용자 Interface (UI) 구현 Test<br>- Interface 명세서 작성 (산출물) |
| | | | 빌드·배포 | - Docker, 쿠버네티스 등 컨테이너 기반으로 Micro-Service Build/Release<br>- Build후 테스트된 결과물을 배포 |
| | | | 사용자 Test | - 사용자/개발자 동시 Test<br>- 개선 요구사항 반영 (Feedback후 개선) |
| | | 테스트 | 통합 Test | - Micro-Service간 연계, System 성능 Test 수행 & 개선 (사용자 환경고려)<br>- Test후 New Version Release |
| | | 이행 | 데이터 이행 | - 기존 System의 Data → Cloud Native 전환 & 신규 System 구축시 기존 Data 이행 |
| | | | 릴리즈 | - Cloud Native 환경 Test 완료된 |

| | | | |
|---|---|---|---|
| 이행 | (운영이관) | Application을 운영환경으로 Release | |
| | 안정화 & 운영 | Cloud Native 정보 System 구축후 서비스 안정화 & 사후관리 | |

"끝"

## 문 78) MSA (Micro Service Architecture)

답)

### 1. SOA(서비스지향구조) 사상 근간, MSA 개요

가. CI/CD · 운영효율화, MSA의 정의
- SOA 사상 근간한 대용량 Web 서비스 개발에 적합, Micro Service 단위로 분할·독립·운영 가능한 아키텍처

나. Micro Service Architecture (MSA) 특징

| | |
|---|---|
| Programming | Fine Grained (세밀요소로 나눔)으로 프로그래밍 |
| De-Coupled | 여러 서비스 Loosely Coupled 결합 |
| Interface | API Gateway 통한 부하분산 인터페이스 |
| Independent | 각 Micro 서비스별 독립적 기능수행 |
| Conway's Law | 서비스 구성은 Design, 구현 조직 기반으로 |

### 2. MSA 구조 및 기술요소 설명

가. 마이크로 서비스 아키텍처

```
┌─────┐   REST
│Web UI│──API──┐         ┌─────────────────┐
└─────┘       │         │  ┌──────┐   ┌──┐ │
              ▼         │  │주문서비스│──│주문│
┌─────┐    ┌──────┐   ──┼─▶└──────┘   │DB │ │
│Mobile│──▶│ API  │──▶│   마이크로서비스  └──┘ │
└─────┘    │Gateway│   │  ┌──────┐   ┌──┐ │
           └──────┘   ──┼─▶│결재서비스│──│결재│
┌─────┐       ▲         │  └──────┘   │DB │ │
│client│──────┘         │             └──┘ │
└─────┘                 └───────cloud──────┘
```

- API Gateway 통한 Micro Service 관리, 오케스트레이션, 부하분산, 보안기능. Client에서 REST API call

나. MSA의 기술요소 설명

| 분야 | 기술요소 | 설명 (기능) |
|---|---|---|
| 서비스 결합 | API Gateway | 오케스트레이션, 부하분산, 보안등 |
| | OAuth 2.0/3.0 | 인증토큰 API로 제공 |
| 사용자 I/F | HTTP, REST | 요구, 응답, CRUD operation |
| | AMQP | Queue 기반 통신 |
| 프로비저닝 | IaC | Script 통한 Provisioning 자동화 |
| | 쿠버네티스 | Docker등 컨테이너 배치 자동화 |
| 내부통신 | Service Mesh | 서비스간 통신 추상화 7계층통신 |
| 활용 | 서버리스 컴퓨팅 | Service 별 자동 Scale In/out |

- AMQP : Advanced Message Queuing Protocol
- IaC : Infra. as Code : 인프라 상태를 Code로 관리
- Provisioning : IT와 Cloud 환경에서 자원을 설정, 관리하여 사용자가 사용할수 있도록 만드는 과정

3. MSA와 SOA의 상세 비교

| 항목 | MSA | SOA |
|---|---|---|
| Service 사상 | SOA에 비해 경량화, 실용화된 Service | Service 단위 (Unit) 라는 사항의 큰 개념 |
| I/F 허브 | API Gateway | ESB |
| state | Stateless | Stateful |
| 메시지 타입 | 비동기식 (Async.) | 동기식 (Sync.) |
| DB | RDBMS, No-SQL MMDB등 다양 | 대용량 RDBMS 위주 |

| | | |
|---|---|---|
| 사용 메시지 Protocol | HTTP, REST, AMQP 등 경량형 프로토콜도 사용 | HTTP, SOAP, XML, REST, JSON 등 |
| 시장주도 | 글로벌 Internet 기업의 Web service 기반 | ESB 제품 & 공급 벤더(Vendor) 기반 |
| 확장성 | Service 및 클러스터(Cluster) 확장 용이 | 모놀리틱 기반 인프라 구성으로 확장 제약 |

"끝"

문 79) Micro Service 아키텍처로의 전환이유와
전환예시를 들어 설명하시오

답)
1. 모놀리식 아키텍처 한계 극복, M/S 아키텍처 전환

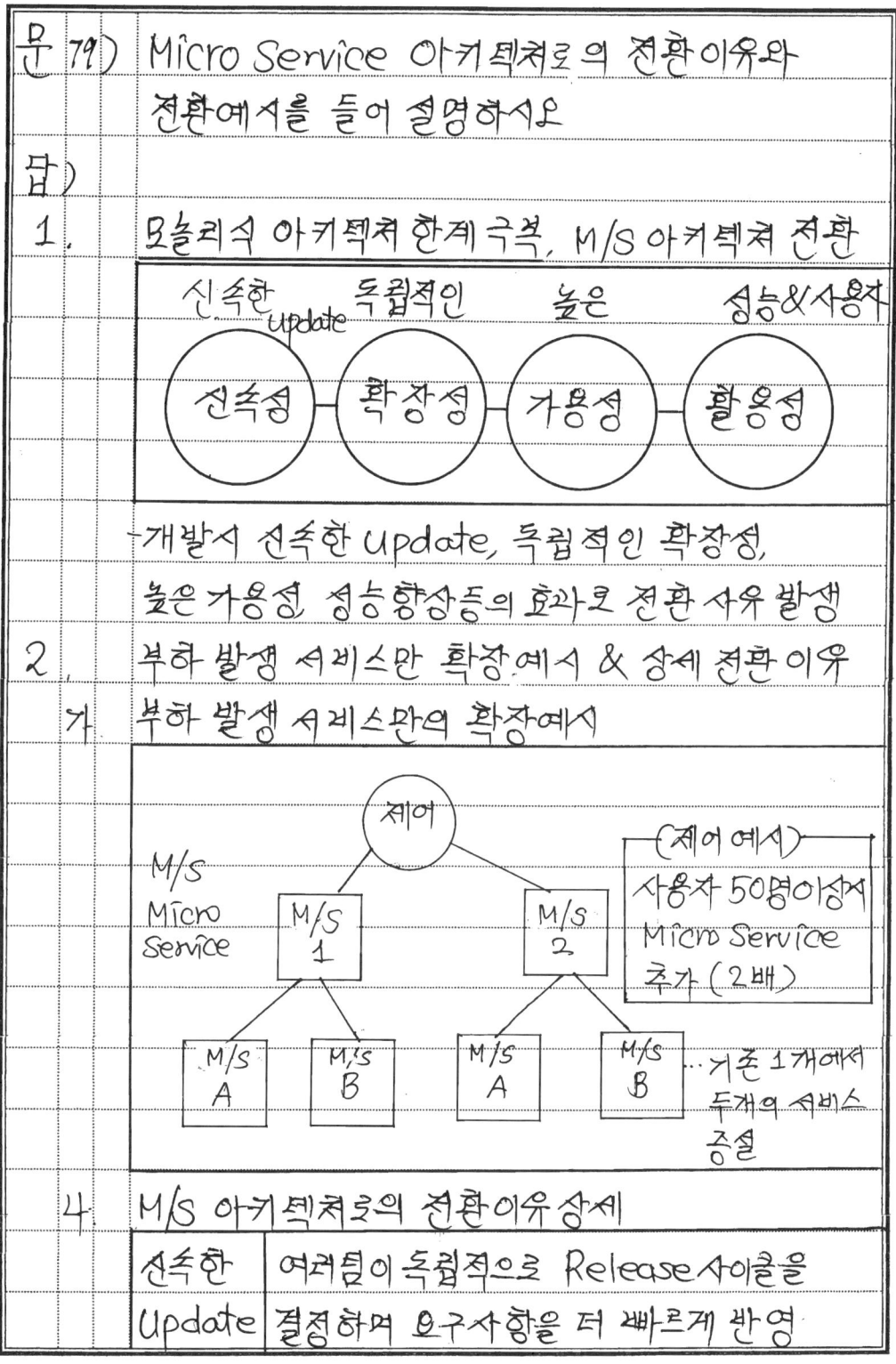

- 개발시 신속한 Update, 독립적인 확장성,
  높은 가용성, 성능 향상 등의 효과로 전환 사유 발생

2. 부하 발생 서비스만 확장예시 & 상세 전환이유
   가. 부하 발생 서비스만의 확장예시

   [제어 예시]
   사용자 50명 이상시
   Micro Service
   추가 (2배)

   …기존 1개에서
   두개의 서비스
   증설

4. M/S 아키텍처로의 전환이유 상세

| 신속한 Update | 여러팀이 독립적으로 Release 사이클을 결정하며 요구사항을 더 빠르게 반영 |

| | | |
|---|---|---|
| 독립적인 | 부하가 발생하는 서비스만 독립적으로 | |
| 확장성 | Scale-out/In이 가능한 구조 | |
| 높은 가용성 | 장애를 하나의 서비스(Service)에만 고립시켜 전체적인 서비스에는 영향을 미치지 않음 | |
| 성능과 유저경험 | Application의 size가 축소됨에 따라 시작 시간과 Scaling 시간이 단축되는 효과 | |

3. Micro Service 아키텍처의 전환예시

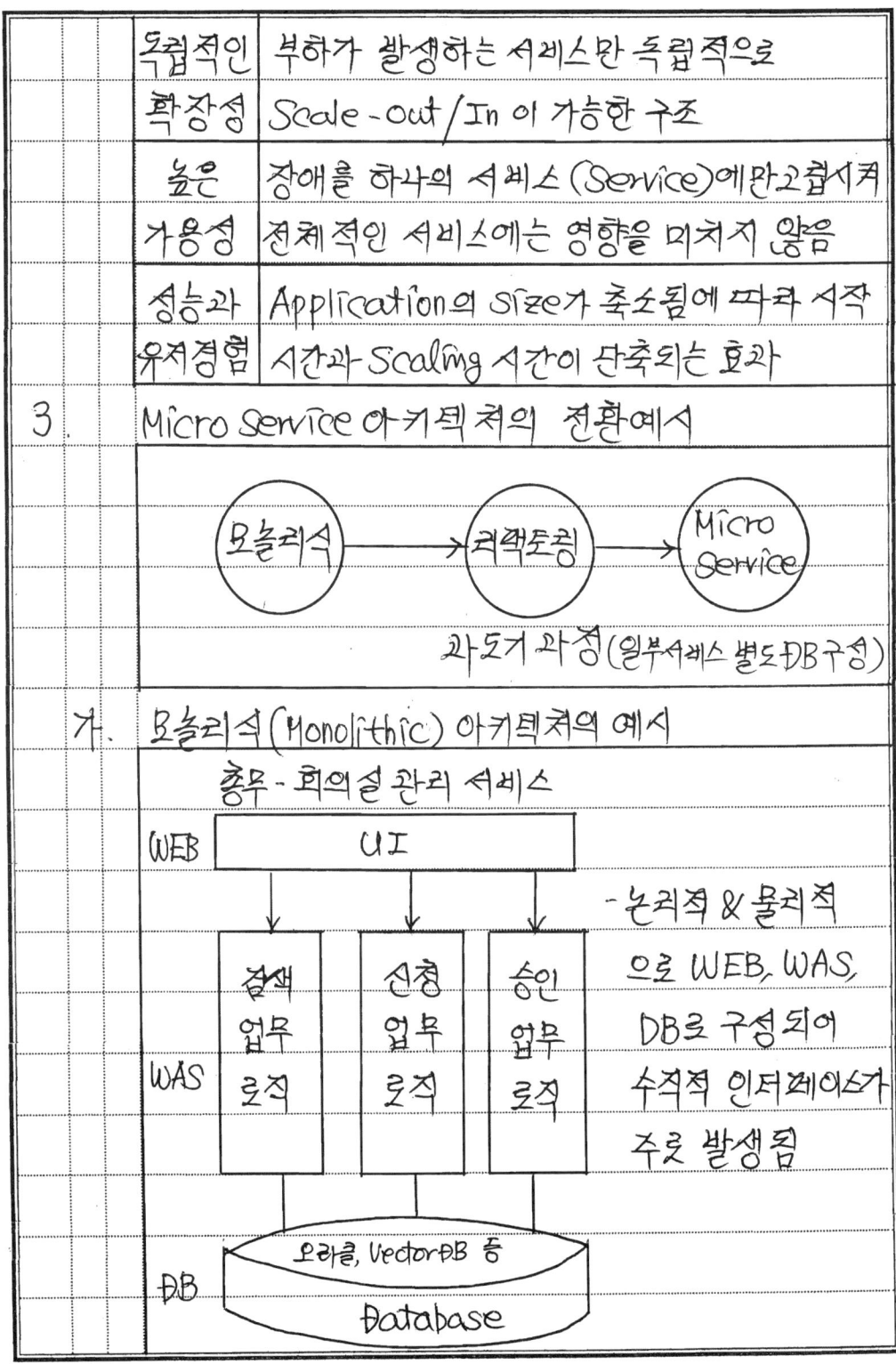

과도기 과정 (일부 서비스 별도 DB 구성)

가. 모놀리식(Monolithic) 아키텍처의 예시

총무 - 회의실 관리 서비스

```
WEB  [        UI        ]
        ↓    ↓    ↓
WAS  [검색][신청][승인]
     [업무][업무][업무]
     [로직][로직][로직]
        
DB   ( 오라클, VectorDB 등 )
     (      Database       )
```

- 논리적 & 물리적으로 WEB, WAS, DB로 구성되어 수직적 인터페이스가 주로 발생됨

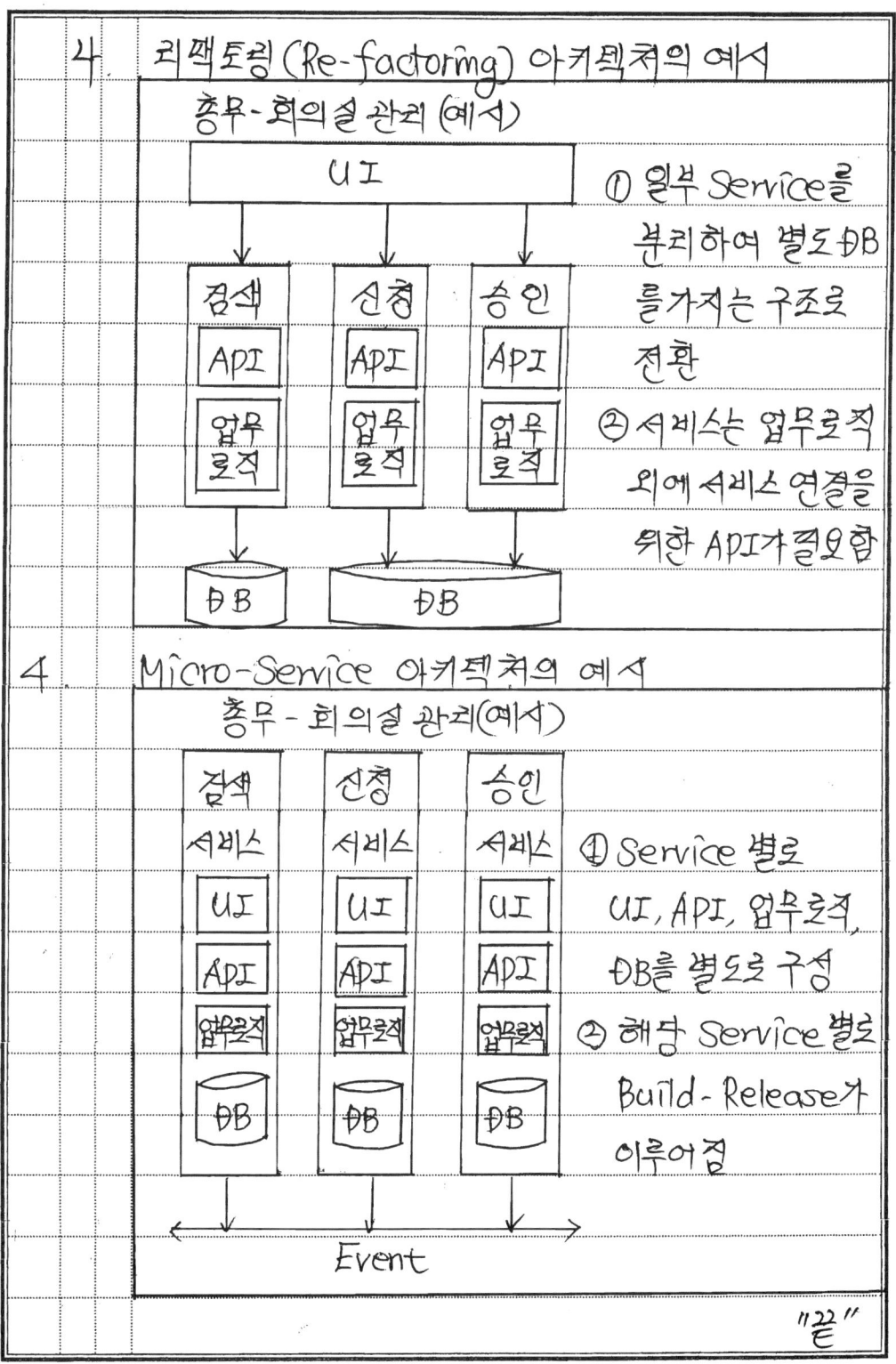

문 80) API(Appl. programming I/F) Gateway
답)

## 1. MSA구현, API Gateway 개요

### 가. MSA환경 Service 부하분산 API Gateway 정의
- MSA구현 & API 서버의 Endpoint 관일화 위해 서비스 Routing, 인증, SSL Offloading 기반 Backend System & Service Access 제어 아키텍쳐

### 나. API Gateway 개념도

| Client | API Gateway | Micro Service | DB |
|---|---|---|---|
| Client, UI, Mobile | Routing / API변환 / 부하분산 / 서비스목록 / 보안정책 ..... | 고객 / 주문 / 상품 / 결재 | DB / DB / DB / DB |

←Proxy 서버역할

- Micro Service 위한 Routing, 부하분산, 보안, 변환 등록, Service 간 통신, 스케줄링등 중간 통제 역할

## 2. API Gateway의 역할 & 주요기능

### 가. API Gateway 역할
Proxy 서버 역할, 인증/권한관리, 모니터링, 로깅등 수행

| 구분 | 역할 | 동작 형태 |
|---|---|---|

| | | | |
|---|---|---|---|
| 서비스 연결측면 | | Client 요청 변환 | Client 등 요청에 대해 내부 Micro-Service 처리가능하도록 서비스 변환 |
| | | Backend 처리결과 반환 | Microservice 처리결과를 Client에 적합한 형태로 변환하여 전달 |
| 처리측면 | Data | 내부 Data 보호 | 내부 Infra. & 통신 Data 암호화 처리를 통해 내부 Data 보호 |
| | | 접근통제 | 비인가자 접근 차단을 위해 계정증명 & 보안 정책기반 권한 확인 |

4. API Gateway 주요 기능

① Routing
② 인증 (Authentication)
③ SSL Offloading
④ Response Caching
⑤ Logging

Client → API Gateway → Service A / Service B
Identity Provider

| No | 기능 | 동작 & 효과 설명 |
|---|---|---|
| ① | 라우팅 | 로드밸런싱, 엔드point & 메시지/헤더 기반 라우팅 |
| ② | 인증/인가 | API Token 생성 & 발급, 인증 & 권한 검증 |
| ③ | SSL Offloading | Proxy 기반, 서버앞단 SSL Offloading 처리 |
| ④ | 응답캐싱 | API Call 시간 & API 공급자 백엔드 부하감소 |
| ⑤ | 로깅 | 경로별 호출 Log 기록/관리, Log pattern 분석 |

3. API Gateway와 EAI, ESB 비교

| 항목 | API Gateway | ESB | EAI |
|---|---|---|---|
| 개념도 | API G/W (외부) — 서비스 — 서비스 — REST(HTTP) — API G/W (내부) | System — System — SOAP (HTTP XML) — ESB | System — System — Adapter — Adapter — EAI |
| 전송방식 | REST(HTTP/JSON) | SOAP(XML/HTTP) | Adapter 기반 1:1, 허브 |
| 기술요소 | API Token/라우팅, 중재 | SOAP, ESB패턴, Interaction Link | Adapter, EAI, Message Queue |
| 장점 | 메시지 경량화, 서비스 단순화, 관리 효율성 | 통신표준화, 분산구조, 재사용성 | 이기종 연동, 유지관리 효율성 |
| 단점 | API G/W 부하, SPoF 리스크 | 복잡한 Spec, XML 적용한계 | 비표준화, APP. 통합에 한계 |

- SPoF : Single Point of Failure, 허브에서 장애 야기
- MSA(Micro Service Architecture) 등의 API Gateway의 SPoF 단점을 보완하기 위해 외부와 연동 시 API Gateway를 적용하고 내부 연동에는 Service Mesh 방식의 아키텍처를 고려 필요

4. API Gateway 적용시 고려사항

| 구분 | 고려사항 | 세부 내용 |
|---|---|---|

| | | | |
|---|---|---|---|
| | System 운영측면 | 병목현상 발생여부 | 로드 밸런싱(Load Balancing)및 Scale-out 체계 적용고려 |
| | | Delay 발생 가능 | 추가 계층 생성(API GW 추가)으로 인한 Network 지연 발생 고려 |
| | Service 개발측면 | 유경험자 참여 | API Gateway 구현 경험 부족에 따른 Service 구현 지연 및 완성도 미흡 |
| | | 적정성능/ 용량설계 | 대용량 Data 수용 가능한 System 성능 및 용량 설계 필요 |

"끝"

문 81) API Gateway 필요성, 고려사항

답)

## 1. API Call 단일진입점, API Gateway 개요

### 가. Service Broker (중개자), API G/W 정의
- API client (사용자 기기의 Application)와 Back-end 서비스 (Server에 위치) 사이, 중개자 역할 수행 관리 Tool

### 나. API Gateway 역할

( 라우팅 ) ( 부하분산 ) ( API 변환 ) ( 보안정책 ) ( 인증/권한관리 ) ( Logging ) ( 모니터링 )

→ 캐싱, 프로토콜 & 데이터 변환 등

## 2. API Gateway 구조 & 필요성

### 가. API Gateway 구조

```
                    <Broker역할>        ┌─ Domain 분리
                                        ┌──────┬────┐
                                        │ 고객 │ DB │
   ┌────────┐       ┌──────┐            └──────┴────┘
   │ Client │───────│ API  │                ↕ 세부기능
   └────────┘       │Gate- │            ┌──────┬────┐
                    │ way  │            │ 주문 │ DB │
   UI, Mobile,      └──────┘            └──────┴────┘
   UX, 모델 등                                ....

   client          API G/W           Micro-Service
```

- client, API Gateway, Micro 서비스, DB로 구성

### 나. API G/W 필요성

| 구분 | 필요성 | 설 명 |
|------|--------|-------|
| 효율성 향상측면 | 개발 | 다양한 고객 대상 공통 모듈, 경량화 |
| | 관리 | API 제공 기반 점점 일원화, 관리용이 |

|  |  |  |
|---|---|---|
| | 확장 | Cloud Service 기반 Scale-out |
| 보안성 강화측면 | 인증&인가 | 신분 확인 & API 호출 권한 확인 |
| | 모니터링강화 | 관리 대상에 대한 모니터링 & 로깅 |
| | 암호화 | Endpoint 구간에 암호화 적용 |

- 모놀리틱 아키텍처와 달리 MSA는 Domain 별 Data 저장 & 서비스를 수행, Client 입장에서는 다수의 End-point가 생김. MSA 환경에서는 서비스통합가능 API G/W 필요

3. API Gateway에서 고려사항

| | |
|---|---|
| 확장성 문제 | -프로비저닝: API와 서비스양 확대시<br>-API G/W구성: H/W, S/W, N/W 대역폭 고려 |
| 단일장애지점 (SPoF) | -API 중앙 집중관리에 따른 단일 접점<br>-G/W 자체 공격 & 침투 고려된 보안정책필수 |
| Gateway종속성 | 타 공급업체 이동시 비용 & 시간 다수소요 |
| 공급업체 종속성 | Open Source Gateway 사용. |

"끝"

문 82) API 게이트웨이(Gateway)의 위치

답)

## 1. Micro-Service의 제공자, API G/W 정의
- Client(UI)와 API 형태로 Interface를 제공하는 Micro-Service 사이의 단일한 접점으로써 Client 요청에 대한 Routing 기능을 수행하는 Service

## 2. API Gateway의 위치

| UI (Appl.) | API G/W | Micro-Service | DB |
|---|---|---|---|
| 사용자 (Appl.) | API G/W | 서비스 A | A |
| 사용자 (Appl.) | | 서비스 B | B |
| 사용자 (Appl.) | | 서비스 C | C |

| UI (Appl.) | API Gateway | Micro-Service |
|---|---|---|
| 사용자 & 외부 System에서 Service 요청 | 요청에 알맞은 마이크로 서비스로 Routing (전달) | API 서비스 제공자로 REST API 기반의 서비스 지원 |

## 3. API Gateway 부연 설명

① 사용자(UI, Appl.)와 API을 제공하는 내부 Micro-service의 중간에 위치함
② Micro-service에 대한 단일한 접점(End Point)을 외부에 제공함. API 중개자(Broker)로서 다수 API서버(마이크로서비스)의 관리와 Monitoring을 용이하게함

"끝"

문 83) 서비스 메시(Service Mesh)

답)

1. MSA 구현, Service Mesh의 개요
   - Service 앞단에 경량화된 프록시(proxy, 반드시 거치는 서버)를 배치하여 Service 간에 통신을 제어(Control)하는 아키텍처 Pattern

2. Service Mesh 아키텍처 & 기술요소

   가. 서비스 메시의 아키텍처

   ```
                  ┌─Service Mesh Control─┐
                  │                       │      Control plane
                  ▼                       ▼      ─────────────
                                                 Data plane
   ┌── Computer A ──┐          ┌── Computer B ──┐
   │  Sidecar proxy │          │  Sidecar proxy │
   │ ┌────────────┐ │          │ ┌────────────┐ │
   │ │Circuit Breaker│          │ │Circuit Breaker│
   │ ├────────────┤ │          │ ├────────────┤ │
   │ │Service Discovery│        │ │Service Discovery│
   │ └────────────┘ │          │ └────────────┘ │
   │                │          │                │
   │  Service 1     │          │  Service 2     │
   │ ┌────────────┐ │          │ ┌────────────┐ │
   │ │ Biz Logic  │ │          │ │ Biz Logic  │ │
   │ └────────────┘ │          │ └────────────┘ │
   └────────────────┘          └────────────────┘
   ```

   나. Service Mesh 기술요소

   | 구분 | 기술요소 | 설명 |
   |---|---|---|
   | 아키텍처 | Control plane | 컨트롤러에서 프록시 설정, 정보통제 |
   |  | Data plane | 트래픽 설정따라 proxy에 전달 |
   | 컴포넌트 | Sidecar proxy | Sidecar Container 배포, 병렬로 구성, proxy 호출 |

| | | | |
|---|---|---|---|
| | 컴포넌트 | Service Discovery | Traffic 규칙과 구성(Config)을 Proxy에 배포(Release) |
| | | Circuit Breaker | Destination Rule을 정의하여 연결 & 이상 감지 |
| | 비즈니스 | Biz Logic | 비즈니스기능 & 데이터 입출력 |

3. Service Mesh의 이점
- Service 사이의 통신 Log 저장 & 분석 가능
- 효율적이고 안정적 서비스호출 가능
- 개발자는 서비스통신 관여 없이 Biz 목표에 집중
- Jaeger(분산 추적 System) 활용 진단 Easy
- 장애 발생시 서비스호출 재 Routing 가능

"끝"

문 84) Service Mesh

답)

## 1. MSA Runtime 복잡성 해소, Service Mesh 개요

### 가. Sidecar Pattern 사용, Service Mesh의 정의
- MSA 적용 System내 Service간 내부통신이 그물(Mesh) N/W 형태로 특정 모듈을 삽입하여 Appl.에 대한 Routing, 보안 & 안정성을 추구하는 도구(Tools)

### 나. Service Mesh 기대효과

| 〈MSA특성〉 | | Service Mesh | | 기대효과 |
|---|---|---|---|---|
| 서비스/인스턴스 증가 | 재사용 | | → | - 로드 밸런싱(부하분산) |
| 서비스간 통신 | 안정성↑ | | | - Service 탐색 |
| | | | | - Appl. 복구능력 향상 |

## 2. Service Mesh 통신방식 & 기능

### 가. Service Mesh의 통신방식 (Service간)

[다이어그램: 고객-Proxy, 상품-Proxy, 주문-Proxy, 결제-Proxy 간 정보 통신, Sidecar 패턴]

- Sidecar통해 그물통신, istio, linkerd, conduit 구현체

### 나. Service Mesh의 기능

| 구분 | 주요 기능 | 처리 방식 |
|---|---|---|

| | | | |
|---|---|---|---|
| | 서비스 | 서비스 탐색 | MSA Service Search |
| | Service 부하관리 | 로드밸런싱 | 부하분산, 스케줄링 |
| | | 라우팅 | Dynamic (동적) 경로, 최적화 |
| | | 회선차단 | 이상 Circuit (회선) Breaking |
| | 안전성 | Retry/Timeout | 오류제어, 장애시 재 Routing |
| | | SSL, TLS | 보안, 암/복호화, 캡슐화 등 |
| | Tracking (추적) | 분산 Tracing | Network 장애 log, 오류 Log 추적 |
| | | 메트릭수집 | 주요 N/W 정보/IP 등 수집 |

3  Service Mesh와 API Getway 차이

| 구분 | Service Mesh | API Getway |
|---|---|---|
| 적용되는 위치 | 내부망 Kubernetes 클러스터<br>서비스 내부통신 제어 담당 | 외부망과 내부망 사이<br>외부 트래픽 제어 담당 |
| 아키텍처 | -분산형 아키텍처<br>-SPoF 미생성 | -중앙집중형 아키텍처<br>-SPoF (Single Ponit of F) 생성 |
| 패턴 | -Sidecar Proxy 패턴<br>-호출자의 코드내 공급자의 주소를 찾는 방법<br>Fail over와 관련된 Code 삽입, Sidecar 형태로 Code 별도관리 | -Gateway Proxy 패턴<br>-호출자는 구현내용 알필요 없이 Gateway 호출하는 방법만 알면 G/W가 알아서 수행하는 방식 |

"끝"

문 85) 서비스 메시 (Service Mesh)와 API G/W 비교

답)

1. Micro-service간 통신, Service Mesh 정의
   가. 서비스 메시의 정의
   - Micro-service 간 안정적인 통신을 위한 가상의 인프라 (Infra) 계층으로 수많은 Service의 제어와 관리를 위해 Service간 통신이 중요, 서비스 메시는 이러한 Service간 내부통신 Infra/프로토콜 제공

   나. Service Mesh 구현방식

   [서비스메시에서 서비스호출 방식]

   | Proxy | → | Proxy |
   | 서비스 A | | 서비스 B |

   - Proxy에 Routing 규칙, Timeout, Retry 횟수 등을 설정하여 Micro-service의 비지니스 Logic과 분리 할수 있어 기존의 Service에 영향을 주지 않고 Service를 제어할수 있음

   [마이크로 서비스 / 프록시 서비스 구성도]

## 2. Service Mesh의 구성과 설명

### 가. Service Mesh의 구성
- 일반 Appl.에 비해 복잡한 환경과 그로 인한 기술적 구성요소를 필요로 하며 Service Mesh는 서비스의 제어(Control), 추적(Tracking), 관리(Management) 등 다양한 기능을 제공함

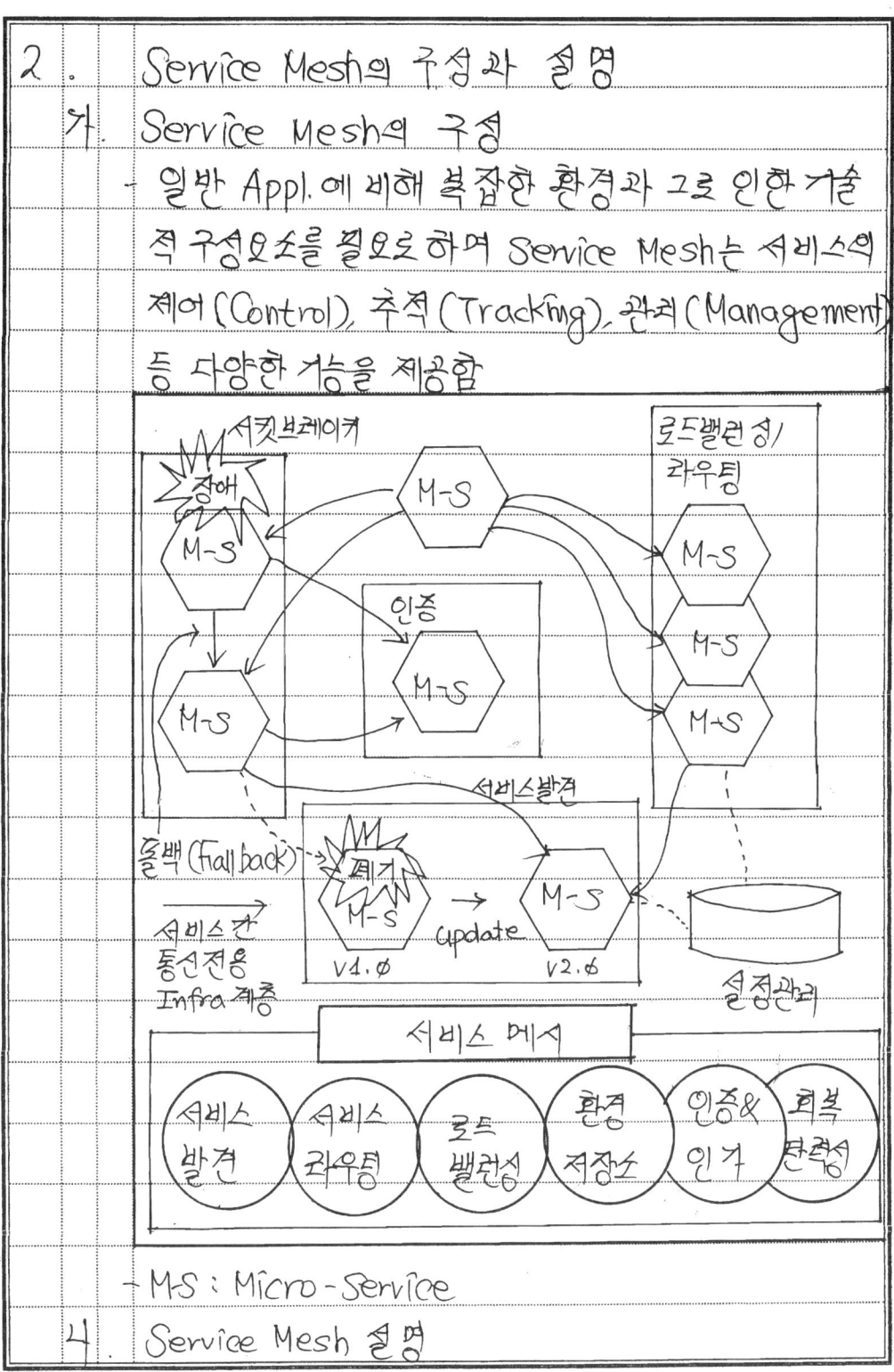

- M-S : Micro-Service

### 나. Service Mesh 설명

| 기능 | 설명 |
|---|---|
| 서비스 발견 (Service Discovery) | 서비스 레지스트리를 통한 서비스 검색을 통해 Micro-Service의 상태와 IP를 관리, 실시간 정상 서비스(Service) 정보 제공 |
| 서비스 라우팅 (Service Routing) | Client의 요청을 확인된 정상 서비스(컨테이너: Container)로 전달 |
| 로드 밸런싱 | Service Instance가 다수개로 구성된 경우 Traffic을 분산 처리 |
| 환경 저장소 | 환경정보를 Container 실행환경과 분리하여 외부 저장소에 보관 |
| 인증 & 인가 | 서비스 통신의 인증, 권한부여 & 암호화 등을 관리 (인증 & 인가) |
| 회복 탄력성 | 특정 Service의 장애나 응답지연이 다른 서비스로 전파되지 않도록 장애 회피 & 격리 |

3. Service Mesh와 API Gateway 비교

| 구분 | Service Mesh | API G/W |
|---|---|---|
| 동작위치 | 내부망(구 서비스 클러스터) | 외부망과 내부망 사이 |
| Routing | 서비스 간 처리 시 Local N/W 스택의 일부로 처리 | 별도 N/W에 도입되는 독립적인 API G/W 구성 |
| 핵심 기능 | - 내부 Appl. 간 통신을 Easy, 안전하게 제공<br>- 서비스 Code에서 Appl. | - 외부의 요청을 내부 서비스로 안전하게 전달<br>- Service를 관리형 |

|  |  |  |
|---|---|---|
|  | N/W 기능을 분리하고 오프로드할수있는 통신 인프라 | API로 노출 |
| 장애 발생 | 서비스별로 요청이 분산되어 Easy 확장가능구조(API G/W처럼 외부접속 확장가능) | API G/W에 모든 요청이 집중 (SPoF: Single Point of Failure) |
| 분석 | 내부망에 위치, Appl.의 N/W 경계에서 통신 | API에 대한 사용/공급자 call시 수집/분석 가능 |
| 구현 방식 | 원하는 Appl.간의 N/W를 정의하여 제도(쿠버네티스 기준) | Cluster 앞단에 API G/W를 구현하여 적용 |

- Off-Load : 장치가 여러개일 경우 작업량을 적절하게 할당, 자원 배분 스케줄링

"끝"

문 86) 서비스 디스커버리 (Service Discovery)
답)

## 1. MSA 환경, 동적 Service 관리, Service Discovery 개요

### 가. 유연성, 확장성 확보, Service Discovery 정의
- 서비스 Instance들을 식별하여 Service 등록, 검색, 서비스위치 자동 탐색하고 관리하는 System

### 나. Service Discovery의 등장배경

```
[모놀리식         →   [MSA]   ←  서비스간
 아키텍처]                       위치정보관리필요
                                (Service Discovery 탄생)

-하나의 Codebase    -스케일링(증가/감소)
-통신 단순          -이동, 재시작 빈번
                   -Service 독립적 배포
```

## 2. 서비스 디스커버리 (Service Discovery)의 종류

### 가. Client side Discovery

```
                    ┌─ Service (고객)
                    ├─ Service (주문)
        [Client]────┤
                    └─ Service (상품)
            ↑        동작
            │       → Client 서비스 Call시
        [Service            SDS에서비스위치 확인후
         Discovery          해당 Service call 방식
         서버 (SDS)]
```

| 장점 | Easy 구현, 서비스별 로드밸런싱(S/W적), 비용절감 |
|---|---|
| 단점 | 종속성(서비스별 로직구현), 언어/프레임워크별 구현 |
| 솔루션 | 유레카 (Eureka) - 넷플릭스사 |

## 4. Server Side Service Discovery

- Load Balancer 활용

```
Client ──→ Load 밸런서  ←── API Gateway ──→ 서비스 (고객)
           (Proxy)      ↘
              ① ↓        ──→ 서비스 (주문)
           Service       ↗
         ② Discovery ←──
           Server  (SDS) ──→ 서비스 (상품)
```

| | |
|---|---|
| 동작 | Client가 Load Balancer call 하면 ①에서 ②에 서비스위치 확인하여 해당 서비스로 Routing |
| 장점 | Client와 Discovery 로직분리, 단순성 |
| 단점 | 배포환경 구축/설정&관리 필요 SDS의 SPoF |
| 예시 | AWS Elastic Load Balancer (ELB), kubernetes 서비스 |

## 3. Service Discovery 역할 & 도입시 장점

### 가. 서비스 디스커버리 역할

| 역할 | 설 명 |
|---|---|
| 동적 서비스 탐색 | Dynamic 탐색, 고정된 IP주소와 Port 번호 대신 서비스가 동적 생성되고 소멸하는 환경에서 서비스 탐색 및 연결 지원 |
| Auto 스케일링 지원 | 서비스(Service)가 자동 수평확장(Scaling) 되는 상황에서 새로운 서비스 인스턴스(Instance)를 자동으로 감지하고 관리 가능 |

| | | | |
|---|---|---|---|
| | | 부하 분산 | Load Balancing, 여러 Instance 중 하나를 선택, Client 요청을 분산가능 |
| | | 오류 복구 | 장애가 발생한 서비스는 자동으로 제외되어 Traffic을 안정적으로 관리 |

4. Service Discovery 도입시 장점

| 항목 | 설명 |
|---|---|
| 유연한 서비스 통신 | Service 간 연결이 단순화되어 쉽게 대응 가능 (유연성, 확장성) |
| 운영 효율성 향상 | - 서비스 위치 자동관리 (수동 불필요)<br>- 운영 & 유지보수 부담 감소, 운영 효율성 |
| 장애대응력 강화 | 서비스 장애시 자동으로 다른 Instance를 사용하여 Service를 지속 제공 가능 |

4. Service Discovery 구현 방식

| 방식 | 설명 |
|---|---|
| DNS 기반 | - 가장 전통적인 방식, 각 서비스가 DNS에 등록후 Client가 DNS 도메인으로 접근 (Access)<br>- 장점: DNS 표준기술 활용<br>- 단점: Caching, TTL Issue ← 속도 느림 |
| 전용 레지스트리 사용 | - Discovery Server 사용<br>- Consul, Etcd, Zookeeper, Eureka 등<br>- 서비스 시작시 레지스트리에 등록/제거 |

| | | |
|---|---|---|
| | Cloud Native 구현 | - AWS ECS, EKS, Azure Container Apps, 등에서 각각 서비스 Discovery 기능 탑재<br>예) AWS Cloud Map, Azure Private DNS Zone, Google Cloud DNS<br>- 장점: Cloud 에서 자동 연동<br>- 단점: Cloud 종속성 (Solution 종속) |
| | 오케스트레이션 플랫폼 자체기능 | - Docker Swarm, Kubernetes는 내부적으로 서비스 정의서 이미 Service/Ingress/DNS 같은 Service Discovery 메커니즘을 제공<br>예) Kubernetes에서 객체 생성시, 내부DNS (ServiceName.namespace.svc.cluster.local) 가 자동생성, Pod의 IP 변화도 K8s가 추적, 라우팅<br>- 대규모 MSA에선 사실상 K8s Service가 Discovery 역할겸함 |

"끝"

문 87) 쿠버네티스(Kubernetes) (1)

답)

1. Cloud Native 실현, Kubernetes의 개요
   가. 고가용성, 관리용이등 Kubernetes의 정의
   - Container 기반 Application의 Service, Release, 확장 & 관리 자동화를 위한 Open Source Platform
   나. Micro Service 구조(MSA) 제어 가능, K8S 특징

   | 특징 | 설명 |
   |---|---|
   | 고가용성 (HA) | Cluster 구성시 노드(Node) 일부에서 장애가 발생하더라도 장애 발생 Node의 Container를 정상노드로 옮겨 서비스 지속유지 |
   | 격리 (Isolation) | Hosting된 Application의 완벽한 격리를 유지하며 Hardware를 최대한 활용 |
   | 제한없는 Appl. 실행 | 수천개의 Computer Node에서 Software Application을 실행 가능 |
   | 관리 용이성 | 기본 Infra.를 추상화하여 개발, 배포(Release)관 Management를 단순화 |
   | 다양한 관리기능 | 자동확장, 롤링배포, 계산자원, Volume 관리등 Container형 Appl. 관리 가능 |

2. Kubernetes의 구성도 & 구성요소
   가. Kubernetes의 구성도

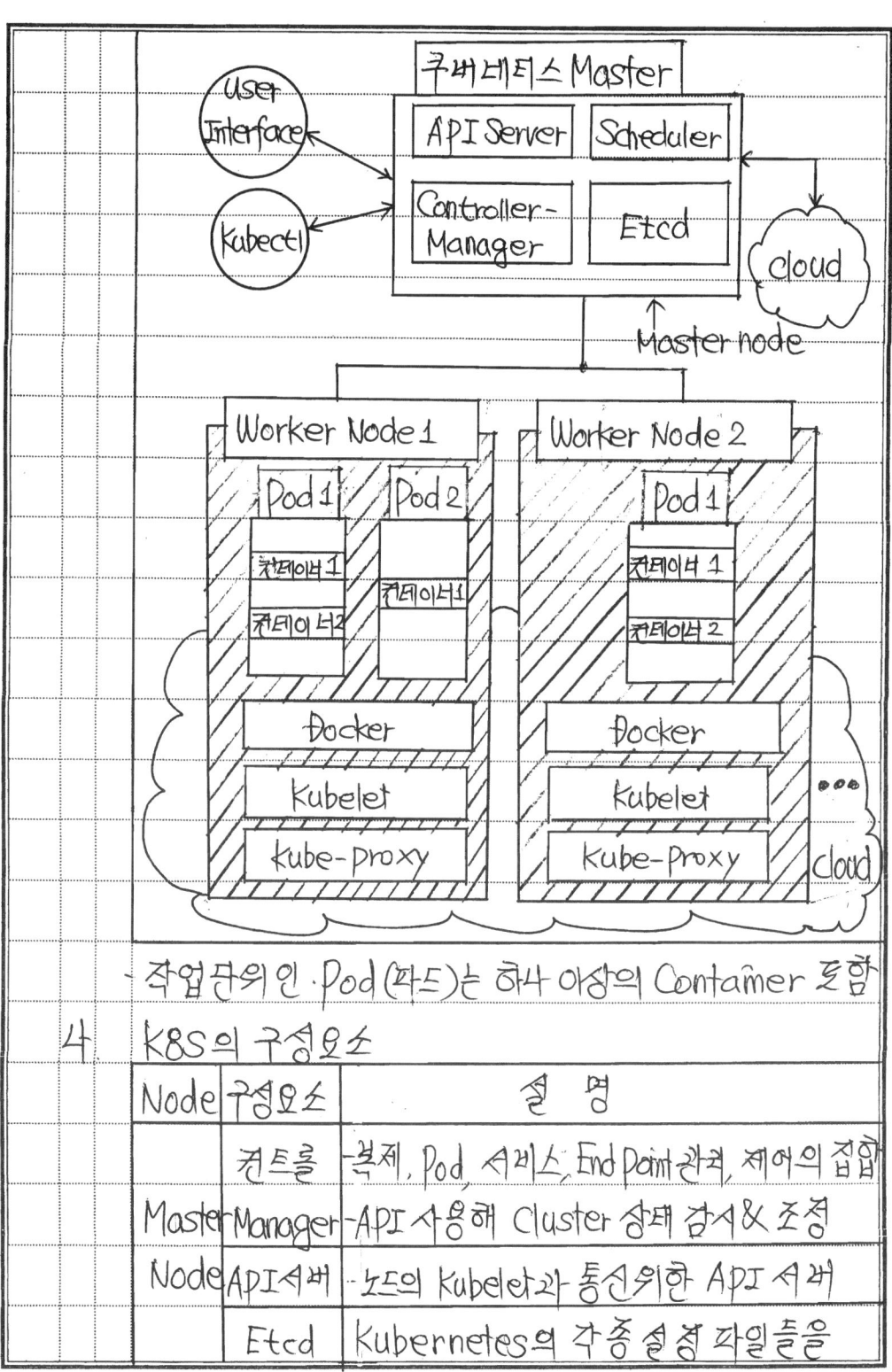

- 작업단위인 Pod(파드)는 하나 이상의 Container 포함

4. K8S의 구성요소

| Node | 구성요소 | 설명 |
|---|---|---|
| Master | 컨트롤 Manager | -복제, Pod, 서비스, End Point 관리, 제어의 집합<br>-API 사용해 Cluster 상태 감시 & 조정 |
| Node | API 서버 | -노드의 Kubelet과 통신위한 API 서버 |
|  | Etcd | Kubernetes의 각종 설정 파일들을 |

| | | | | |
|---|---|---|---|---|
| | | | Etcd | 저장(Store)하는 영구적 저장공간 |
| | | | 스케줄러 | 적재적소에 적합한 Node에 Pod를 할당하기 위한 Job Scheduler |
| | | | Kubelet | -각 Node에 Release되는 Agent<br>-Master API서버에서 전달된 명령 수행<br>-각 Node의 상태를 Master로 전달 |
| | | Worker Node | Kube-proxy | -노드에서 Input Traffic 로드밸런싱<br>-노드와 Master간 Network 통신관리 |
| | | | 컨테이너 런타임 | Pod를 통해 배포된 컨테이너를 실행하는 Container Runtime (Docker 사용) |
| | | | Pod | -Kubernetes의 작업단위<br>-각 Pod는 하나이상의 Container 포함 |

3. Kubernetes의 기대 효과

| 구분 | 기대효과 | 설명 |
|---|---|---|
| 생산성 | 환경구성 | 개발&품질/운영 환경까지 도커 |
| | 시간단축 | (Docker) 이미지를 통해서 관리 |
| | 동일환경제공 | 각종 의존성에 대한 Issue 해결 |
| 비용 | Infra | 개별 VM(Virtual Machine) 제공시 |
| | 비용감소 | 보다 성능 & 비용절감 가능 |
| | 작업시간 감소 | Service Fast 실행 & HA 확보를 통해 작업시간 감소 |

| | | | |
|---|---|---|---|
| | 관리 | UI기반 관리기능 | 운영자 친화적 UI 제공 |
| | | 다양한 Platform | Script & 관리 젬플릿을 통해 Container 관리 용이 |

"끝"

문 88) 쿠버네티스(Kubernates) (2)

답)

1. Container 오케스트레이션, Kubernates 개요

   가. Open Source platform, 쿠버네티스의 정의
   - Docker와 같은 다수의 Container (서비스)의 실행을 관리하고 조율, Container 배포, 관리, 수평확장 Networking을 자동적으로 수행하는 platform

   나. Kubernates의 특징

   | 특징 | 설명 |
   |---|---|
   | 고가용성 (HA) | Cluster 구성시 Node들 중 일부가 장애가 발생하더라도 장애 발생 Node의 컨테이너를 정상 노드로 옮겨가게 되어 서비스 연속성 유지 |
   | 격리 (Isolation) | Hosting된 Application의 완벽한 격리를 유지하면서 Hardware를 최대한 활용 |
   | 제한없는 Appl.실행 | 모든 Node가 하나의 거대한 컴퓨터처럼, 수천개의 컴퓨터 노드에서 S/W Application을 실행가능 |
   | 관리 용이성 | 기본 Infra를 추상화하여 개발 & 운영됨. 모두의 개발, Release & 관리를 단순화 |
   | 다양한 관리기능 | 자동확장, Rolling 배포, 계산 리소스 & 볼륨관리와 같은 Container형 Appl.을 위한 관리기능제공 |

2. Kubernates의 개념도 & 구성요소

가. 쿠버네티스 개념도

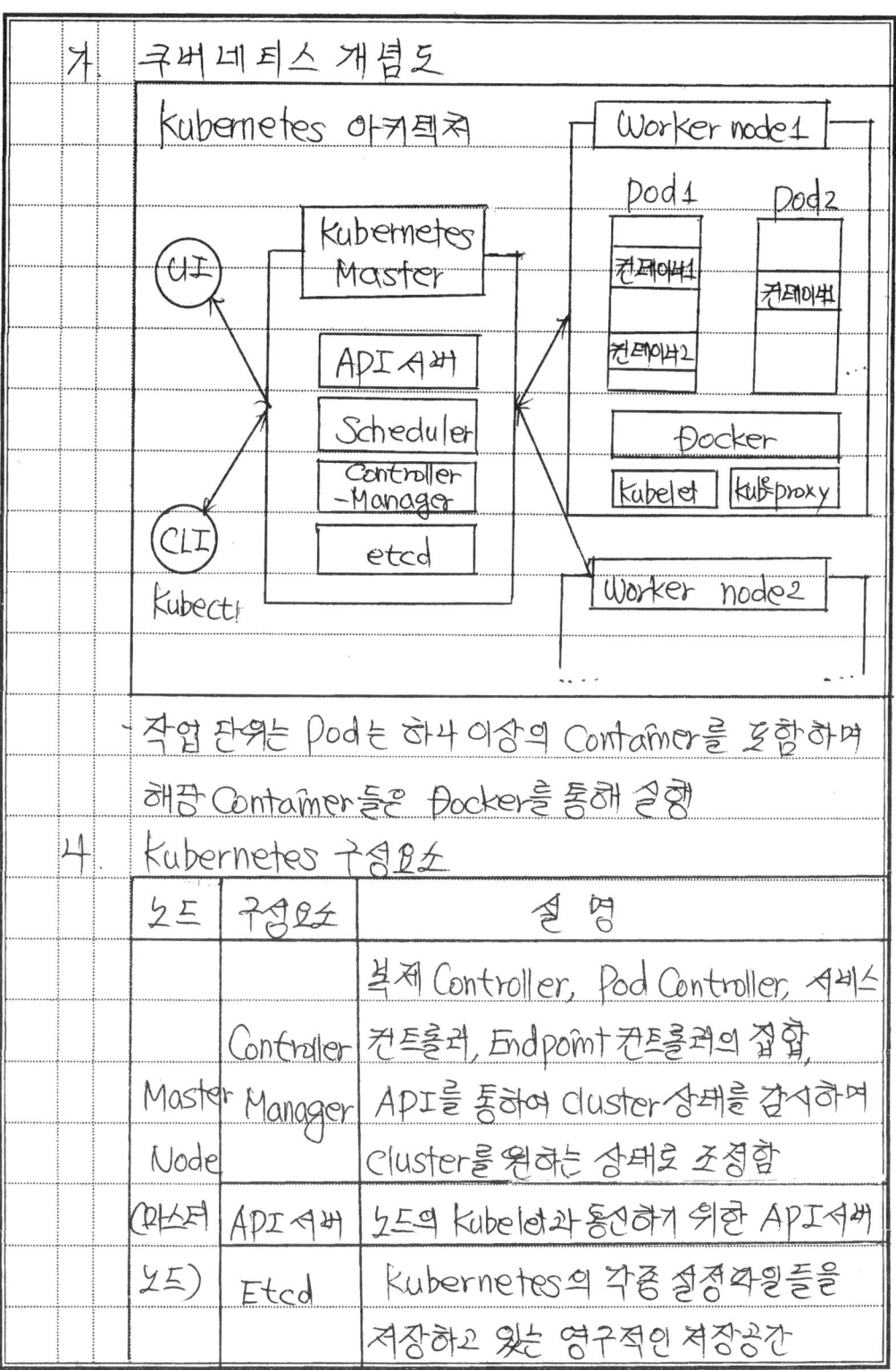

작업 단위는 Pod는 하나 이상의 Container를 포함하며 해당 Container들은 Docker를 통해 실행

나. Kubernetes 구성요소

| 노드 | 구성요소 | 설명 |
|---|---|---|
| Master Node (마스터 노드) | Controller Manager | 복제 Controller, Pod Controller, 서비스 컨트롤러, Endpoint 컨트롤러의 집합. API를 통하여 Cluster 상태를 감시하며 Cluster를 원하는 상태로 조정함 |
| | API 서버 | 노드의 Kubelet과 통신하기 위한 API서버 |
| | Etcd | Kubernetes의 각종 설정파일들을 저장하고 있는 영구적인 저장공간 |

| | | | |
|---|---|---|---|
| | | 스케줄러 (Scheduler) | 적재적소에 적합한 Node에 Pod을 할당해 주기 위한 Job scheduler |
| | Worker Node (워커 노드) | Kubelet | Node에 배포되는 Agent로 Master의 API 서버와 통신, Node가 수행해야 할 명령을 받아서 수행. 반대로 노드의 상태 등을 Master로 전달하는 역할 수행 |
| | | Kube-proxy | Node로 들어오는 N/W Traffic을 적절한 Container로 라우팅하고 로드 밸런싱 등 Node로 들어오고 나가는 N/W 트래픽을 Proxy 하고 Node와 Master 간의 N/W 통신 관리 |
| | | 컨테이너 Runtime (Docker) | Pod를 통해서 배포된 Container를 실행하는 Container Runtime. 보통 도커와 rkt(보안 강화 컨테이너), HyperContainer 등 다양함 |
| | | Pod | Kubernetes의 작업단위, 각 Pod는 하나 이상의 Container를 포함함 |

3. 쿠버네티스의 기대효과

| 구분 | 기대효과 | 설명 |
|---|---|---|
| 생산성 측면 | Fast Appl. 생성 & 배포 | VM 이미지 사용 대비 Container 이미지 생성이 쉽고 효율적임 |
| | 지속적 개발 통합 & 배포 | 안정적이고 주기적으로 Container 이미지를 Build해서 배포할 수 있고 |

| | | | |
|---|---|---|---|
| 관리적 측면 | 개발과 운영의 관점사 분리 | (이미지 불변성 덕에) 빠르고 쉽게 롤백 가능<br>배포시점이 아닌 Build/Release 시점에 Appl. 컨테이너 이미지를 만들기에,<br>Appl. Infra에서 지켜줄 힘 짐 | |
| | 가시성 | OS수준의 정보와 메트릭에 머무르지 않고<br>Appl. 상태와 그 밖의 정보 Monitoring | |
| | 일관성 | · 개발, Testing & 운영환경을 걸친 일관성<br>· PC에서도 Cloud에서와 동일하게 구동 | |
| 서비스 측면 | 이식성(Cloud & OS 배포간) | Ubuntu, RHEL, Google kubernetes Engine 등 다른 어디에서든 구동 가능 | |
| | Appl. 중심 관리 (추상화) | 가상 H/W의 OS에서 Appl.을 구동하는 수준에서 OS의 논리적인 자원을 사용하여 Appl.을 구동하는 수준으로 추상화 수준 향상 | |
| | 느슨한 커플링, 분산/유연, Microservice | Loosely Coupled, Appl은 단일 목적의 머신에서 모놀리식 Stack으로 구동되지 않고 보다 작은 Micro Service로 배포/관리 가능 | |
| | 자원 격리 | Appl. 성능을 예측 가능 | |

- MSA 환경에 맞는 Easy 구성 & TCO 절감, CAPEX/OPEX 감소 가능

"끝"

문 89) 구버네티스(Kubernates) (3)
답)

1. Open Source Container 오케스트레이션, K8S 개요
   가. 고가용성(HA), 관리용이, Kubernetes 정의
   - Docker와 같은 다수의 Container (서비스)의 실행을 관리하고 조율, Container Release(배포), 관리, 확장, Networking을 자동화 조율 기능을 수행하는 platform
   나. Kubernetes의 특징

   | 특징 | 설명 |
   |---|---|
   | 고가용성 (HA) | Cluster 구성시 일부 Node 장애시 해당 노드의 컨테이너를 정상 Node로 이동, 서비스 연속성 유지 |
   | 격리 (Isolation) | 호스팅된 Application의 완벽한 격리(Isolation)를 유지하면서 Hardware를 최대한 활용 |
   | 제한없는 Appl. 실행 | 모든 Node가 하나의 거대한 컴퓨터인 것처럼 수천개의 컴퓨터 Node에서 S/W Appl. 실행가능 |
   | 관리 용이성 | 기본 Infra를 추상화하여 개발 & 운영팀 모두의 개발, Release & 관리 단순화 |
   | 다양한 관리기능 | 자동확장, Rolling 배포, 계산 리소스 & 볼륨 관리와 같은 Container형 Appl. 관리기능들 제공 |

2. Kubernetes 개념도 & 구성요소
   가. Kubernetes 개념도

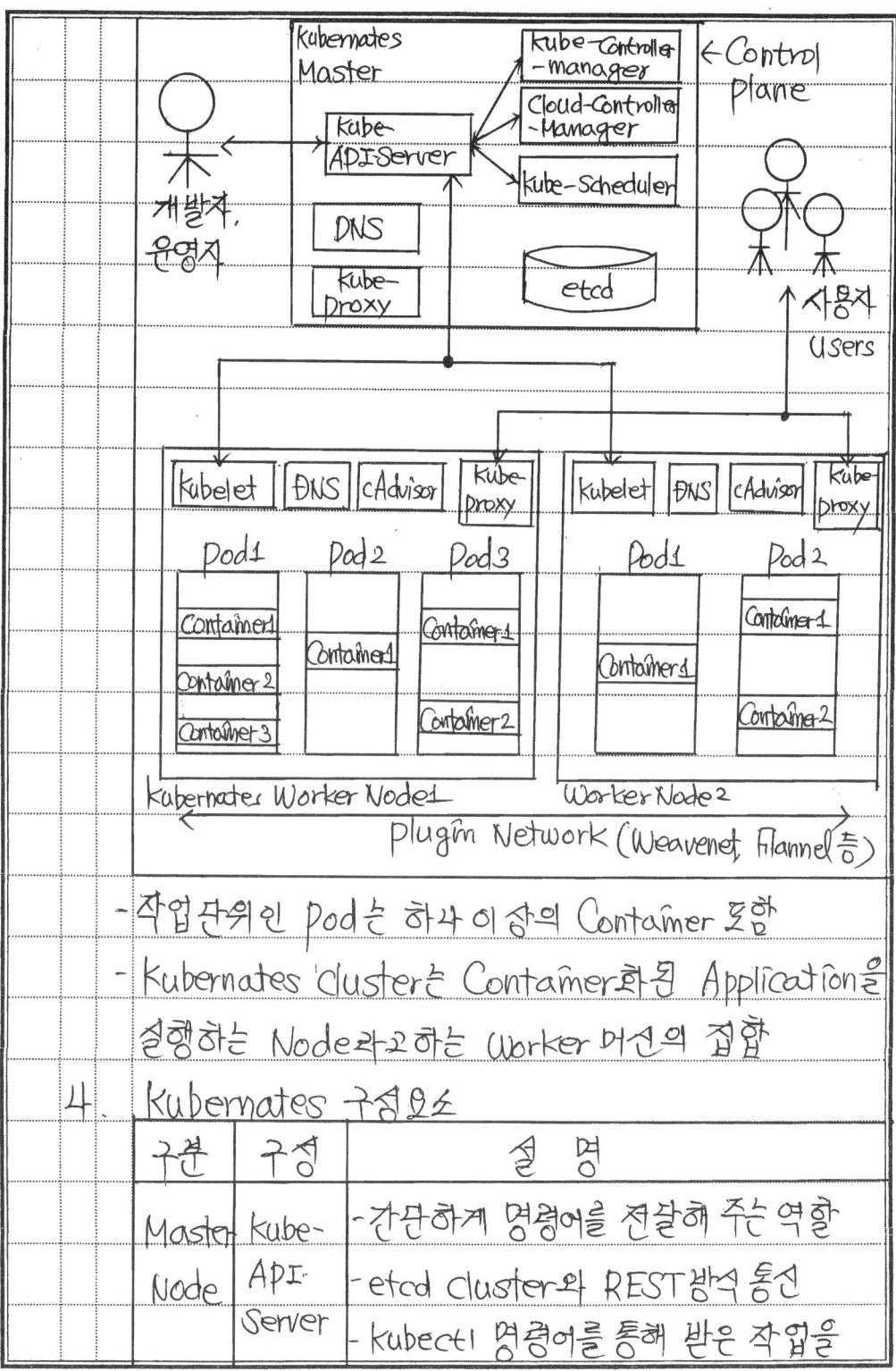

- 작업단위인 Pod는 하나 이상의 Container 포함
- Kubernates Cluster는 Container화 된 Application을 실행하는 Node라고 하는 Worker 머신의 집합

4. Kubernates 구성요소

| 구분 | 구성 | 설명 |
|---|---|---|
| Master Node | kube-API-Server | - 간단하게 명령어를 전달해 주는 역할<br>- etcd Cluster와 REST 방식 통신<br>- kubectl 명령어를 통해 받은 작업을 |

| | | | | API 서버로 전송 |
|---|---|---|---|---|
| Master Node (Control Plane) | | Kube-Scheduler | | - Pod, 서비스 등 각 자원을 노드에 할당 역할<br>- 공유상태 스케줄링(Shared-State Scheduling)으로 리소스 할당을 결정 |
| | | Kube Controller Manager | | 여러 Controller들을 생성하고 각 Node에 Release & 관리 역할 |
| | | | Replication Controller | Pod 기능 & 장애(Fault) 발생 시 새로운 Pod 생성(Create) |
| | | | Services Controller | 신규로 생성된 Pod의 부하분산 요청(Request) 관리 |
| | | | Node Controller | Node 장애 발생시 알람과 장애 조치 역할 수행 |
| | | | End-Point Controller | Service와 Pod를 연결 |
| | | Cloud Controller Manager | | Cloud 제공자 전용 Controller<br>(사내 & PC 내부 환경에서는 제외) |
| | | | Node Controller | Node가 Cloud(클라우드)상에서 삭제되었는지 식별 |
| | | | Router Controller | 기본 클라우드(Cloud) 인프라(Infra)에 경로 구성 |
| | | | Services Controller | Cloud 사업자 로드밸런서 생성, Update, Delete 등 |
| | | etcd | | 모든 Cluster Data를 담는 저장소 |

| | | | | |
|---|---|---|---|---|
| | | | Pod | Kubernates에서 가장 기본적인 배포 단위로 Container를 포함하는 단위 |
| | | Worker Node | Kubelet | - Node에 배포되는 Agent, Pod에서 Container 동작을 관리<br>- Master의 API-Server를 통해 명령수행 & 상태(State) 정보를 Master로 전달 |
| | | | Kube-proxy | - 컨테이너(pod)간 Network proxy & Load Balancing 수행, 간단한 L3 프록시<br>- 가상 N/W 상에서 Network Traffic Routing 수행 & 서비스와 Pod IP 관리 |
| | | | 컨테이너 Runtime | - Pod 통해 Release된 Container 실행<br>- Docker, Container Runtime Interface 구현 |
| | | | cAdvisor | Container Advisor, 컨테이너 모니터링 도구 |
| | | User | kubectl | 쿠버네티스의 명령 실행 도구 |
| | | | DNS | K8S Service 의해 DNS 레코드를 제공해 주는 DNS 서버 |
| | | Add-On | DashBoard | 쿠버네티스 Cluster를 위한 범용 웹 기반 UI |
| | | | Container Resource Monitoring | 중앙 Database 내의 Container들에 대한 포괄적인 시계열 Matrix를 기록하고 그 데이터를 열람하기 위한 UI 제공 |
| | | | Cluster-레벨로깅 | 검색/열람 Interface와 함께 중앙로그 저장소에 Container Log를 저장 |

- Kubernates 이외에 Docker가 공식적으로 만들어 Docker와의 연계가 용이한 Docker Swarm도 존재함

3. 쿠버네티스와 Docker Swarm 비교

| 구분 | 쿠버네티스 | 도커스웜 |
|---|---|---|
| 개념 | Google에서 제작된 다양한 Test도 만족하는 오케스트레이션 | 기존 Docker의 연계 용이하여 새로 배울 개념과 도구가 없는 오케스트레이션 |
| 특징 | VM, Bare Metal, 퍼블릭 Cloud 등 다양한 환경 작동 | Host OS에 Agent만 설치, 시간 안 작동, 설정 용이 |
| 규모 | 중/대규모 | 소/중규모 |
| 운영가능한 Host수 | 1000 Node | 1000 Node |
| 기술지원 | 기술 자료 풍부, CNCF와 협조 | 기술 자료 풍부, 기능의 간결함 |

- 운용성, 편의성, 규모 등 다양한 목적에 따라 적합한 platform 선정 & 활용 필요

"끝"

문 20) 쿠버네티스 (Kubernates (K8S))

답)

1. Container 관리 오케스트레이션, K8S 정의
   - 가상화 환경에서 Docker 기반의 Container에 대한 오케스트레이션, 프로비저닝 제공 기술

2. Kubernates 구성도 및 구성요소

   가. Kubernates 구성도

   ```
   (UI)  →  API   [API Server]   [Scheduler]
   (CLI) →        [Controller]   [ETCD]
                       |
            ┌──────────┴──────────┐
         [Pod]                 [Pod]
         Docker                Docker
         Kubulet               Kubulet
         Kubu-Proxy            kube-Proxy
   ```
   - Pod는 하나 이상의 Container도 함, Docker 통해 실행

   나. Kubernates 구성요소

   | 구분 | 구성요소 | 설명 |
   |---|---|---|
   | Master Node | Kubu API Server | 명령어 전달, REST방식 통신 |
   | | Kubu Scheduler | K8S 자원 Node에 할당 |
   | | Kubu Controller | 각 노드 Release& 관리 |

|   |   |   |   |
|---|---|---|---|
| | | Cloud Controller | Cloud 제공자 Controller |
| | | ETCD | 모든 Cluster 데이터 저장소 |
| | Worker Node | Pod | K8S Container 관리 단위 |
| | | kubelet | Master Node 명령 수행 |
| | | kube-proxy | Container간 Routing 수행 |
| | | 컨테이너 런타임 | Docker, CRI, CRI-O 구현 |

- Container화 Application, 변화에 민첩하게 대응

3. Kubernetes 스케줄링 절차

```
  인물      API Server      ETCD      Scheduler      Docker
   |           |             |           |             |
   |--Create-->|             |           |             |
   |           |---Watch---->|           |             |
   |<----------|<------------|           |             |
   |           |             |           |             |
   |           |---Watch---------------->|             |
   |           |<------------------------|             |
   |           |             |           |             |
   |           |---Watch------------------------------>| Create
   |           |             |           |             | Pod →
```

- Kubernetes는 API 통해 사용자와 상호작용 진행

"끝"

문 91) Kubernates 아키텍처와 주요기능
답)         (K8S)
                                            「K8S정의」
1. Container 오케스트레이션 open source platform
   - Container화된 Application을 자동으로 Release,
     Scaling, Management를 해주는 Container 오케스트-
     레이션 Open Source platform (Google)
   - kubernates 명칭은 조타수 & 파일럿 의미 (그리스어)

2. kubernates 아키텍처의 구성

```
┌─────────────────────────────────────┐
│           kubernates                │
│        컨테이너 오케스트레이션         │
│  ┌──────┐  ┌──────┐  ┌──────┐      │
│  │Appl. A│  │Appl. B│  │Appl. C│    │
│  │컨테이너│  │컨테이너│  │컨테이너│    │
│  └──────┘  └──────┘  └──────┘      │
│  ┌─────────────────────────────┐   │
│  │        Host (Node)           │   │
│  └─────────────────────────────┘   │
└─────────────────────────────────────┘

┌─────────────────────────────────────────────┐
│  Kubernates 클러스터                          │
│ ┌───────────────────────┐ ┌────────────────┐│
│ │노드  ┌─Master노드─┐   │ │┌─Master노드─┐노드││
│ │      │  관리모듈   │   │ ││  관리모듈   │    ││
│ │      └────┬──────┘   │ │└─────┬──────┘    ││
│ │      ┌────┴────┐     │ │      │            ││
│ │┌Worker노드┐┌Worker Node┐│ │┌ 워커노드 ┐     ││
│ ││  Pod    ││   Pod     ││ ││   Pod    │     ││
│ ││ 컨테이너 ││ 컨테이너   ││ ││ 컨테이너  │     ││
│ ││(Appl.A) ││ (Appl.B)  ││ ││(Appl.A)  │ ... ││
│ │└─────────┘└───────────┘│ │└──────────┘     ││
│ └───────────────────────┘ └────────────────┘│
└─────────────────────────────────────────────┘
```

## 3. kubernetes 주요기능

| 항목 | 설명 |
|---|---|
| Auto Recovery (자동화된 복구) | - 상태 선언 후 선언한 상태를 유지하고, Node가 죽거나 Container 응답이 없을 경우 자동복구<br>- 실패한 Container를 다시 시작하고, 컨테이너를 교체하며 '사용자 정의 상태검사'에 응답하지 않는 Container는 Killed, 즉, 서비스가 종료될 때까지 이러한 과정을 내부적으로 수행하며 Client에 보여주지는 않음 |
| 스케줄링 | Cluster의 여러 Node 중 조건에 맞는 Node를 찾아 Container를 배치 (스케줄링) |
| Cluster | - 가상 Network를 통해 하나의 서버에 존재하는 것처럼 동작 (가상화 기술 적용)<br>- Container된 작업을 실행하는데 사용할 수 있는 kubernetes cluster Node 제공 |
| Service Discovery | - 서로 다른 Service를 쉽게 찾고 통신<br>- DNS 이름을 사용하거나 자체 IP주소를 사용하여 Container를 노출할 수 있음 |
| 스케일링 (Scaling) | - Resource에 따라 자동으로 서비스 조정<br>- Container에 대한 트래픽이 많으면 N/W 트래픽을 로드밸런싱하고 배포하여 항상 안정적인 Release가 이루어질 수 있음 |

| | | | |
|---|---|---|---|
| | | 스토리지 오케스트-레이션 | 로컬(Local) 저장소, 공용 cloud 공급자 등과 같이 원하는 저장소 System을 자동(Auto) 탑재할수 있음 |
| | | 자동화된 롤아웃/ 롤백(Roll-out, Rollback) | -쿠버네티스를 사용하여 배포된 Container의 원하는 상태를 세팅할수 있고 현재 상태를 원하는 상태로 설정을 변경할수 있음<br>-예) 쿠버네티스를 자동화해서 배포용 새 컨테이너를 만들고 기존 컨테이너를 제거 후 모든 리소스를 새 Container에 적용 가능 |

"끝"

문 92) Cloud Native의 개발/실행 지원 서비스와 도구에 대해 설명하시오

답)

## 1. 최적의 개발/실행환경, Cloud Native 개발/실행서비스 [정의]

- Cloud Native Application을 실환경에서 효율적으로 배포하고 안정적으로 운영하기 위해서 Cloud Native Appl.에 최적화된 개발/실행환경을 지원하는 서비스

## 2. Cloud Native의 개발/실행 지원 서비스의 구성

```
┌─────┬──────────────────────────────┬─────┐
│ ①   │    ② 서비스 Mesh(메시)        │ ⑤   │
│ API │  (서비스     (설정    (장애   │ Back│
│Gate-│  디스커버리) 관리)    관리)   │ end │
│way  │                              │ 서비스│
│     │  (사용자    (서비스  (로드   │ (CN/W│
│  A  │   인증)    라우터)   밸런서) │  연결│
│  P  │                              │ 서비스)│
│  I  │           ┌─ ③ 컨테이너      │     │
│     │  (정책관리)│  오케스트레이션  │     │
│     │           │ (오토   (자원    │     │
│     │  Application│ 스케일링) 할당) │     │
│     │  실행 영역  │ (모니  (배포)   │     │
│     │  (메시지    │  터링)          │     │
│     │   전달)     │                │     │
├─────┴──────────────────────────────┤     │
│ ④                                  │     │
│ CI/CD  (빌드  (이미지 (배포  (플랫폼│     │
│ 자동화 자동화) 관리)  자동화) 자동화)│     │
└────────────────────────────────────┴─────┘
```

- Service Discovery : MSA로 구성되어 있는 서비스들은 각자 다른 IP와 Port를 가지고 있으며 다른 서비스의 IP와 Port를 탐색하는 것을 말함

3. 개발/실행환경은 Cloud platform이 제공하는 Service를 이용하거나 Open Source & 상용 S/W 활용

Cloud Native 개발/실행 지원 서비스와 도구

| 구분 | No | | 설명 | 도구 |
|---|---|---|---|---|
| 실행환경 | ① | API Gate-way | - API 형태의 서비스를 제공하는 마이크로서비스 앞단에서 End-Point를 단일화하여 외부 사용자에게 제공<br>- API에 대한 인증&인가, 여러 서버로 라우팅 기능 담당 | Spring Cloud G/W, 줄(Zuul), 콩(Kong) 등 |
| | ② | 서비스 Mesh (매쉬) | 여러 서버에 걸쳐 다수의 컨테이너 서비스에 대한 배포, 컨테이너 단위의 오토스케일링, 자원할당, 장애복구, 모니터링 등의 운영 자동화를 제공하는 Service | 쿠버네티스, Cloud 파운드리, Docker Swarm 등 |
| | ③ | 컨테이너 오케스트레이션 | - 대규모의 마이크로서비스를 실시간으로 제어, 관리<br>- Service 간에 통신을 하기위해 서비스 Discovery, 로드밸런싱, 장애 제어, 설정관리 등 제공 | Spring Cloud, 이스티오 (Istio) 등 |
| 내부서비스 | ④ | CI/CD | 개발, Test, 배포 process에 대한 도구기반 자동화 & 모니터링 제공 | 젠킨스, SVN, 깃, Bamboo |

| | | Back-end 서비스 | ⑤ Backing 서비스 | Cloud Native Application을 실행하기 위해 N/W으로 연결된 모든 서비스 (Backing Service) |

"끝"

문 93) Cloud Native의 Application 실행영역과 Backend 서비스에 대해 설명하시오

답)

## 1. Appl. 실행영역과 Backend 서비스의 정의

| Appl. 실행영역 | Cloud Native Appl.이 Container 단위로 배포(Release), 실행되는 실행 영역 |
|---|---|
| Backend 서비스 | Cloud Native Appl.을 실행하기 위해 N/W으로 연결된 모든 Resource (Backing 서비스) |

## 2. Appl. 실행영역의 구성

Container Runtime
- Container
  - Middleware
    - Appl.
      - 서비스 A
      - 서비스 B
- 컨테이너
  - 미들웨어
    - Appl.
      - 서비스 A
      - 서비스 B

오토 스케일링

- Application 실행영역은 Application, Middleware, 실행단위인 Container, Container 구동을 위한 Container Runtime으로 구성됨

## 3. Backend (Backing) Service의 구성

## CN(Cloud Native)

```
┌─────────────────────────────────────────────┐
│  ┌──────────────────────────┐   ┌────────┐  │
│  │  Appl. 실행영역            │   │         │  │
│  │  ┌────────────────────┐  │   │ 내부서비│  │
│  │  │ Container Runtime  │←─┼──→│   스    │  │
│  │  │      오토스케일      │  │   │         │  │
│  │  │  □ ········ □       │  │   └────────┘  │
│  │  │  컨테이너            │  │               │
│  │  │  □ ········ □       │  │   ┌────────┐  │
│  │  │  컨테이너            │←─┼──→│  외부   │  │
│  │  └────────────────────┘  │   │ Service │  │
│  └──────────┬───────┬───────┘   └────────┘  │
│             ↕       ↕                        │
│  ┌──────────────────────────┐ ┌────┐ ┌────┐ │
│  │ Backend  관리용 🍺 🍺      │ │Cache│ │MoM │ │
│  │ 서비스    DB  Master slave │ │     │ │(모니│ │
│  └──────────────────────────┘ └────┘ │터링)│ │
│                                      └────┘ │
└─────────────────────────────────────────────┘

- Cloud Platform에서 제공하는 Service, 외부 연계
  Service & 직접 구축한 서비스를 모두 포함
                                          "끝"
```

문 94) Cloud Native에서의 운영지원 서비스와 Cloud 인프라(Infra)에 대해 설명하시오

답)

## 1. 운영지원 서비스 / Cloud Infra의 정의

| 운영지원 서비스 | Cloud Native Appl. & Infra, 리소스, Disk, CPU, Memory 등에 대한 Log & 사용 Data 수집, 분석, 시각화 등의 모니터링 기능 제공 |
|---|---|
| Cloud Infra | Server, 스토리지, N/W 장비 등과 같은 Infra 구성요소로 Cloud의 IaaS에 해당 |

## 2. Cloud Native의 운영지원 서비스 구성

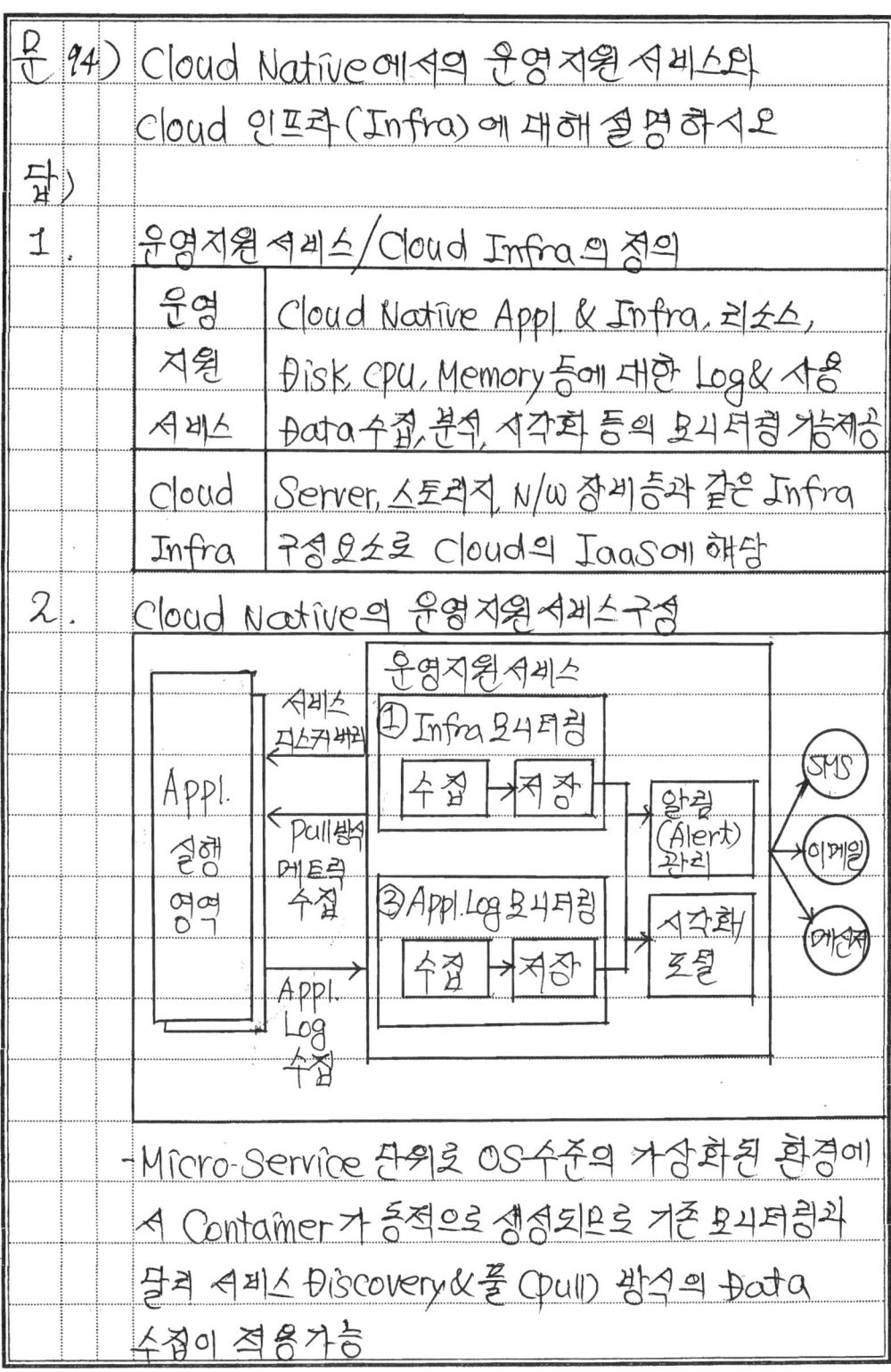

- Micro-Service 단위로 OS 수준의 가상화된 환경에서 Container가 동적으로 생성되므로 기존 모니터링과 달리 서비스 Discovery & 풀(Pull) 방식의 Data 수집이 적용가능

## 3. Cloud Native의 Infra 구성

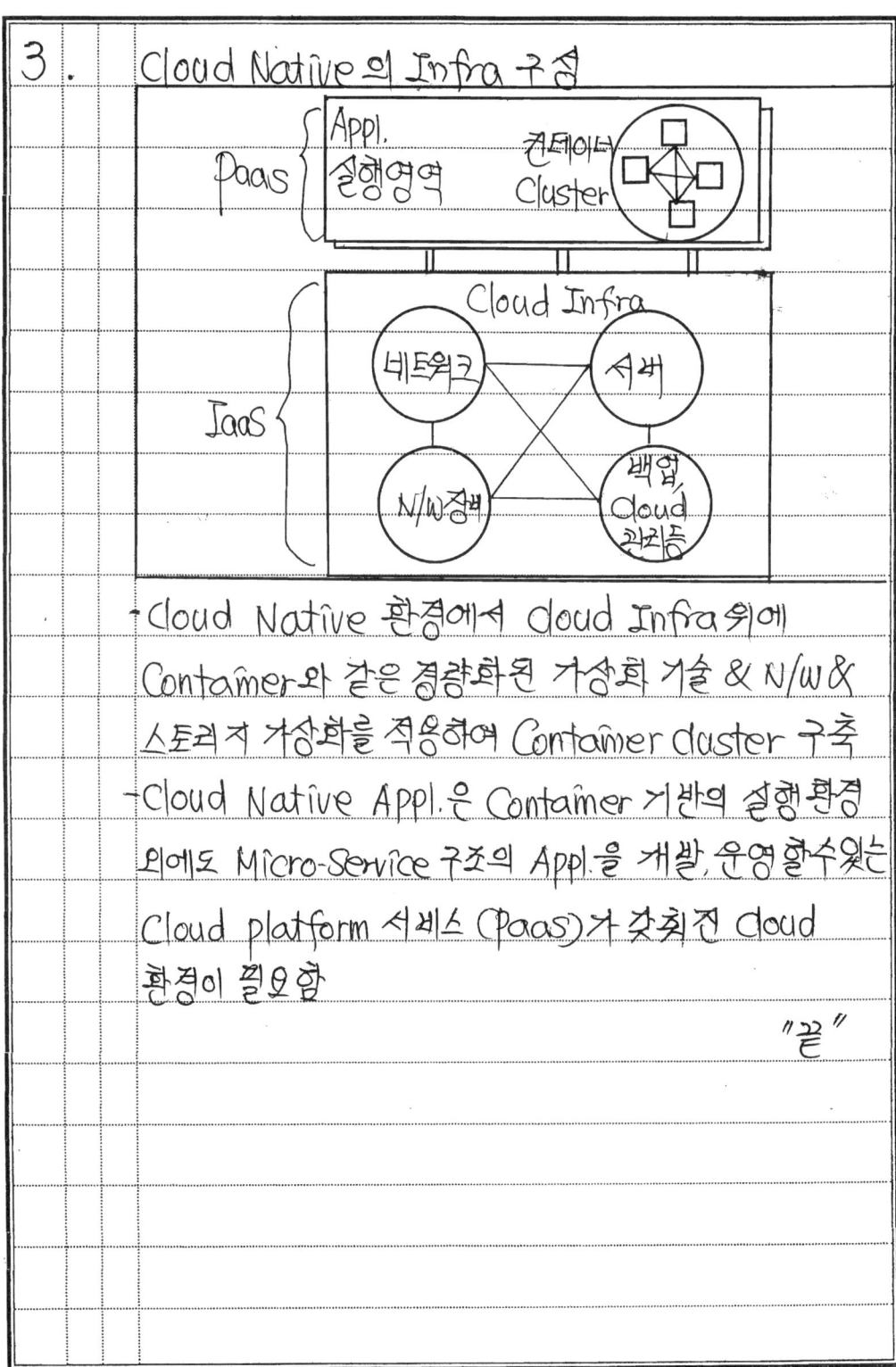

- Cloud Native 환경에서 cloud Infra 위에 Container와 같은 경량화된 가상화 기술 & N/W & 스토리지 가상화를 적용하여 Container cluster 구축
- Cloud Native Appl.은 Container 기반의 실행환경 외에도 Micro-Service 구조의 Appl.을 개발, 운영 할 수 있는 Cloud platform 서비스 (PaaS)가 갖춰진 cloud 환경이 필요함

"끝"

# PART 6

# 클라우드 네이티브 분석단계

마이크로서비스(Micro Service) 도출, DDD(Domain Driven Design) 설계, 바운디드 컨텍스트(Bounded Context)와 애그리거트(Aggregate), 컨텍스트 맵핑(Context Mapping), 업무기능분해를 통한 Micro-Service 식별 방안, Micro-Service 경계 도출 방안, Micro-Service 도출 예시, 이벤트 스토밍(Event Storming)을 통한 마이크로서비스 도출과정, Notation Rule 등의 기술을 답안으로 작성해 봄으로써 클라우드 네이티브에서 마이크로서비스의 도출과정을 이해할 수 있습니다.

[관련 토픽-12개]

문 95) 마이크로 서비스 (Micro Service) 도출 방안

답)

## 1. Cloud Native 핵심, Micro Service의 개요

### 가. Loosely Coupling, Micro Service의 정의
- 하나의 Application이 느슨하게 결합되고 독립적으로 배포(Release) 가능한 여러개의 작은 구성요소 또는 Service 형태로 구성된 아키텍처 방식

### 나. Micro Service 도출방식의 분류

```
                    신규 System 구축시
                  ┌─────────────────────┐
                  │ 도메인 주도 설계    │ - DDD 방법론 적용
                  │ (DDD: Domain        │ - Context 경계식별
   ┌─────┐        │  Driven Design)     │   (Bounded
   │Micro│────────┤                     │    Context 식별)
   │Service       └─────────────────────┘
   │ 도출 │        기존 산출물 활용
   └─────┘        ┌─────────────────────┐
                  │ 업무기능 분해       │ - 기능분해 활용
                  │ (Process            │ - 경험적인 원칙
                  │  Modeling)          │ - 업무(Biz) 단위
   [이벤트스토밍]  └─────────────────────┘
```

- 결합/응집도, 독립/자율성, 단일책임등을 고려하여 분리하거나 병합하는 과정을 반복하며 Micro Service를 식별하고 도출

## 2. Micro Service 도출의 상세

| | | | |
|---|---|---|---|
| | 가. | | Domain Driven Design |
| | | 식별 | DDD 방법론 적용하여 컨텍스트 경계 식별 |
| | | 도출 | 세부적인 업무단위(도메인)와 관계를 모델링하고 이들간의 경계(Bounded Context)를 식별하는 과정을 통해 Micro Service를 도출하는 전략적인 방법 |
| | 나. | | 업무기능분해 (Process Modeling) |
| | | 식별 | 기능분해 통해 Micro Service를 식별 |
| | | 도출 | 경험적인 원칙을 적용하여 하나의 Application을 기능(업무) 단위로 분해하여 계층적으로 정렬한 뒤 특정한 크기로 분리하는 방법 |

3. 도메인 주도 설계의 상세

| | | | |
|---|---|---|---|
| 가. | | | 전략적인 설계 방안 (기본 설계) |
| | 단계 | | 분석단계에 수행 |
| | 도출 방안 | | ① Bounded Context 도출을 통한 Micro Service (마이크로 서비스) 도출<br>② 유비쿼터스 언어 사용<br>③ Context Map 활용 |
| 나. | | | 전술적 설계 (상세 설계) |
| | 단계 | | 설계단계에 수행 |
| | 설계 | | - Micro Service 내부 구조 설계<br>① 애그리게잇 (Aggregate) |

|   |   |   |   |
|---|---|---|---|
| | | 설계 | ② 엔티티 (Entity) 식별 <br> ③ 값 객체 (Value object) <br> ④ 리파지토리 (Repository) : 저장소 <br> ⑤ 서비스 (Service) <br> ⑥ 도메인 이벤트 (Domain Event) <br> ⑦ 모듈 (Module) |

- Micro Service 도출은 DDD의 전략적/전술적 설계를 통해 가능함

4. 업무기능 분해의 정의 및 서비스 도출 방안

가. 업무기능 분해의 정의 - 비즈니스 업무를 분석하여 더 작은 업무로 나누고 그들간의 계층구조 & 업무간의 순서와 의존성을 분석하는 작업, 정보 System을 구축하는 가장 최하위 단위의 process를 도출하는 과정

```
1  기능영역        [   주문   ]
                   ↙    ↓    ↘
2  업무영역     [ 상품 ]      [ 배송 ]
                ↙   ↓   ↘        ↓
3  업무프로세스 [재고][결재]    [이력]
                    ↙ ↓ ↘ ↘
4  단위프로세스  [카드][이체][포인트][현금]
↑
레벨       업무기능 분해도 (예시)
```

4. 업무기능분해 활용, Service 도출방안
 - 업무 process & 정보 System 현황자료등을 토대로 업무기능 식별, 공통기능 분리, 응집도 & 결합도를 고려한 Data 관점의 재분류 과정을 통해 Micro-Service 경계(Bounded)를 도출 가능함

```
기존산출물
┌─────────┐     ┌──────┐   ┌──────┐   ┌──────┐    ┌─────────┐
│-Biz     │     │업무기능│→ │공통기능│→ │응집도,결합도│→ │Micro-   │
│ process │ →   │ 식별  │   │ 분리 │   │Data관점 │    │Service  │
│ 현황    │     └──────┘   └──────┘   │ 재분류 │    │ 경계    │
│-기능/메뉴│          ↑                └──────┘    │ 식별    │
│ 구성도  │                                        └─────────┘
│-주제영역│
│ 정의서등│        서비스규모가 너무커지면
└─────────┘            기능 재조정
```

 - 업무기능분해과정에서 Micro-Servic 경계식별 및 Service 도출과정

"끝"

문 96) DDD (Domain Driven Design)

답)

## 1. MSA 구현, Domain 중심의 SW 개발, DDD의 개요

### 가. DDD (Domain Driven Design)의 정의
- S/W의 복잡성 문제 해결을 위하여 기술 주도적인 방식이 아닌 Domain 주도적 방식으로 S/W를 개발, 방법론

### 나. DDD의 핵심원리

| | | |
|---|---|---|
| Model Driven Design | | ① 모델을 기반으로 분석/설계/구현을 통합하고 Feedback을 통해 개선과정 지속 ② Code의 구조나 용어는 도메인 모델에 기반 |
| 유비쿼터스 Language (언어) | | 모델과 Code간의 표현적 차이를 줄이기 위해 Domain 전문가와 개발자간에 동일한 언어를 기반으로 의사소통 강화 중요 |

## 2. DDD의 Domain Model 재현

### 가. Domain Model Pattern의 Layered 구조

| 구현요소 | 설명 |
|---|---|
| User Interface | 사용자에게 정보출력, 사용자의 요청을 해석하여 하위 레이어(Layer)에 전달 |
| Application | Application 상태관리, 실제 Biz 처리는 Domain에 요청하여 실행함 |
| Domain | Domain에 대한 정보와 Biz 객체 상태 |

| | Domain | 포함하며 비즈니스 Logic 제공 |
|---|---|---|
| | Infra구조 | 다른 Layer를 위한 라이브러리 지원 지속 |

나. Domain Model Pattern의 도식

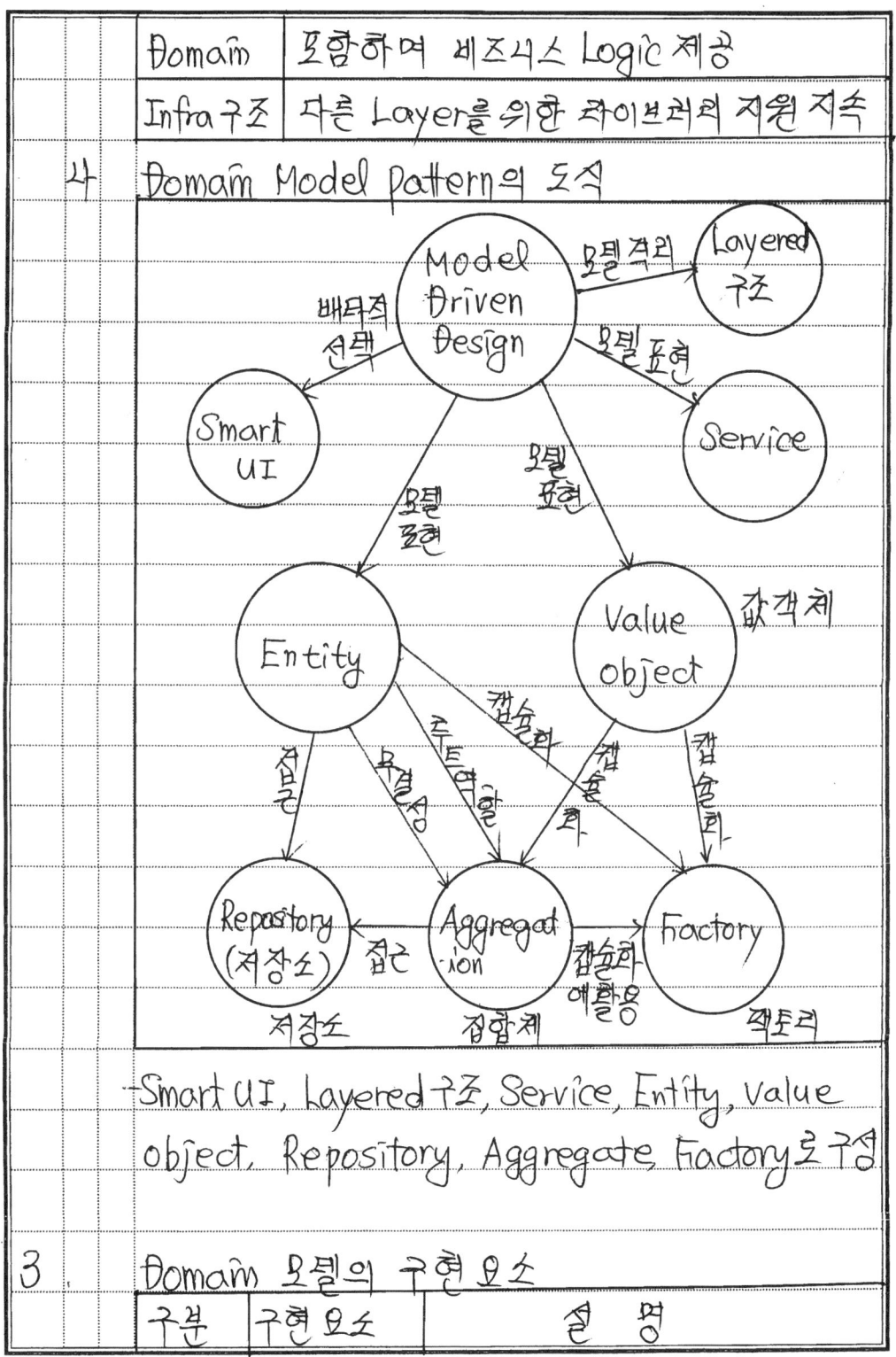

- Smart UI, Layered구조, Service, Entity, Value object, Repository, Aggregate, Factory로 구성

3. Domain 모델의 구현요소

| 구분 | 구현요소 | 설명 |
|---|---|---|

| | | | Entity | 식별자를 가지며 영속성이 필요한 객체 |
|---|---|---|---|---|
| | | | Value Object | -식별자가 없으며 영속성 불필요<br>-수정할수없고 필요한 만큼복제, 사용 |
| | | 구현<br>패턴 | Service | -특정 Entity나 값 객체에 속할수 없는 Domain의 개념 표현<br>-여러 객체 발생 행위 담당 |
| | | | | -객체의 소유권과 경계를 정의, 데이터 |
| | | | Aggregation (집합체) | 변경시 하나의 단위로 간주되는 객체집합<br>-외부 접근 가능, 하나의 창구인 Root 가짐 |
| | | | Factory | -복잡한 객체생성의 절차를 캡슐화<br>-단순한 경우는 생성자를 사용 |
| | | | Repository (저장소) | -객체의 저장을 담당<br>-Entity에서 접근 |
| | | 도메인<br>모델<br>관리 | 모듈 | 결합도는 낮게, 응집도는 높게 구현 |
| | | | 리팩토링 | -Code 뿐만 아니라 모델 리팩토링중요<br>-핵심 개념 명확화, 불명확시 재검토<br>-Feedback 통한 지속 모델관리 |

4. Domain 주도 설계의 장/단점

| 구분 | 내용 설명 |
|---|---|
| 장점 | -S/W Life-Cycle동안 용이한 커뮤니케이션<br>-모듈화/캡슐화 기반 유연성 향상 |

| | | |
|---|---|---|
| | 단점 | -현재 상황에 적합한 Software 개발 |
| | | -Domain 전문가 참여 필수요구 |
| | | -기존 Domain의 관행 개선 쉽지않음 |
| | | -기술적으로 복잡한 project에 부적합 |

-DDD 기반 project는 직관적인 Domain 연관관계로 명확한 설계 & 기능 구현이 가능하나 Domain 전문성이 필수이며 project가 도메인에 종속되어 개선이 어려울수있으므로 Domain 전문가와 적극적인 소통을 통해 효과적인 project 수행 필요함

"끝"

문 97) DDD (Domain Driven Design) 설계

답)

## 1. MSA 위한 도메인 주도 설계, DDD의 개요

### 가. High Cohesion, Loosely Coupling, DDD의 정의

(Domain A) ←── Loosely Coupling ──→ (Domain B)

- 해당 Domain 전문가의 설계에 따라 Domain과 일치하는 S/W를 Modeling 하는데 중점을 둔 S/W 설계 방식

### 나. DDD의 Layered 구조의 특징

↯ ↯ (사용자)
↕ ↕

| 표현(UI) | Presentation Layer |
|---|---|
| | - 사용자 요청을 처리하고 결과 보여줌 |
| 응용 | Application Layer |
| | - 사용자가 요청한 기능 실행 |
| 도메인 | Domain Layer |
| | - System이 제공할 도메인 규칙 구현 |
| 인프라 | Redis, Kafka 등 외부 System과의 연동 처리 |
| DB | Data 저장 (Repository) |

## 2. DDD의 전략적 설계 & 전술적 설계

### 가. DDD의 전략(Strategic)적 설계

| 개념 | Bounded Context 도출 후 Context Map 작성. 서비스 도출 |
|---|---|
| 절차 | Domain 전문가와 개발자 간의 소통, 협력 강화<br>① 도메인 (Domain) 식별<br>② 서브도메인 식별<br>③ 바운디드 컨텍스트 (Bounded Context) 식별<br>④ 컨텍스트 맵 (Context Map) 작성<br>⑤ 도메인 모델 (Domain Model) 작성 |

### 나. DDD의 전술(Tactical)적 설계

| 항목 | 상세 | 설명 |
|---|---|---|
| 개념 | 전술적(Tactical) 설계 | Domain 모델을 만드는데 사용할 수 있는 디자인 패턴 집합, 내부 도메인 설계 |
| 계층<br>구조 | User Interface | 사용자 요청 → 하위계층 전달 |
| | Application | App. 상태관리, Biz 처리 도메인 요청 |
| | Domain | Domain 정보 Biz Logic 제공 |
| | Infra | 다른 계층 지원, LIB 영속성 구현 |
| 구현<br>패턴 | Entity | 식별 가능, 상태를 가진 도메인 객체 |
| | Value Object | 단순히 값만 가진 객체 |
| | Service | Entity 등 여러 객체 발생 행위 담당 |
| | Aggregate | Entity와 값 객체 묶음 |
| | Factory | 객체 생성 역할 |

|   |   |   | Repository | 생성된 Aggregate 영속성 관리 |
|---|---|---|---|---|
|   |   |   | Domain Event | 트리거, 타 System간 Data 동기화 |
|   |   | 모델 관리 | Module | 낮은 결합도, 높은 응집도 구현 |
|   |   |   | Refactoring | Code & 모델 Refactoring |

3. DDD 설계시 고려사항
 - Domain 전문가 참여 필수
 - Biz Rule 정리 (개발자, 현업 업무 담당자)
 - Domain 전문가와 적극적인 소통 필요

"끝"

문 98) 바운디드 컨텍스트 (Bounded Context)

답)

1. 경계 정의, Bounded Context의 개요
   가. 관리 가능 Biz Rule 정의, Bounded Context 정의
   - 특정 Domain 모델이 적용되는 경계를 정의하는 문맥
   - 복잡한 System을 관리 가능한 부분으로 나눔
   나. MSA (Micro Service 구조)로 발전

   | 대규모 System 통합 어려움 Legacy System | → Service 분리 → | MSA 느슨한 결합 cloud 등 | 자동확장, Polyglot Code, DevSecOps, CI/CD |
   
   Agility, Time-to-Market

2. Bounded Context 전후 (예시 상품)
   가. Bounded Context 전의 상품과 이해당사자

   [엔지니어(개발실) — 상품(Box): 상품명, 판매가, 재고, 배송처, 배송상황 — 판매부: 상품명, 판매가, 재고 / 배달부: 상품명, 배송처, 배송상황]

   - 하나의 상품 개발에 대해 각 부서(이해당사자) 간의 관심 정보는 차이 발생. 위의 경우는 판매 Context와 배송 Context로 구분 가능

4. Bounded Context 후의 도식

판매 Context
- 엔지니어 — 상품명, 판매가, 재고 — 판매부

↕ Bounded Context

배송 Context
- 엔지니어 — 상품명, 배송지, 배송현황 (패킷) — 배달부

- Biz Rule에 따른 MSA (Micro Service 구조)화

3. Bounded Context 효과
- 각 Context 내 관계자간 상품은 동일모델, 용어로 통일
- 모델, 용어 통일이 현실적으로 가능
- Biz Rule의 분리, Easy 구현, 복잡성 제거 등

"끝"

문 99) Bounded Context와 Aggregate

답)

1. MSA 구축과정 Bounded Context & Aggregate 정의

| | | |
|---|---|---|
| | Bounded Context | - 특정 Domain 모델이 적용되는 경계 정의<br>- Domain 모델의 용어와 규칙이 유효한 특정 '문맥' & '경계'를 의미, 예) 상품판매/배송구분 |
| | Aggregate | - 객체 Group = Entity와 Value object<br>- 하나의 Root 엔터티 (Aggregate Root)를 중심으로 구성, Root 통해 다른부분 접근 |

2. Bounded Context와 Aggregate 비교

| 기준 | Bounded Context | Aggregate |
|---|---|---|
| 정의 | - 복잡성을 관리 가능으로 나눔<br>- 특정 도메인 모델 경계 정의 | - Domain 내의 객체그룹<br>- Root 엔터티 중심, 일관성 유지 |
| 범위 & 책임 | - 전체 도메인의 일부를 구성<br>- 시스템 구조와 통합 패턴 정의 | - Data 일관성 & 무결성 유지<br>- Transaction 관리 단위 |
| 적용 수준 | System 전체적인 구조와 통합 Pattern 정의 | Domain Model 내에서 Data와 행위 관리 |
| 통신 | Context 간 통신 복잡, 공유(Share) 커플링 등의 통합 패턴 사용 | - Aggregate 내부 통신<br>- 외부 요소와 통신은 주로 Root Entity 통해 통신 |
| 사용 사례 | 도메인 간 경계설정, 문맥 모델링, 아키텍처 구분정의 | 객체 집합의 일관된 관리, 트랜잭션 관리 |

## 3. Bounded Context와 Aggregate의 예시

"Fitness(신체단련)-Hub"라는 체육관 관리 platform

( 회원관리 )  ( 예약시스템 )  ( 피트니스 클래스관리 )  기능 구현

### 가. Bounded Context의 예시

| Context | 내용 |
|---|---|
| 회원관리 | 회원정보, 등록, 인증 등 관리 |
| 예약시스템 | Class 예약, 예약변경, 취소 등 관리 |
| Class 관리 | 다양한 fitness class의 스케줄, 강사 배정 관리 |

### 나. Aggregate 예시

| Aggregate | 내용 |
|---|---|
| 회원관리 컨텍스트 내 | 회원(Member)이 Root Entity, 주소(Address), 회원권(Membership) 등이 하위 객체 |
| 예약시스템 컨텍스트 내 | 예약(Reservation)이 Root Entity, 예약상세(Reservation Detail), 결재정보 등이 하위 객체 |

## 4. Bounded Context와 Aggregate의 주요 차이점

| 기준 | 구분 | 설명 |
|---|---|---|
| 범위 & 책임 | Bounded Context | Aggregate 대비 더 큰 범위를 가지며 전체 Domain의 일부를 구성 |
| | Aggregate | 특정 Domain내의 객체그룹, Data의 일관성과 무결성을 유지하는데 초점 |

|  |  |  | Bounded Context | System의 전체적인 구조와 통합 pattern을 정의하는데 사용 |
|---|---|---|---|---|
|  | 적용 수준 | | Aggregate | Domain Model 내에서 Data와 행위를 관리하는데 사용 |
|  | 통신 | | Bounded Context | 종종 복잡, 통합 패턴(완충지대 해소 위해 안티코럽션레이어, 공유커널등) 사용 |
|  |  | | Aggregate | 내부적 통신, 외부요소와의 직접적인 상호작용은 Root Entity 통해 통신 |

- Anticorruption Layer : Domain 간의 Broker 역할
- Bounded Context와 Aggregate 는 각각 System의 전체적인 구조와 개별 Domain 모델의 내부 구조를 정의하는데 사용, 복잡한 System을 관리 가능한 부분으로 나누어 설계의 명확성과 유지보수성을 향상 시킴

"끝"

문 100) 컨텍스트 맵핑 (Context Mapping)

답)

## 1. 시각적(가시화) 표현, Context Mapping 개요

### 가. 상호작용 도식, Context Mapping의 정의
- System 내 여러부분 (Bounded Context) 간의 관계를 시각적 표현, 이들이 어떻게 상호작용 하는지 시각적, 가시화하여 보여주는 과정

### 나. Context Mapping의 중요성
- 복잡 System에서 각부분(기능)이 서로 독립적으로 작동 하지 않고 서로 연결되어 영향을 주고 받음, 이관계를 가시화된 Mapping으로 이해하는게 중요

## 2. 판매와 배송 Context에서 Context Mapping

```
판매 Context
                    ┌──────┐
                    │판매소│
                    └──────┘
                       │
    ┌────┐   ┌──────┐   ┌────────┐
    │재고├───┤ 상품 ├───┤ 판매기간│
    └────┘   └──────┘   └────────┘
             Bounded Context
                    │
                    ▼
배송 Context
             ┌──────┐
             │ 상품 │
             └──────┘
                │
             ┌──────┐      ┌──────┐
             │ 주문 ├──────┤배송처│
             └──────┘      └──────┘
                │              │
             ┌──────┐      ┌────────┐
             │배송처│      │배송상황│
             └──────┘      └────────┘
```

- Context 간의 상호작용을 Easy 이해

## 3. Context Mapping 시 고려사항

- One Context는 One Application (하나의 기능)
- One Application은 One DB로 설계
- Micro Service에서는 Context 모듈간의 의존성을 최대한 없애고 Release(배포) Cycle들도 독립수행
- 설계시 외부 키 제약들으로 연결시 결합도 높임
- Context 분리시 DB 분리검토 필요. 이때 Infra 구성, 예산, 운영, 유지관리 측면 충분히 고려 필요

"끝"

문 101) 업무기능분해를 통한 Micro-Service 식별방안

답)

1. Process 분해, Micro-Service 식별방안
   - M/S는 Application의 기능체계를 토대로 기능간 응집도와 결합도, 독립적 개발 & 배포, Data 분리 가능성 등을 고려하여 Micro-Service 도출 (식별)

2. M/S 식별원칙

| 단위 식별 | - Appl. 하위 응용기능 단위를 M/S 단위로 식별<br>- 결합도에 따라 1개 & 복수개의 기능으로 Micro-Service를 구성 가능 |
|---|---|
| 응집도, 결합도 | - M/S는 독립적 기능, 높은 응집도와 낮은 결합도<br>- 구현 가능한 공유(Shared) 메소드(Method)는 Micro-Service 내에 직접 구현<br>- 공통 Component는 별도의 Service로 구현 |
| 독립적 | 독립적 개발, 배포, 데이터(DB) 분리가 가능한 단위 |

3. 업무기능 분해 통한 M/S 식별 예시

| 기능 Level 1 | 기능 L2 | 기능 L3 | 기능 L4 | |
|---|---|---|---|---|
| Admin 관리자 | 설정관리 | 사용자관리 | 사용자관리 | - 사용자정보 |
| | | | 이용약관관리 | 의 공유로 인해 |
| | | | 개인정보동의관리 | DB분리가 |
| | | 사용자권한관리 | 권한관리 | 어려우므로 |
| | | | 사용자그룹관리 | '설정관리'를 |

```
                           ┌─────────┐
                           │사용자별 │  단일서비스로
                           │권한관리 │  식별
                           └─────────┘
        ┌──────┬──────────┐
        │ 통계 │ 접속통계 │
        └──────┴──────────┘
    - 통계기능은 타기능과 성격이 다른기능을 가지므로
      '통계서비스'를 단일서비스화로 식별
      (독립적으로 DB 구성가능)
                                              "끝"
```

문 102) 업무기능분해를 활용한 Micro Service 경계 도출 방안에 대해 설명하시오

답)

1. 기존산출물 활용, 업무기능분해 활용한 Micro-Service 경계 도출 방안의 정의
   - 업무 process & 정보 System 현황 관련 자료등을 토대로 업무기능 식별, 공통기능분리, 응집도 & 결합도를 고려한 Data 관점의 재분류 과정을 통해 Micro-Service 경계를 도출하는 과정

2. 업무기능 분해 통한 M/Service 경계 도출 과정

| 기존산출물 | - 현 업무 process 현황 정보<br>- 정보 System 현황 정보, 기능 (기능/메뉴구성도, CRUD, 분해등)<br>- 주제 영역 정의서 등 |
|---|---|
| ↓ | |
| 업무기능식별 | - Application의 전체 기능구조 식별<br>- 기능분해도 (CRUD) |
| ↓ | |
| 공통기능 분리 | - 공통/개별 업무용 기능 분리<br>- 공통기능은 별도 M/S로 식별 |
| ↓ | |
| 응집도, 결합도<br>Data관점 재분류 | - 연동호출/Data 참조관계 많은 기능 Grouping<br>- DB분리 불가능 기능 Grouping |
| ↓ | |
| M/S 경계식별 | - M/S 경계 식별 |

3. 업무기능 분해를 통한 M/S 경계도출시 고려사항
　① 식별된 M/S 단위로 DB의 물리적/논리적으로 분리가 가능한지의 여부 검토 (분리 가능해야 함)
　② 동일한 Data(Table)의 CRUD성 거래가 서로 다른 Service로 분리되지 않도록 해야 함.
　③ M/S 크기는 업무의 특성에 따라 명확한 기준을 제시하기 어려우나 개발주기에 따라 하나의 팀에서 2~4주 단위로 Update 할수 있는 크기가 적당함.

"끝"

문 103) 업무기능 분해를 통한 Micro Service 도출예시

답)

## 1. 업무기능분해, Micro Service 도출
- 기존 System이 있을 경우, 기관이 보유하고 있는 비즈니스 process & Application Map과 기능체계도 등을 참고하여 업무기능을 분해하여 M/S를 도출가능

## 2. 업무기능 분해의 정의

| | |
|---|---|
| 정의 | Biz 업무를 분석하여 더 작은 업무로 나누고 그들간의 계층구조 & 업무간의 순서와 의존성을 분석하는 작업 |
| | 정보 System을 구축하는 가장 최하위 단위의 process를 도출 |
| 예시 | - 기관이 보유하고 있는 Biz process & Application의 Map & 체계도를 활용할수 있음 |

## 3. 업무기능 분해도 개념과 업무기능 분해에 따른 M/S도출

### 가. 업무기능 분해도 개념도

```
레벨 1              ┌─────────┐
기능영역            │  주문    │
                   └────┬────┘
        ┌──────────┬────┼────┬──────────┐
Level 2 │주문관리│ │배송관리│ │상품관리│ │결재│
업무기능             │
              ┌──────┼──────┐
Level 3    │배송이력│ │배송처리│ │업체관리│ ...
업무 process              │
                  ┌──────┼──────┐
Level 4        │출발│ │진행중│ │완료│ ..
단위 process
```

4. 업무기능분해에 따른 Micro-Service 도출예시

| L1 | L2 | L3 | M/S 도출 |
|---|---|---|---|
| 주문 | 주문관리 | 주문처리 | 주문 서비스 |
| | | 주문이력 | |
| | 배송관리 | 배송이력 | 배송 서비스 |
| | | 배송처리 | |
| | | 배송업체관리 | 배송업체관리 서비스 |
| | 상품관리 | 재고관리 | 상품 서비스 |
| | | 상품카타로그 | |
| | 결재처리 | 카드결재 | 결재 서비스 |
| | | 계좌이체 | |
| | | Point 결재 | |
| | Point 관리 | Point 적립 | 포인트 서비스 |

"끝"

문 104) 이벤트 스토밍 (Event Storming)

답)

## 1. Event Storming 정의 & 사용이유

가. Domain Event 시각화, Event Storming 정의
- DDD의 원칙을 실질적으로 적용할 수 있는 실천법
- Domain Event 중심으로 Domain을 시각화하고 이를 통해 복잡한 System을 설계하는 방법

나. Event Storming 사용이유

| 시각화 | Domain Event 통한 상호의존관계 파악 |
|---|---|
| Easy 해석 | Domain 간의 상호작용 분석 & 해석 용이 |
| 의존성 해소 | MSA 구축시 DDD 전략적 설계시 의존성↓ |

## 2. Event Storming 구성사례 및 설명

가. Event Storming 구성사례

```
UI/UX
         ┌──────┐    ┌──────┐         ┌──────┐
         │ 커맨드│───→│ 외부 │         │ 정책 │
         │      │    │ 시스템│         │      │
         └──────┘    └──────┘         └──────┘
  ┌────┐    │        ┌──────┐              ↑
  │액터│    │        │애그리-│              │
  └────┘    │        │ 게이트│              │
            ↓        └──────┘         ┌──────┐
         ┌──────┐       ↓             │도메인│
         │사용자│    ◇제약◇───────────→│이벤트│  S/W
         │ I/F │    ┌──────┐          └──────┘ 아키텍처
         └──────┘   │읽기  │
                    │모델  │
                    └──────┘
```

──────→ 동기호출(실선)   ----------- 비동기호출

나. Event Storming 구성에 대한 설명
- 유형, 정의 등으로 설명 가능

| 유형 | 정의(설명) | |
|---|---|---|
| 액터 | 개인 & 조직의 역할 | |
| 커맨드 | Domain Event를 트리거하는 명령 | |
| 외부 System | Domain Event가 호출되거나 관계가 있는 Legacy & 외부 System | |
| 도메인 이벤트 | 발생한 사건(Event), 과거시제 동사로 표현 | |
| Aggregate | Domain Event와 Command가 처리하는 Data 상태가 변경되는 데이터 | |
| 정책 | Event 조건에 따라 진행되는 결정, When 이벤트 then 커맨드 | |
| 읽기 모델 | 사용자가 Command를 수행함에 있어서 '결정근거'가 되는 데이터 | |
| 사용자 I/F | 스케치 형태의 화면 Layout | |
| Hotspot | 의문, 질문, 미결정사항등 | |

3 Event storming 사례

| 유형 | 설명 | 사례 |
|---|---|---|
| Domain Event | 발생된 사건(Event)을 과거 시제 동사로 표현 | 공간생성됨, 상황발생됨 |
| Command | Event를 트리거(Trigger)하는 명령 | 공간생성, 상황생성 |
| External System | Event가 Call, 관계가 있는 Legacy & 외부 System | 이메일 발송 System, 결제 System |

| | | | |
|---|---|---|---|
| | Actor | 노란색 작은 Post-it 사용 역할을 하는 개인 & 조직 | 주문자, 구매자, 공간관리자 |
| | Aggregate | 상태가 변경되는 데이터 묶음 (연관되는 엔티티와 값 객체의 묶음) | 공간, 상황, 주문, 배송 |
| | Policy | 발생된 사건(Event)을 과거시제 동사로 표현 | 상황알림발송, 레벤변경됨 |

"끝"

**문 105)** 이벤트 스토밍(Event Storming)통한 마이크로서비스 도출과정에 대해 설명하시오.

**답)**

## 1. 공통된 Domain 이해, Event Storming 정의
- 브레인 스토밍(Brainstorming)을 통한 Event 도출, Command 도출, Aggregate 식별, Bounded Context 식별의 단계를 거쳐 Microservice를 도출하는 과정

## 2. Event Storming 통한 Micro Service 도출과정

|  |  |
|---|---|
| **Event 도출** (브레인스토밍) | - 요구사항에 따라 Application에서 발생되는 Event를 최대한 도출<br>- Timeline에 따라 순서대로 배치<br>- Brainstorming 수행 |
| **Command 도출** (커맨드) | - 각각의 Event를 일으키는 Trigger를 도출, Tigger : Command, 외부시스템 등<br>- Domain Event와 함께 Timeline에 따라 차례로 배치 |
| **애그리게잇 식별** (엔티티도출) | - Event를 발생시키는 애그리게이트(Aggregate)를 식별 |
| **Bounded Context 식별** | - 하나 & 2 이상의 Aggregate가 포함되도록 경계를 식별, 최종 Bounded Context를 마이크로서비스 후보로 식별 |
| **Micro-Service 도출** | - 상호 호출관계, 독립적 배포(Release) 등을 고려 Service 도출 |

(반복: 애그리게잇 식별 ~ Bounded Context 식별)

## 3. Micro Service 식별을 위한 Event Storming 예시

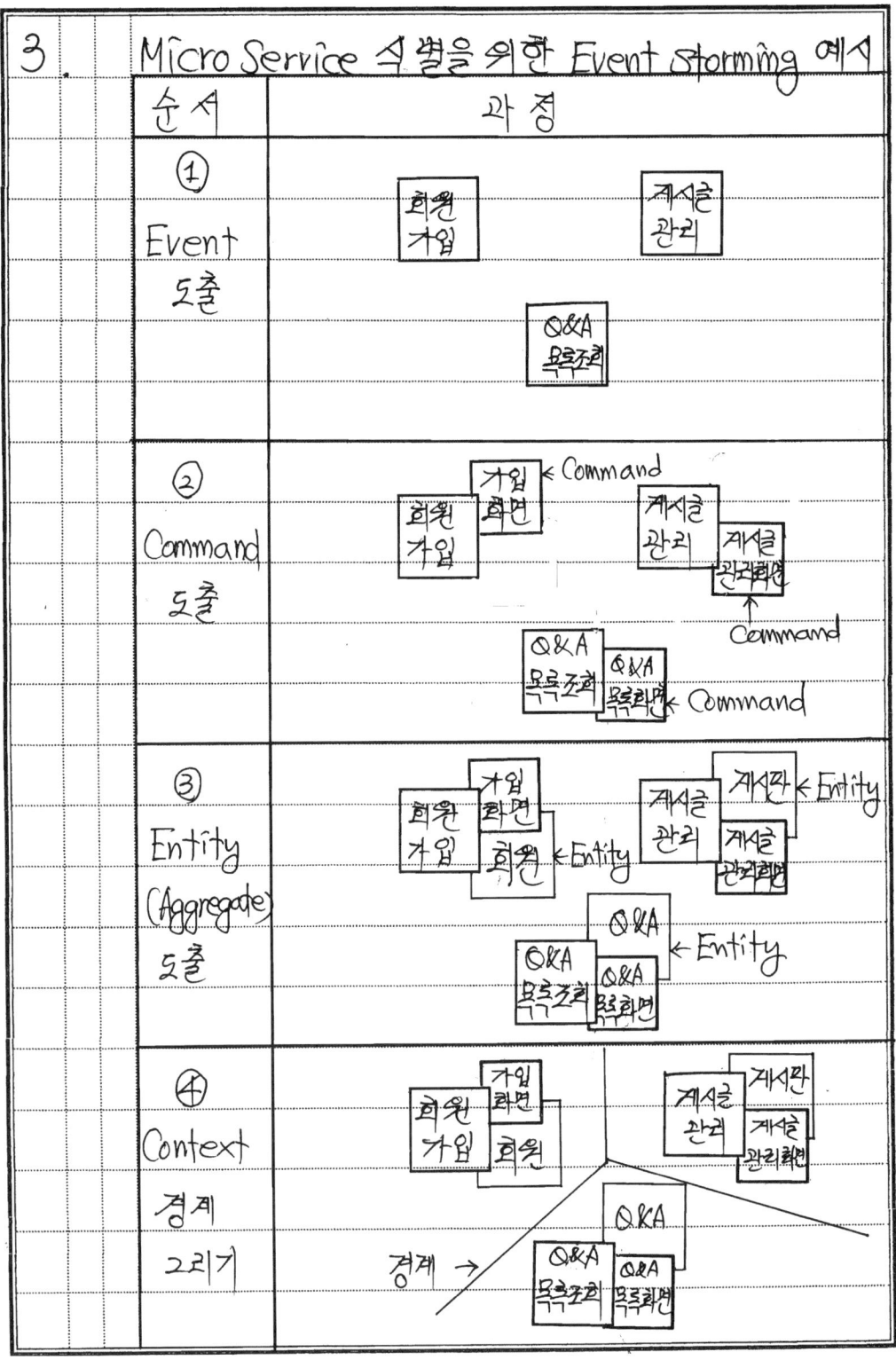

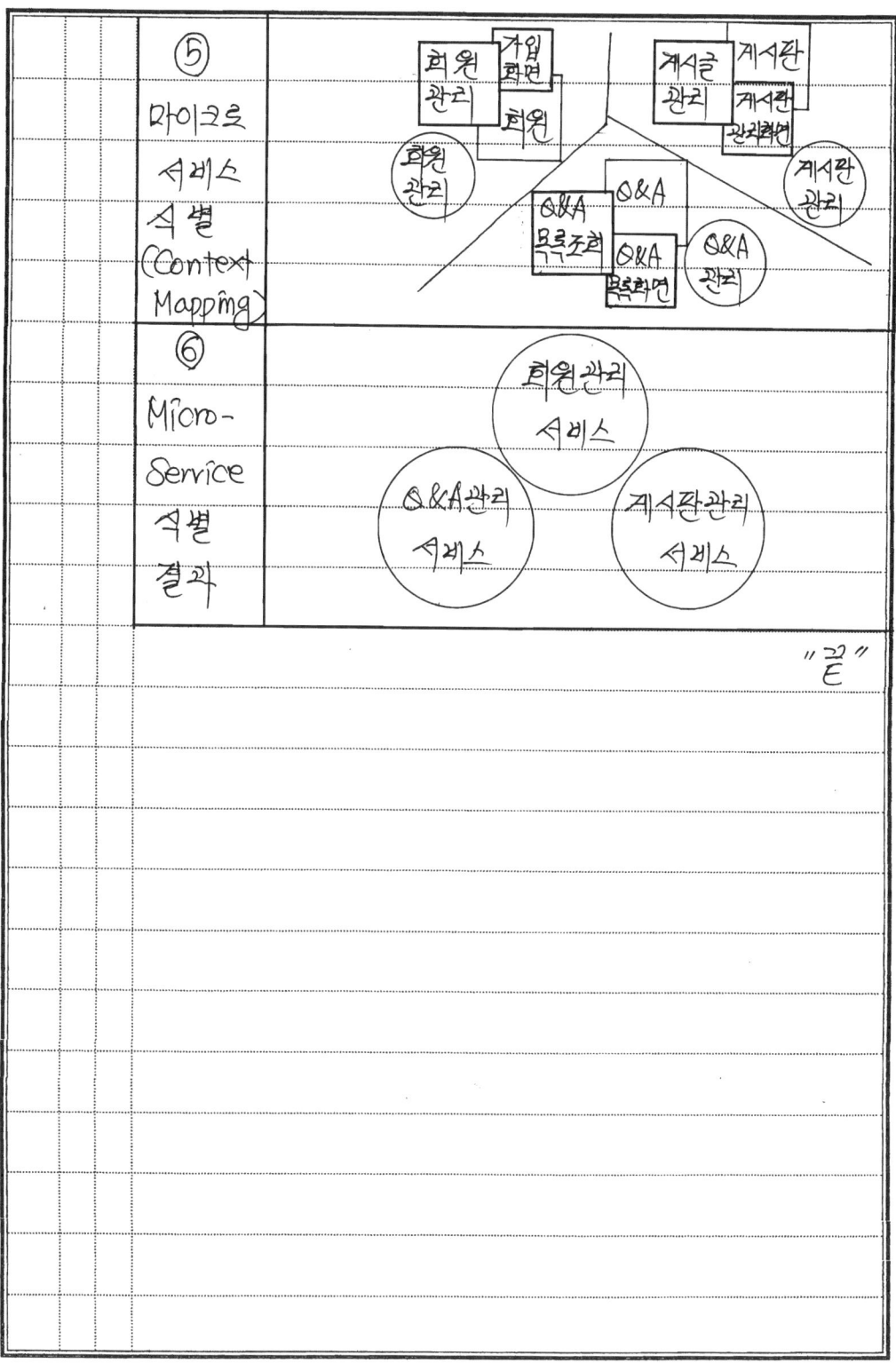

문 106) Notation Rule

답)

1. 업무 흐름의 표현, Notation Rule의 정의
   업무 흐름도를 효과적으로 표현하기 위해 업무활동을 (Activity), 유관업무활동, Event, 의사결정/판단/구분, 문서, 정보, process/정보흐름 등 Notation Rule을 정의함

2. Notation Rule의 상세 정의

| 구분 | 기호 | 설명 |
|---|---|---|
| 온라인 업무활동 (Activity) | 활동명 (온라인) | 조직의 담당자가 처리하는 온라인 업무활동을 표현하기 위해 사용 (업무분석의 최소단위) |
| 수작업 업무활동 (Activity) | 활동명 (수작업) | 조직의 담당자가 처리하는 수작업 업무활동을 표현하기 위해 사용 (업무분석의 최소단위) |
| 유관 업무활동 (Activity) | System / 기관 | 외부기관(유관기관 & 타 정보 System)에서 처리되는 업무를 표현하기 위해 사용 |
| Event | Start End | 업무(Biz Rule, Process)의 시작과 끝을 나타내기 위해 사용 |
| 의사결정/ 판단/구분 | 판단 | 업무수행시 업무수행자의 의사결정이나 업무속성에 의하여 |

| | | | |
|---|---|---|---|
| | | ◇ 판단 | 업무 수행 내용이 달라지는 경우에 판단문을 넣어 사용 |
| | 문서 | 출력물 | 업무처리시 요구되는 문서나 생성되는 주요문서를 나타내기 위해 사용 (전자문서 포함) |
| | Process/ 정보흐름 | → <br> ---→ | - Event, 업무활동을 분기점간의 업무 & 정보흐름연결을 표현하기 위해사용 <br> - 업무활동이 Data를 참조하거나 처리하는 기호 |
| | Process 흐름연결 | Ⓐ | 업무흐름도 작성시 지면의 부족으로 다음장으로 넘어갈때 사용 (Process 단계별 순번 지정) |
| | Data (정보 명) | 자원DB | 업무에 참고 & 처리(저장)하는 Data 저장소 & System 명) 표시 |
| | 타 Process 연결 | 타 프로세스 | 하나의 업무 process가 다른 업무 process와 연결되어야 하는 경우 인용되는 process를 표현 하기 위해 사용 |
| | - 업무흐름을 직관적으로 표현 Activity, Event, 판단/ 의사결정/구분, 출력물, process의 정보흐름, Flow 연결 정보명(DB명), 타 process 연결 등으로 구분 | | |
| 3 | Notation Rule의 예시 | | |

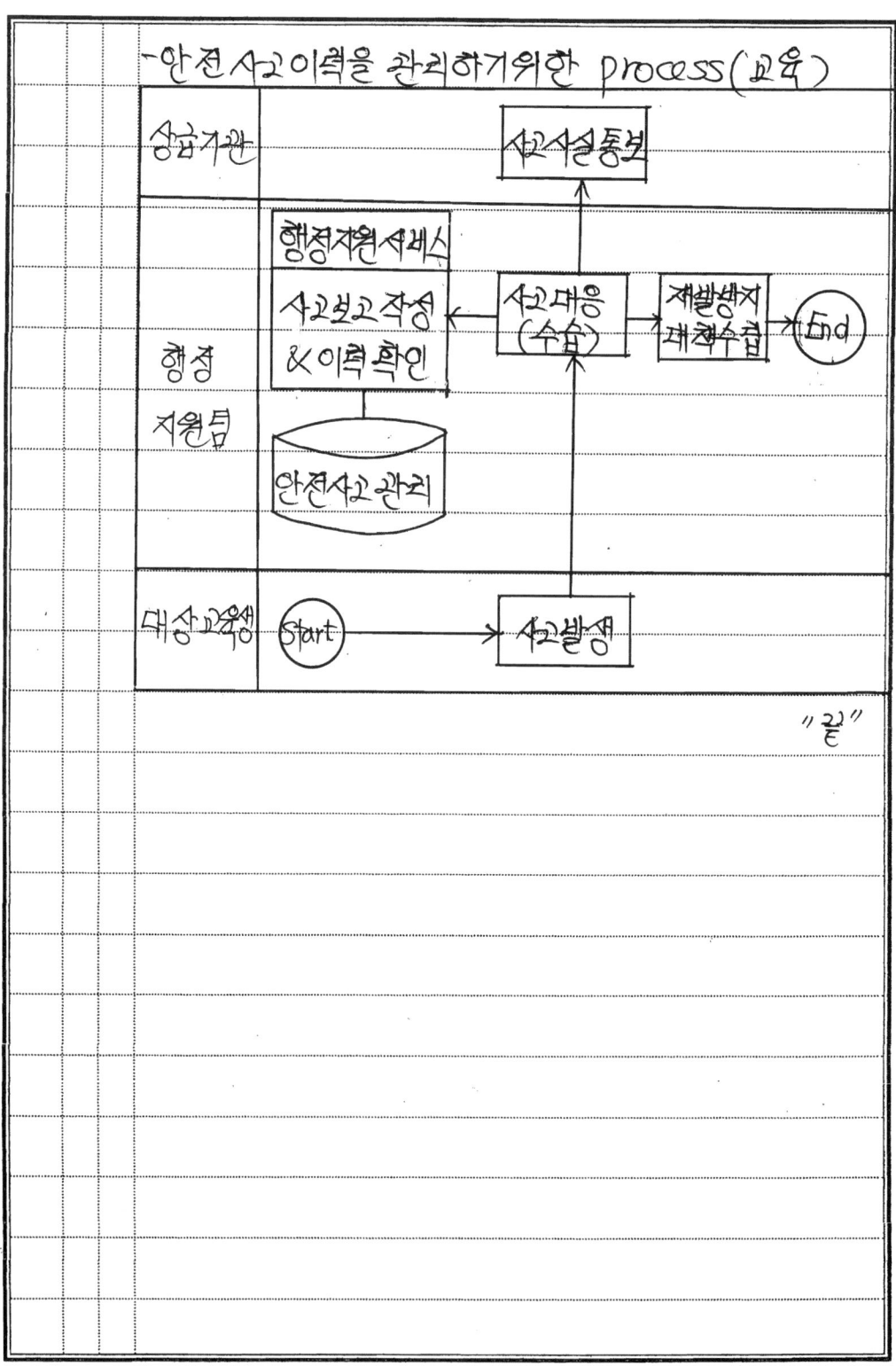

# 클라우드 네이티브 설계단계

MSA(Micro Service Architecture)의 기술요소 및 도입 시 고려사항과 운영 시 예상문제와 해결 방안, Cloud Native Application 아키텍처의 구성, Micro Service 아키텍처의 설계 방안, SAGA(Simple API for Grid Application) 패턴, CQRS(Command Query Responsibility Segregation) 패턴, 통신 패턴, 폴리글랏(Polyglot) 아키텍처, Cloud Native 환경에서의 DB 구성, 클라우드 마이그레이션(Cloud Migration), Codebase 중 SVN과 Git, 12 Factors 기반 개발원칙, 클라우드 전환사업의 단계별 감리 방법과 검토 항목 등을 습득할 수 있고 클라우드 네이티브 아키텍처의 구축에서 제일 중요한 Part입니다.

[관련 토픽 – 23개]

문 107) Micro Service Architecture와 Monolithic Architecture

답)

1. 독립적 실행&운영, Micro 서비스 아키텍쳐 정의
   - 여러개의 Service가 각각 개별 DB를 갖고 API로 통신하는 구조, Micro Service 단위별로 배포되고 독립적으로 실행&운영되는 구조

2. Micro Service Architecture 구조 및 설명

   가. MSA 구조

   [마이크로 서비스(MS): 4개의 MS 원이 서로 연결되어 있고, 각 MS는 모듈을 포함하며, DB와 연결됨]

   - 여러개의 MS(마이크로 서비스)가 각각의 DB 보유

   나. MSA 구조의 설명
   ① 기존 Appl. 모듈(기능, 하위업무 등) 단위를 Micro-Service로 정의 - 즉, 여러개의 서비스가 개별 DB 보유 API로 서로 통신하는 구조. API를 통해 다른 서비스에 접근하고 외부와 연계함

② Micro Service 단위별로 분리 배포, 독립 실행·운영
③ M/S는 소규모의 개발팀 단위로 자율적으로 운영

3. Micro Service Architecture의 장/단점

| 구분 | 설명 |
|---|---|
| 장점 | 독립적인 작은 서비스들을 느슨한 결합으로 분산 구성, 변경사항을 유연하고 빠르게 적용 가능 (변경사항의 신속한 적용) |
| | 마이크로서비스는 각각의 서비스를 개별적으로 확장하거나 축소할수있어 Traffic 변화에 유연하게 대응가능 (트래픽증가에 유연한대응) |
| | 서비스별 platform/신기술의 도입 & 확장이 용이 (다양한 기술 적용) |
| 단점 | N/W 통신 구간의 증가에 따른 성능지연 요소 존재 (Interface 증가) |
| | 서비스간 데이터 처리의 독립성으로 트랜잭션 처리가 복잡함 (데이터 처리 구조 복잡) |
| | 서비스간 연계와 서로 다른 다양한 기술의 사용, Test, 장애추적, Monitoring 어려움 |

4. Monolithic Architecture의 장/단점

| 구분 | 설명 |
|---|---|
| 장점 | 하나의 Application으로 구성되기에 배포(Release) 및 Test 용이 |

| | | |
|---|---|---|
| | 장점 | Process 내 모듈간 호출 방식으로 원격 호출 Interface로 인한 성능저하 없음 |
| | | 통합 DB 구조로 Data의 일관성 유지가 쉬움 |
| | 단점 | 일체형 Application 이기에 일부 모듈의 변경 사항에도 전체 Application 개발/운영 process 와 패키징에 영향을 줌 |
| | | Component별, 기능별 특성에 맞는 신기술 & 구조를 적용하기 어려움 |
| | | 모듈단위 개별 확장이 어려움 |

"끝"

## 문 108) MSA (Micro Service Architecture) 기술요소 및 도입시 고려사항, 운영시 예상문제와 해결 방안에 대해 기술하시오

답)

## 1. Service 지향 아키텍처, MSA의 개요

### 가. API Gateway 제어, MSA의 정의
- 하나의 큰 Application을 여러개의 작은 마이크로(Micro)서비스 단위로 나누어 변경과 조합이 가능한 아키텍처

### 나. SOA 사상 적용, MSA의 탄생

```
                        대용량
                     분산웹 서비스   ┌─────┐
   ┌──────┐                        │ MSA │
   │모노리틱│  (서비스              └─────┘
   │아키텍처│  단위분리)                ↑ 사상제공/
   └──────┘                            경량화
   전통적 단일체구조    기업 System  ┌─────┐
                                   │ SOA │
                                   └─────┘
```

- SOA 사상 근간, 대용량 Web service 적합

## 2. MSA Stack과 구성요소

### 가. Micro Service Architecture의 Stack

| | Client | | | |
|---|---|---|---|---|
| ① User I/F Layer | Web | Desktop | Mobile | -Cloud/Legacy UI<br>-Web/APP UI |
| ② API Gateway Layer | API Gateway<br>HTTP, REST API,<br>JSON, Notifications | | | -API 정책관리<br>-API 오케스트레이션<br>-부하분산, Event제어 |

| | | | |
|---|---|---|---|
| ③ Micro-Service Layer | 마이크로 서비스 ← REST API → 마이크로 서비스 / 마이크로 서비스 (PHP / Python / Java) | | - Polyglot 언어<br>- 마이크로서비스구성<br>- DevSecOps |
| ④ DB Layer | No-SQL / RDBMS / Vector DB | | 다양한 DBMS |

4. MSA의 구성요소

| Layer | 설 명 | 구현기능 |
|---|---|---|
| ① UI | - Web/Mobile등 Client Appl.<br>- MSA제공서비스 → API 통해 활용주체 | - Web 서비스<br>- REST API |
| ② API | - User와 Micro-Service 연계<br>- API에 대한 Endpoint 통합<br>- REST API 기반 요청,응답 관리 등 | - API 정책관리<br>- 보안, 부하분산<br>- 세션모니터링 등 |
| ③ Micro Service | 상호독립적으로 Release/관리 가능<br>한 단위로 분리된 개별(Micro)서비스를 API 형태로 구현한 서버 계층 | DDD(Domain Driven Design)<br>기반 Biz 기능분리 |
| ④ DB | - API Gateway 계층에서 사용하는<br>  Micro Service 위한 Data 접합(?)<br>- 다양한 기술 기반 DBMS 활용 | - RDBMS<br>- NoSQL<br>- VectorDB등 |

- 대용량 Web Service 개발에 적합하게 작은 서비스의 결합을 통해 하나의 응용프로그램을 개발하는 SOA를 근간으로 한 Service 아키텍처

3. MSA 도입시 고려사항, 운영시 예상문제와 해결방안

가. MSA 도입시 고려사항

| 구분 | 고려사항 | 설명 |
|---|---|---|
| 아키텍처 관점 | Legacy 연계/전환 전략 | Legacy System 재구축 & 별도 MSA 도입 & 단계별 전환등 아키텍처 구성 전략 고려 필요 |
| | Service 단위 정의 | - Mirco 서비스를 구분하는 상호 독립적 서비스(Service) 단위 분리 기준 고려 <br> - DDD기반, 도메인 분석/설계 & 배포 독립성 |
| | API Gateway 도입 | - API Gateway 도입여부 결정 <br> - API 대상/기준 우선 정의 |
| | 트랜잭션 관리 | - Appl. Level 트랜잭션 관리 구현 <br> - MS별 독립된 Rollback 전략 구현 |
| | 서비스 가시화 | - Chaining, Monitoring Provisioning 가시화 도구 활용 |
| 조직 관점 | 조직문화 | - MSA에 적합한 구성이 가능한 조직문화 <br> - 아키텍처 변화와 조직 모델 변화 상호연계 <br> - Conway's Law (System = 의사소통構조) |
| | Cross Functional Team | - MSA 아키텍처 적용에 따른 조직 구성 <br> - 개별 서비스 단위 DevSecOps 구조 적용 |

- MS : Mirco Service

나. MSA 운영시 예상문제와 해결방안

| 구분 | 예상문제 | 해결방안 |
|---|---|---|

| | | | |
|---|---|---|---|
| | 개발 관점 | Micro Service 설계 복잡성/모호성 존재 | DDD (Domain Driven Design 설계기법 활용) |
| | | Legacy 시스템과의 복잡한 연계 및 Interface 발생 | API Gateway 구성 (Micro Service 부하분산) |
| | | Micro Service별 Test (단위/통합) 어려움 | SOA Testing 기법 도입, API Gateway 활용 Test |
| | | 서비스별 프로그램 코드중복, Data 중복 발생가능 | Polyglot (여러 언어/ DBMS 대응) 프로그래밍 |
| | 운영 관점 | 다양한 Micro 서비스에서 운영 Overhead 발생 | DevSecOps 운영체제 도입 (개발+보안+운영) |
| | | 분산 System 복잡성, 비동기성 (Async) 증가 | Reactive (복원 가능한) Architecture 도입 |
| | 관리 관점 | 마이크로 Service 단위개발 /운영관리 복잡성 증가 | Agile, Scrum, Kanban 등 유연한 방법론 활용 |
| | | Micro Service 조직 구조간 불일치 (Mismatch) | MSA 도입 가능한 조직 문화 우선 구성 |

4. MSA와 모놀리틱 아키텍처 비교

| 항목 | MSA | 모놀리틱 |
|---|---|---|
| 배포/구동 | DevSecOps 자동화, 고속 | 배포/서버 기동시간 소요 |
| 개발독립성 | 상호의존성 낮아짐 | 전체 서비스간 영향 높음 |
| 유지보수 | 용이, 단순 | 전체 Code 이해 필요 |

| | 확장성 | 부분적 물리확장 가능 | 확장성/유연성 낮음 |
|---|---|---|---|
| | 생산성 | 다양한 언어 사용가능 | 선택적 특정언어에 의존 |

- Micro Service 아키텍처는 최적화된 Team 규모, 독립적인 Team 운영이 가능하고 아키텍처 선택의 자율성, 상향식 개발이 가능함

"끝"

문 109) MSA(Micro Service Architecture)의 기술요소와 적용시 고려사항, 확산시 저해요인과 개선방안에 대해 설명하시오.

답)

## 1. 대용량 Web 서비스, MSA의 정의

```
┌──────────────┐   독립적 배포      ┌──────┐ → -모듈별 언어
│  SOA         │ ─────────────→   │ MSA  │ → -DB 독립적
│ Fine Grained │   API G/W        │      │ → -DevSecOps
│ (세분화된 독립) │                  └──────┘      적합
│   서비스      │
└──────────────┘
```

- 독립적으로 Release 가능한 서비스를 API Gateway로 결합하여 Application을 설계하는 분산 System 아키텍쳐

## 2. MSA의 구성 & 기술요소

### 가. Micro Service Architecture 구성

```
  DevSecOps    컨테이너                          패키지  ┌──────┐
               이미지                            관리    │ Helm │
  ┌─────────┐                ┌──────────┐              └──────┘
  │개발+보안+운영│ ──────→     │ 쿠버네티스  │ ←── 통신관리  ┌──────┐
  │  CD/CI  │                │          │              │ Istio│
  └─────────┘                └──────────┘              │(서비스Mesh)│
                              자동  ↓ 컨테이너스케일링      └──────┘
                              배포    배포, 서비스디스커버리
```

```
                                Micro-Service 구조
            ┌───┐  ┌──────┐    ┌─────────────────┐
            │   │  │ API  │    │  고객   │  DB   │
    client→ │   │→ │Gate- │    ├─────────┼───────┤
            │   │  │ way  │(AMQP)│ 주문   │  DB   │
            │   │  │      │ 계층 ├─────────┼───────┤
            │   │  │      │    │  상품   │  DB   │
            └───┘  └──────┘    ├─────────┼───────┤
              ↑ ↑REST          │  결제   │  DB   │ ...
            │인증│ API          └─────────┴───────┘
            Auth 2.0/3.0              cloud Infra 활용
```

4. MSA 기술요소 설명

| 분야 | 기술요소 | 설명(기능) |
|---|---|---|
| Service 결합 | API G/W | 오케스트레이션, 부하분산, 인증/권한 |
| | OAuth 2.0/3.0 | 인증 Token API로 제공 |
| 사용자 I/F | HTTP, REST | 요구,응답, CRUD operation |
| | AMQP | Queue 기반 통신 |
| 프로비저닝 | IaC | 스크립트 통한 Provisioning 자동화 |
| | 쿠버네티스 | Docker 등 컨테이너 배치 자동화 |
| 내부통신 | Service Mesh | 서비스 간 통신 추상화 (istio) |
| 활용 | Serverless 컴퓨팅 | Service 별 자동 Scale In/Out |
| 패키지관리 | 패키지 매니저 | Helm, 쿠버네티스 패키지 관리도구 |

- AMQP: Advanced Message Queuing Protocol
- IaC: Infra as Code - Infra 상태를 Code로 관리

3. MSA 적용시 고려사항 (기선사효유이로보)

| 가능성 | 설명 |
|---|---|
| 기능 | Service 별 기능이 상호 연결(통신)과 API |
| 적합성 | 간 통신시 오류 없이 적정하게 수행되는지 |
| 신뢰성 | 각각의 서비스가 유기적 결합과 Service 적용시 신뢰성 차원에서 견고(Robustless) 해야 함 |
| 사용성 | 기능의 사용이 Service 형태로 이뤄져서 이용상 불편이 없어야 함 |

| | | | |
|---|---|---|---|
| | 효율성 (성능) | Service의 세분화가 너무 이루어져 상대적으로 효율성(성능, Test등)이 저하될수 있음 | |
| | 유지 보수성 | Service 형태가 다른 서비스에 영향도를 최소화 하여야 하며 수정이 용이해야 함 | |
| | 이식성 | 설계시 OS/platform의 의존도 최소화 | |
| | 호환성 | 개별 Service나 기능들간에 규약과 기준에 부합되는지 항상 고려 필요 | |
| | 보안성 | 기본적인 보안취약점이 제거 되어야 함 | |

4. 확산시 저해요인과 개선 방안

| 구분 | 저해요인 | 개선 방안 |
|---|---|---|
| | - 업무 슬라이싱 발생<br>(우선순위, 주기, 단순, 중요도, 빈번등 고려) | - 업무 Logic 통합<br>(H/W 자원, 스토리지 용량, N/W 대역폭 고려 개발) |
| 개발 관점 | Micro-Service 설계 복잡성/중복성/기능별 의존성 존재 | Domain Driven 디자인 설계 기법 적용, 중복 및 의존 최소화 정책 |
| | Legacy System과 복잡한 연계, I/F 오류발생 | 기존 Legacy 기능과 Micro-Service 기능 동시 에 적용후 점진적 기존기능제거 |
| | Micro-Service별 Test 어려움 | Service간 기능의존 최소화, 중복기능, 자동검증 |

|   |   |   | Service별 Code중복 Data 중복 발생 | Polyglot (여러 언어/ DBMS대응) 프로그래밍 |
|---|---|---|---|---|
|   |   | 운영 관점 | API Gateway 로드밸런싱, SPoF | -H/W 통합(논리적 DB/WAS) -SPoF 고려설계, Backup |
|   |   |   | 다양한 Micro-Service 에서 운영 Overhead발생 | DevSecOps 운영체제 도입(개발+보안+운영) |
|   |   |   | 분산 System의 복잡성, 비동기성(Async.) 증가 | 오류 발생시 Log통한 개선, 복원 가능한 구조설계 |
|   |   | 관리 관점 | MS 단위 개발/운영 관리 복잡성 증가 | Agile, Scrum, Kanban 등 유연한 개발방법론 활용 |
|   |   |   | Micro Service 조직구조 간 불일치 (의견) | MSA도입 가능한 조직/문화 구성 (Conway's Law 고려) |
|   |   |   | 전문가 부족 | MSA관리 전문교육 |
|   |   |   | 보안취약점 발생 | 개발, 운영, 보안 대응 |

-MS : Micro-Service

"끝"

문 110) Cloud Native Application 아키텍처의 구성
답)

1. Cloud 환경 적적한 개발·운영환경 위한 Cloud Native Application 아키텍처의 구성

   - Appl. 실행영역
   - Backend 서비스
   - 개발·실행 지원 서비스
   - 운영지원 서비스
   - Cloud Infra 영역

   - 위와 같이 5개 영역으로 구성됨

2. Cloud Native Appl. 아키텍처의 구성도

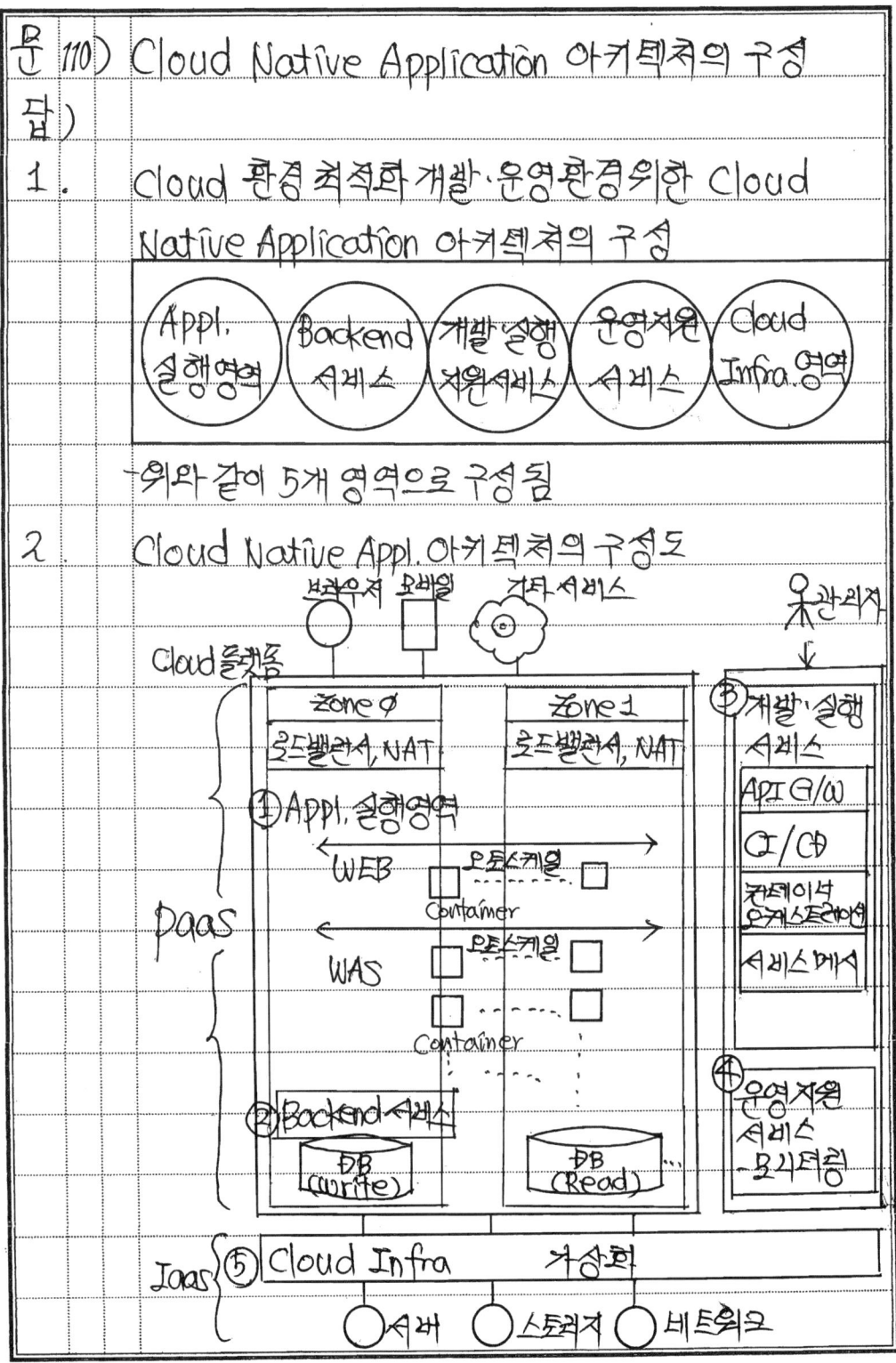

3. Cloud Native Appl. 아키텍처의 구성 설명
   ① Container 단위로 배포, 실행되는 영역
   ② Network로 연결된 모든 리소스(Resource)를 Backend 서비스라고 함. Cloud platform에서 제공하는 서비스, 외부연계서비스, 직접구축서비스등
   ③ 실 환경에서 효율적으로 배포하고 안정적으로 운영하기 위해 최적화된 개발/실행(운영) 환경 제공
   ④ Cloud Native Appl. & Infra 리소스, Disk, CPU, Memory 등에 대한 Log & 사용 데이터를 수집, 분석, 시각화 등 Appl. 전반의 Monitoring 기능
   ⑤ 서버, 스토리지, N/W 장비 등 Infra 구성요소 (IaaS)

"끝"

## 문 111) Micro-Service 아키텍처의 설계 방안에 대해 예를들어 설명하시오

답)

### 1. MSA의 구성설계와 운영, MSA의 구성설계
- MSA 구성위해 환경설정, 서비스 Routing, Service 등록&감지, 서킷브레이커(Monitoring), 메시징 System, CQRS 등의 설계와 운영

### 2. MSA 설계의 예시

```
   ① 서비스                    ③ 서비스
      환경설정                     G/W      부하분산
          \         ┌─────┐     /          & Routing
           \        │ MSA │    /
            \       └─────┘   \
   ② 서비스       /        \     ④ 서킷브레이커
      등록&감지  /          \       (Monitoring)
              ⑤            ⑥
         메시지→Queue      CQRS
         브로커
              메시지공유    명령&조회분리
```

- MSA를 구성하기 위해서는 ①~⑥까지의 구성 필요

### 3. MSA 설계에 따른 요건 설명

| 구성요소 | 설 명 |
|---|---|
| 서비스<br>환경<br>설정 | System이 참조해야하는 환경설정정보들을 별도의 저장소에 관리하고 App.이 배포되는 환경에 구애없이 적절한 환경정보들을 참조할수 있는 기능제공 (예, IP, port, 서비스명 등) |

| | | |
|---|---|---|
| | 서비스 등록 & 감지 | Micro-Service가 System 등록되는 것을 자동감지하여 Service G/W가 자동으로 인지할수 있게 지원하는 기능 |
| | API Gateway | 마이크로 서비스에 대한 요청을 받아서 해당 요청에 필요한 Service를 연결해주는 역할 |
| | 서킷 브레이커 | MSA는 독립된 서비스가 각자 서버에서 구동됨 특정 Service가 정상적으로 동작하지 않을 경우 다른 기능으로 대체 수행시켜 장애를 회피하는 기능 |
| | 큐잉시스템 (Message Broker) | Micro-Service간 Data의 전달이 필요하고 느슨한 결합을 위해 큐잉 System을 사용하며 Kafka와 같은 메시지 Queue가 대표적 Solution |
| | CQRS | CQRS(Command and Queue Responsibility Segregation)는 명령을 처리하는 책임과 조회를 처리하는 책임을 분리 구현 |

"끝"

문 112) SAGA (Simple API for Grid Application) 패턴

답)

## 1. MSA 활용, SAGA(Simple API for Grid Appl.) 정의
- 분산 Application(예 MSA)의 일관성을 유지하고 여러 Micro-Service간의 트랜잭션을 조정하여 Data 일관성을 유지하는데 도움되는 장애관리 pattern

## 2. SAGA pattern의 종류

### 가. 코레오그래피(Choreography) 유형

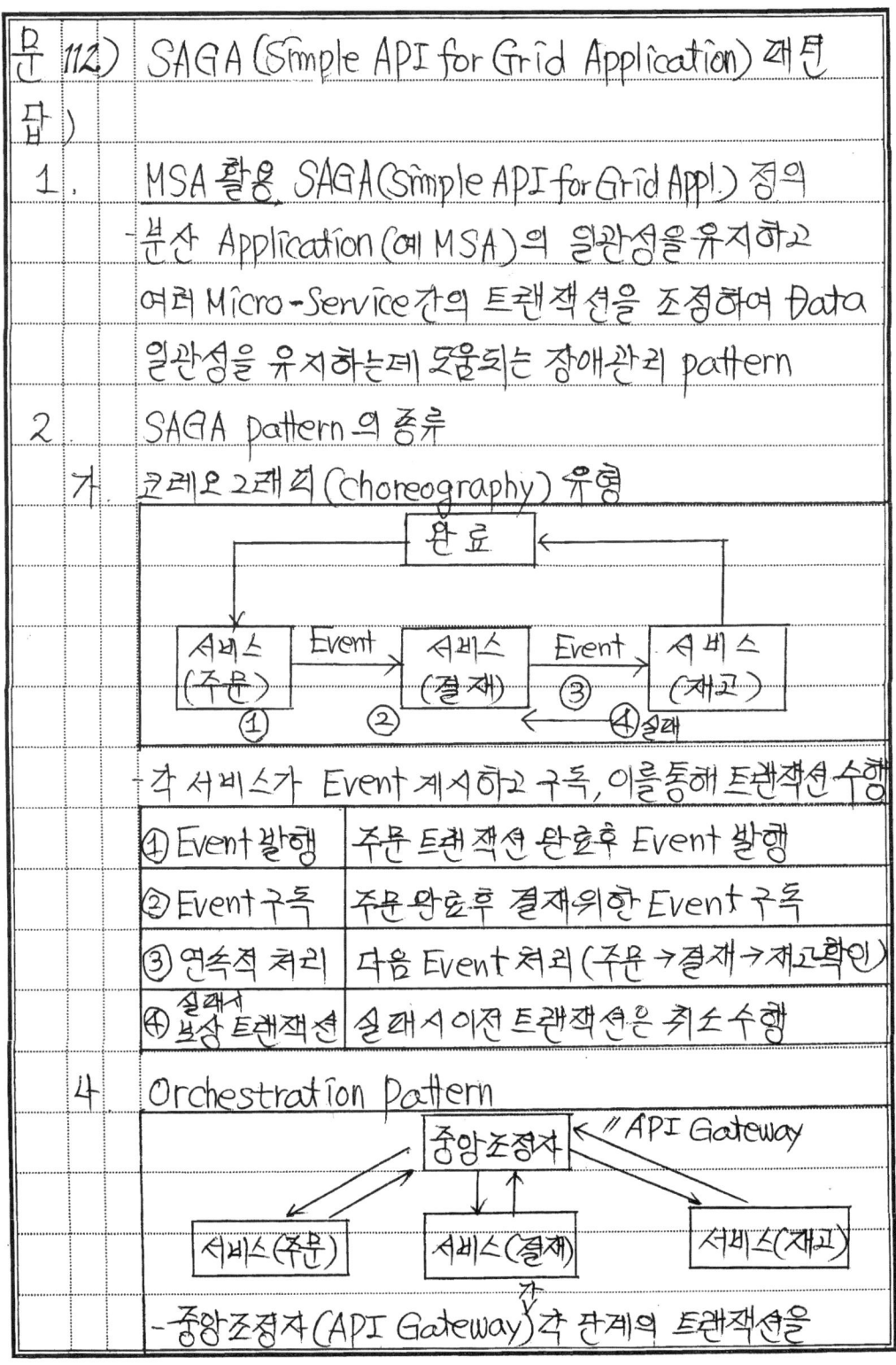

- 각 서비스가 Event 게시하고 구독, 이를통해 트랜잭션 수행

| ① Event 발행 | 주문 트랜잭션 완료후 Event 발행 |
|---|---|
| ② Event 구독 | 주문완료후 결재위한 Event 구독 |
| ③ 연속적 처리 | 다음 Event 처리(주문→결재→재고확인) |
| ④ 실패시 보상 트랜잭션 | 실패시 이전 트랜잭션은 취소수행 |

### 나. Orchestration Pattern

- 중앙조정자(API Gateway)각 단계의 트랜잭션을

| | | | | |
|---|---|---|---|---|
| | | 순차적으로 Call하고 성공여부에 따라 다음 단계진행, 실패시 보상 트랜잭션 수행 | | |
| 3. | | SAGA pattern의 장/단점 | | |
| | 장점 | 확장성 | MSA 기본목표 확장성 유지, 일관성 보장 | |
| | | 유연성 | 서비스가 독립적 동작, 변화에 유연성 | |
| | | 회복성 | 실패시 보상작업 통한 일관된 상태유지 | |
| | 단점 | 복잡성증가 | 보상 Logic 구현, System 복잡성 증가 | |
| | | 지연시간 | 여러 트랜잭션 연쇄수행, 시간 다소 소요 | |
| | | 일관성문제 | 잠재적 일관성문제 회피위한 신중설계 | |

"끝"

문 113) CQRS (Command Query Responsibility Segregation) 패턴 설계

답)

## 1. 명령과 조회의 책임분리, CQRS의 정의
- 기존에 동일한 저장소에 데이터를 넣고 입력/수정/삭제/조회를 한꺼번에 처리하는 방식에서 입력/수정/삭제/조회와 같은 Data에 대한 명령(Command)과 Data에 대한 조회(Query)를 분리하는 설계 방식

## 2. 전통적인 DB Transaction 처리

| 서비스: Appl. / Biz Logic / Data 접근계층 → 쓰기/읽기 → 데이터 저장소 | - 서비스의 성능 향상을 위해 서비스 인스턴스를 스케일 아웃하여 여러개로 실행한 경우 Data Read/Write 작업으로 인한 리소스 교착상태(병목 현상) 발생 가능 |

## 3. CQRS 패턴에 의한 Transaction 처리

### 가. 하나의 저장소에 Read/Write 모델을 분리

Application → Biz Logic → Data 접근계층 → 쓰기 → 쓰기모델 / 읽기모델 → 읽기

4. 물리적으로 쓰기 저장소와 읽기 저장소의 분리

```
        ┌─────────────────────────────────┐
        │         Application             │
        └─────────────────────────────────┘
                   │                           ↑읽기
                   ▼
        ┌──────────────┐
        │  Biz. Logic  │
        └──────────────┘
                   │
                   ▼
        ┌──────────────┐   쓰기    ⌠▦⌡ →  ⌠▦⌡
        │ Data 접근 계층│ ──────→
        └──────────────┘
```

- 쓰기와 읽기 (Read)의 분리를 통해 쓰기 System의 부하를 줄이고 대기시간을 줄이는 등의 장점이 있음

"끝"

문 114) Micro-Service 간 통신 Pattern (개편)

답)

1. MSA 내 Micro-service 간 통신 Pattern
   - 각 서비스는 미리 정해진 API를 통해 통신, Pattern 에는 동기식(Sync)와 비동기식(Async) 통신이 존재

2. 동기식(Sync) 통신 방식 구성 & 설명

   ```
   UI --GET/서비스A--> [REST API] 서비스A --GET/서비스B--> [REST API] 서비스B
              <--응답--                      <--응답--
                        요청            요청
   ```

   - HTTP나 RPC 같은 Protocol을 이용하여 다른 Service가 노출한 API를 호출하는 방식. (호출자가 응답을 기다림)
   - 서비스 A는 서비스 B를 호출하는 관계로 서비스 A는 서비스 B가 끝날 때까지 Waiting 상태로 재개 수행

3. 비동기(Async) 통신 방식 & 설명

   ```
   [REST API] 서비스A --송신-->  ○○○○○  --수신--> [REST API] 서비스C
                              메시지 Broker
   [REST API] 서비스B --송신-->            --수신--> [REST API] 서비스D
   ```

   - 비동기식 통신은 메시지 교환을 위해 Message Broker 사용

① 비동기(Async)식 통신은 서비스에서 메시지 브로커로 메시지를 송신후 응답을 기다리지 않는 방식
② 서비스 A가 서비스 B를 호출하는 관계에서 서비스 A는 서비스 B가 끝날 때까지 기다리지 않아도 됨

- 비동기식 통신은 Event에 반응한다는 의미로 EDA(Event Driven Arch.)라고도 함

"끝"

문 115) 폴리글랏 (polyglot) 아키텍쳐

답)

1. 다(多) 언어 아키텍쳐, Polyglot 아키텍쳐 개요
   가. 상이한 개발언어 적용가능, Ployglot 아키텍쳐정의
   - 하나의 Application System을 개발하는데 여러개의 언어를 사용, 개발언어, Framework, DBMS, 기술 stack
   나. Micro Service Polyglot 아키텍쳐
   - Micro Service별로 상이한 개발언어 적용

2. polyglot 아키텍쳐 구성과 설명
   가. Micro Service polyglot 아키텍쳐 구성(예시)

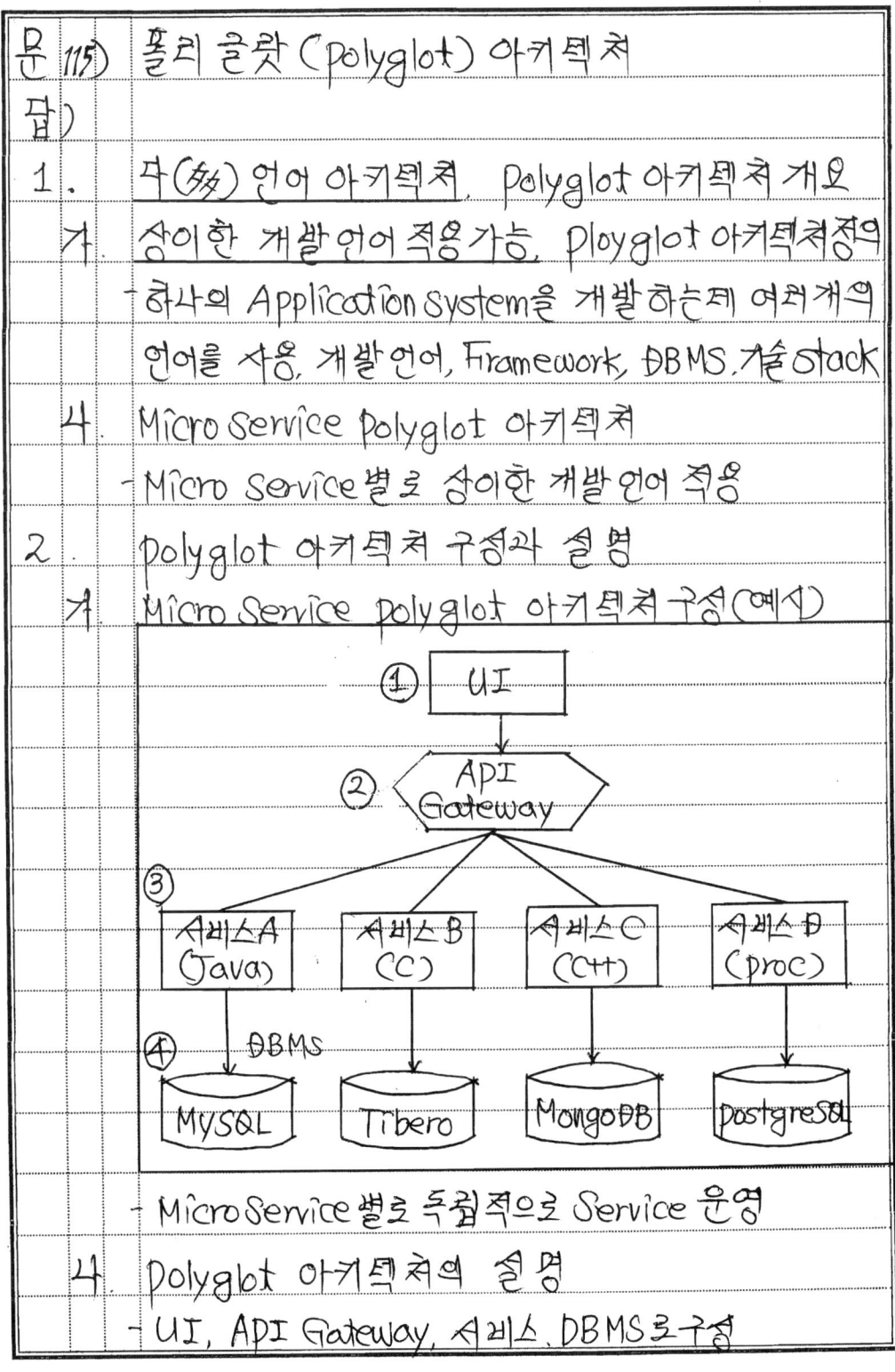

   - Micro Service별로 독립적으로 Service 운영
   나. Polyglot 아키텍쳐의 설명
   - UI, API Gateway, 서비스, DBMS로 구성

| No | 항목 | 설 명 |
|---|---|---|
| ① | UI | Cloud Native Appl.을 구성하고 있는 각각의 Micro Service는 독립적으로 운영 |
| ② | API G/W | Service 간의 호출(call)은 HTTP Restful API를 통해 느슨하게 결합(Loosly 커플링) |
| ③ | 서비스 | 각 System의 개발언어가 다르거나 이기종의 Database를 사용하여도 API 규약 준수됨 |
| ④ | DBMS | 각 서비스에 최적화된 언어와 아키텍처 구성가능 |

3. Service 간 호출
- 각각의 Micro Service는 독립적으로 운영되며 Service 간의 호출은 Http Restful API를 통해 느슨하게 결합(Loosely Coupling) 함

"끝"

문 116) Cloud Native 환경에서의 DB구성 방안

답)

## 1. 모놀리식 구조에서의 DB 접근시 병목현상 제거, Cloud Native DB구성 방안

- 기존의 모놀리식(Monolithic) 아키텍처는 통합 DB를 사용하므로 Micro service의 개수가 증가할경우 Container가 증가하여 통합 DB에 요청건수가 늘어나 병목현상이 발생가능, 이를 해결하기위해 Micro-Service 단위의 DB구성을 원칙으로 설계/구현함

## 2. Micro-Service 통합 DB구조

```
Container
확장 ↗              Micro Service
                              증가
  ┌─────┐  ┌─────┐  ┌─────┐
  │서비스│  │서비스│  │서비스│   ......
  │  A  │  │  B  │  │  C  │
  └──┬──┘  └──┬──┘  └──┬──┘
     \       |       /
      \     |      /
       (병목현상)
         │
      ┌──────┐
      │통합 DB│
      └──────┘
```

- Micro-Service 증가에 따른 병목현상 발생

## 3. Micro-Service 단위의 DB구조

- Micro-service 별로 별도의 DB를 가짐
- Container 기반의 Microservice는 트래픽에 따라 호출건수의 변동이 있으나 개별 DB에 미치는 영향은 크지않음

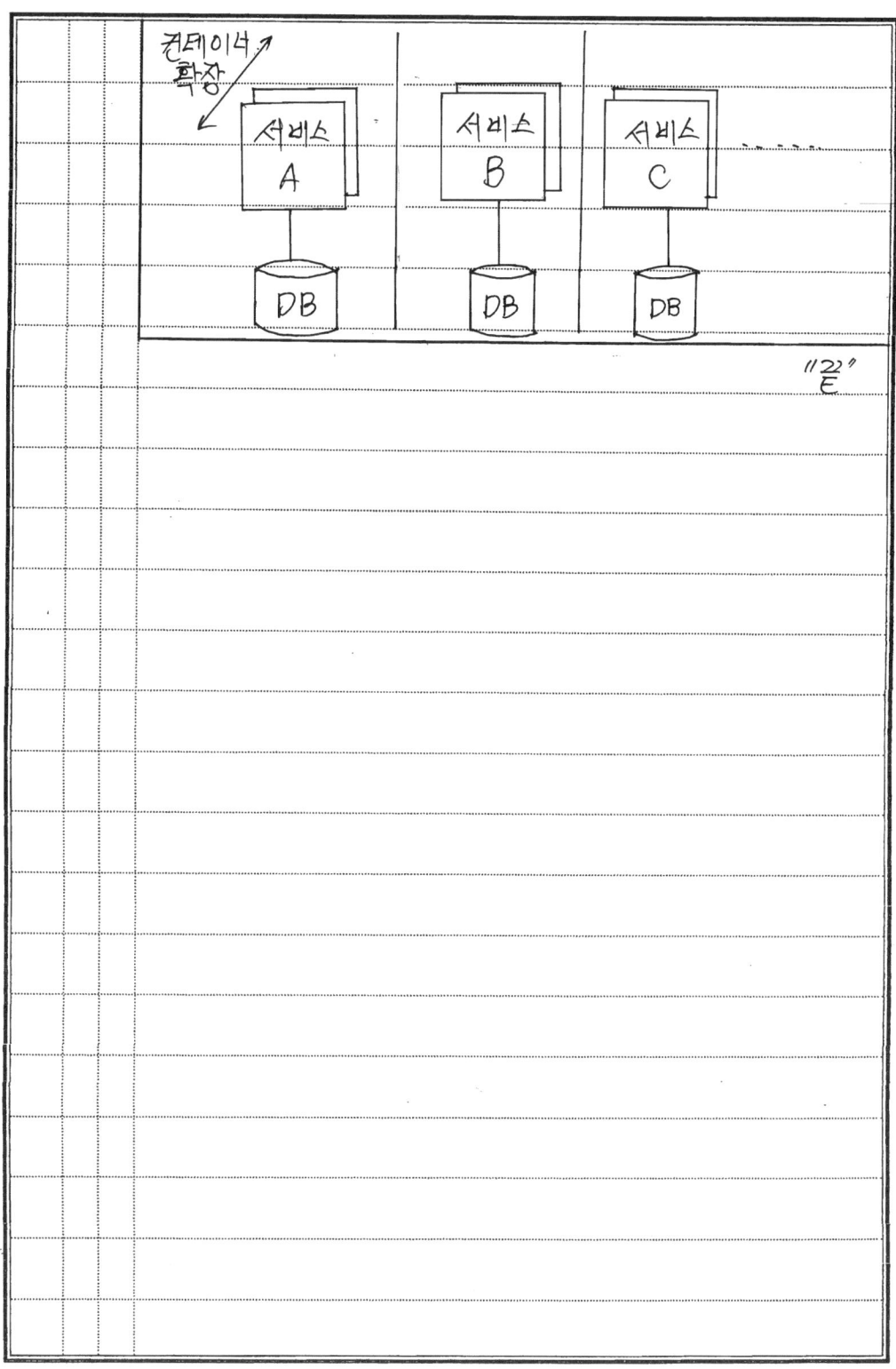

문 117) 클라우드 마이그레이션(Cloud Migration)
답)

1. Cloud로의 전환, Cloud Migration의 개요
   가. IT자원 효율적 사용, 유연성확보, Cloud Migration 정의
   - 기존의 On-Premise 형태로 구축해서 운영중인 IT시스템, Data, Application 등의 자산들을 Cloud 환경으로 전환
   나. On-Premise에서 Cloud 전환 필요성

   | 비용 효율화 | 자원 활용도 향상 | 유연성 확보 |
   |---|---|---|
   | -On-premise 환경 | -Infra 비효율성 | -자원 활용 극대화 |
   | -Infra 자원 투자 | -자원 축소/증설 | -Auto-Scaling |
   | -운용비용 효율화 | -설정 어려움 | -MSA 기반 구축 |

2. Cloud Migration 수행절차 & 방법

   | 단계 | 항목 | 내용 |
   |---|---|---|
   | 사전준비 | H/W&S/W운영환경 점검 | -기존 운영 System 환경 조사<br>-OS/WAS/WEB/DBMS 등 |
   | | 서비스 영향도 점검 | -Program, Process 환경점검<br>-Service 위험도 점검 |
   | ↓ | Migration 시나리오 수립 | -주요 작업(WBS) 일정수립<br>-조직/의사소통/보고체계 등 수립<br>-이행주체, 대상 System 목록 등 Listup |

| | | | |
|---|---|---|---|
| | 사전테스트 | 이관 대상 사전 검증 | - 가상서버 자원 규모 확정<br>- 내부 보안 정책(policy) 확인 |
| | | 전환 Checklist | Migration 성공 여부 판단 가능한 Checklist 준비 |
| | | 예외시나리오 수립 | 긴급/이상/예외상황에 대한 절차 & process & 조치방안 수립 |
| | 서비스 전환 | OS/DB 설치 | 단위 System 별 Software 설치 & 환경(Configuration) 설정 |
| | | AP/Data 이관(전환) | - Application 수정 작업<br>- DB 이전(Migration) 작업 |
| | | 서비스이상 유무 점검 | - Service 이용자별 Test<br>- Service 이상 유무 점검 |
| | 서비스 안정화 | 최종 Data 동기화 | - Migration 종료후 변경분 Data의 동기화 (이전과정 신규 Data)<br>- DNS 설정 변경 |
| | | 신규 System Monitoring | - System 별 정상서비스 모니터링<br>- 예외상황, Log 저장등 확인 |
| | 서비스 운영 | 성능검증 & 최적화 | - Service 성능 점검<br>- 기능/운영상의 최적화 |
| | | Service 지원 | - 고객사 Service 운영 지원 계획 수립<br>- 전담 인력 배치등 |
| 3 | System 핵심 구성 요소의 Migration 절차 & 방법 | | |

가. OS 전환측면

- Cloud 전환준비
  - 자원구성 현황분석
  - OS환경설정/정보
  - OS이전 준비
- Cloud 전환 Test & 이행
  - 이전 Checklist 준비
  - 신규 OS 환경설정
  - OS 이전 수행
- Cloud Service open
  - 이전 결과 검증
  - (이전 checklist 활용)
  - System 별 서비스 점검

나. DATA 전환측면

- Cloud 전환준비
  - 현행 DBMS 환경 (트랜잭션, 용량등)
  - 백업, 복구방안 수립
  - 업무분석/용량산정
- Cloud 전환 Test & 이행
  - 상세이전 계획 수립 & R&R 정의
  - 이전 System 아키텍처 설계 (백업등)
- Cloud Service Open
  - 업무서비스 기능
  - 환경검증
  - 이전 전후성능 비교 지원등

다. Application 전환측면

- Cloud 전환준비
  - 아키텍처 구성 및 요구성능, 현행아키텍처 분석, 업무흐름
- Cloud 전환 Test & 이행
  - 이전 & 시험 방안
  - SW설치/환경설정
  - 시험용 Data 확보
- Cloud Service open
  - WEB/WAS 환경투사
  - System 가동 & Monitoring

## 4. Migration 시 고려사항들

- **기존 System 환경**
  - 기존 구성현황
  - 자원 할당 정보
  - 사용현황 & 이전사 해당 SW 라이선스정책

- **업무 서비스별 이전환경**
  - 업무 서비스 특성파악
  - 서비스 중단 여부
  - 상세 일정 & 서비스 영향도

- **Cloud 아키텍처 측면**
  - System 별 수요
  - System 통합
  - 재가 자원 확보

"끝"

문 118) Codebase중 SVN과 Git

답)

1. S/W 공통작업, Codebase의 의미
   - Software project의 전체 Source code의 Set(모음)
   - Codebase는 SVN과 같은 중앙관리형과 Git과 같은 분산관리형으로 나누어짐

2. 중앙관리형-SVN의 구성과 장/단점
   가. SVN 구성

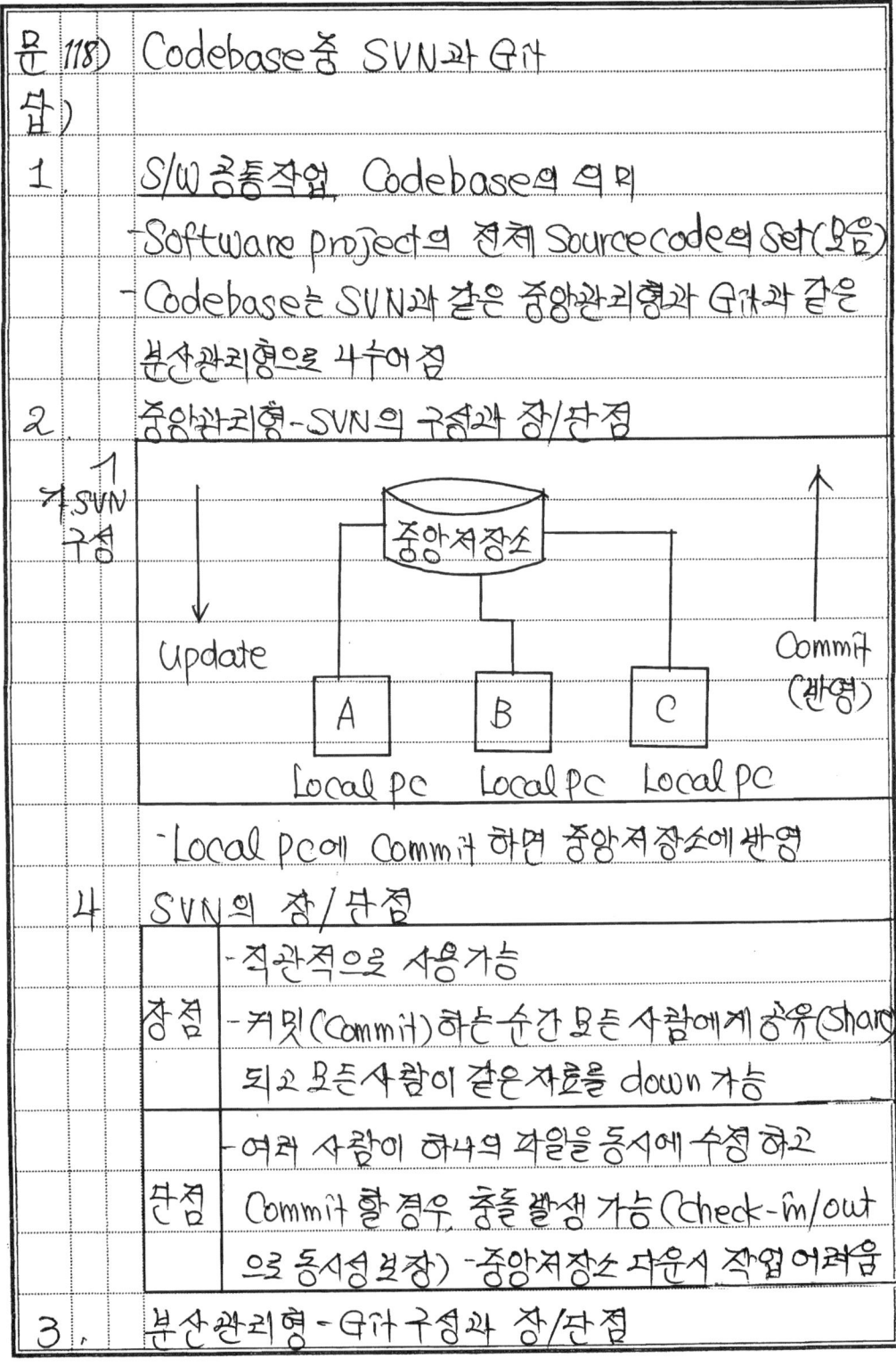

   - Local PC에 Commit 하면 중앙저장소에 반영

   나. SVN의 장/단점

   | | |
   |---|---|
   | 장점 | - 직관적으로 사용가능<br>- 커밋(Commit)하는 순간 모든 사람에게 공유(Share) 되고 모든 사람이 같은 자료를 down 가능 |
   | 단점 | - 여러 사람이 하나의 작업을 동시에 수정 하고 Commit 할 경우, 충돌 발생 가능 (Check-in/out 으로 동시성 보장) - 중앙저장소 다운시 작업 어려움 |

3. 분산관리형-Git과 구성와 장/단점

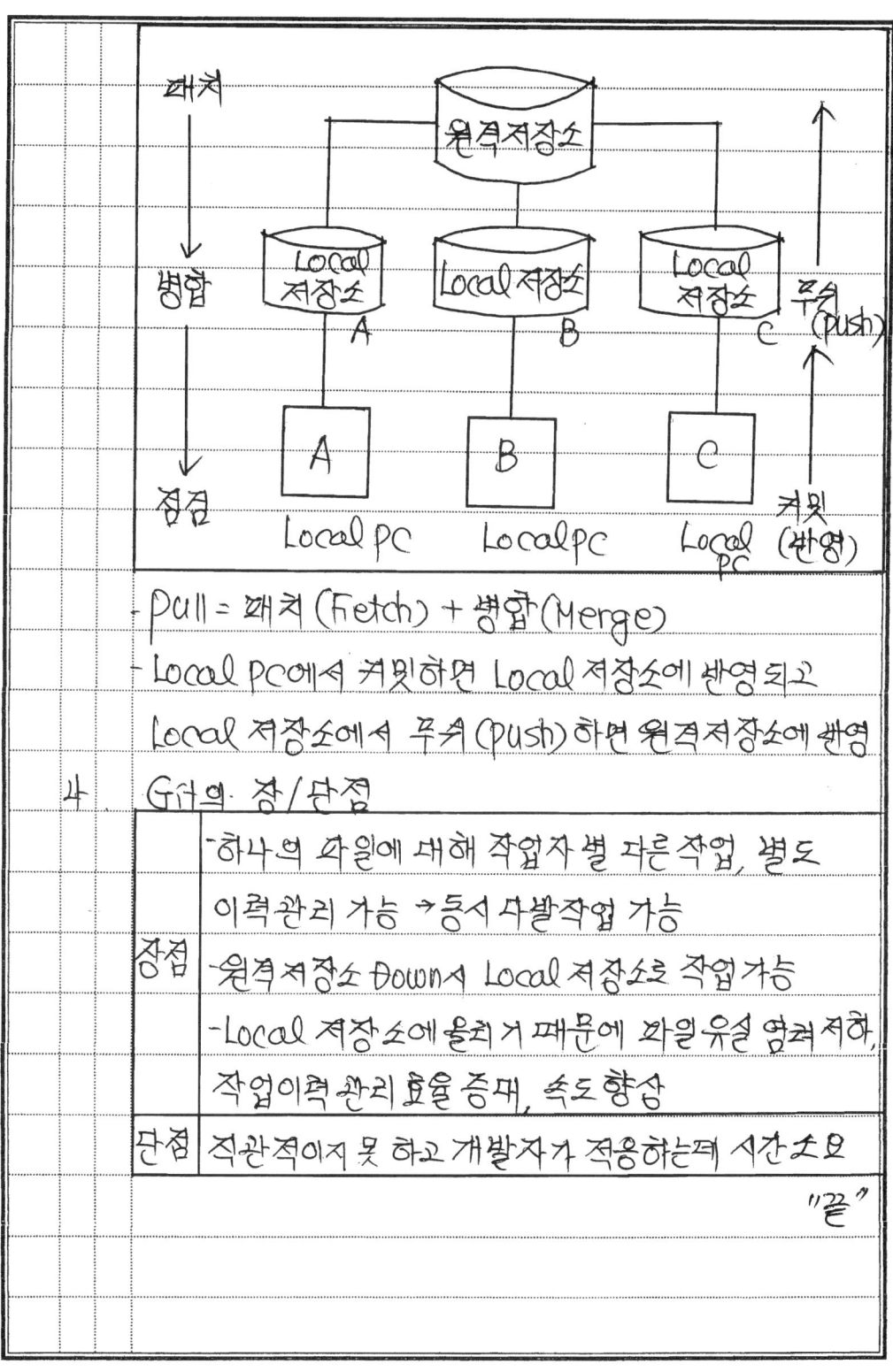

- Pull = 패치(Fetch) + 병합(Merge)
- Local PC에서 커밋하면 Local 저장소에 반영되고
- Local 저장소에서 푸쉬(Push)하면 원격저장소에 반영

4. Git의 장/단점

| | |
|---|---|
| 장점 | - 하나의 파일에 대해 작업자별 다른작업, 별도 이력관리 가능 → 동시 다발작업 가능<br>- 원격저장소 Down시 Local 저장소로 작업가능<br>- Local 저장소에 올리기 때문에 파일유실 염려 저하, 작업이력관리 효율 증대, 속도 향상 |
| 단점 | 직관적이지 못하고 개발자가 적응하는데 시간소요 |

"끝"

문 119) Cloud Native 12가지 원칙 중 1개 Codebase를 통한 관리 원칙에 대해 설명하시오.

답)

## 1. 1개의 코드베이스를 통한 개발 & 운영 배포 방안
- Appl.은 1개의 Codebase를 통해 관리되어야 하며 동일한 Code로 개발 & 운영환경에 배포, Codebase는 각 Appl.마다 딱 1개가 존재해야 한다는 원칙
- (Appl.은 Source Code의 변경과 여러 환경으로 수차례 Release(배포) 시에도 추적가능)

## 2. AS-IS : Codebase와 배포 앱 간 N:N 관계

| 1:N, N:1의 Codebase와 배포 Appl. 관계 |

Source Code
- 모듈 A ──→ N:1 Codebase 배포 / 통합 빌드/배포 ──→ [배포환경: 운영계 Appl 1]
- 모듈 B ──→
- 모듈 C ──→
- 모듈 F ──→ 1:N = Codebase:배포 ──→ [배포환경: 운영계 Appl 2]

- Source Code와 배포 앱 간의 관계가 1:N & N:1 관계 형성되어 배포 Appl.의 Code 추적과 버전관리 어려움
- Appl. 관련 모든 자산 소스코드, 프로비저닝 스크립트, 환경설정 등 내용이 통일된 Codebase에 저장되지 못함

③ To-BE : Codebase와 배포 Appl. 간 1:1 관계 운영

```
┌─────────────────────────────────────────────┐
│  Codebase는 Appl.을 관리하는 레파지토리(저장소)  │
│                                             │
│     Source Code          ┌─ 배포환경 ──────┐ │
│    모듈 A  ○──────┐      │ → 운영계 Appl.1 │ │
│                   ├──────│ → 검증계 Appl.1 │ │
│     모듈 B   ○────┤      │ → 운영계 Appl.2 │ │
│                   └──────│ → 검증계 Appl.2 │ │
│  모듈 F ○ ┆              │                │ │
│       의존관계           │    동일한       │ │
│       Include           │  Codebase 사용  │ │
│                          └────────────────┘ │
└─────────────────────────────────────────────┘
```

- Codebase는 SVN과 같은 중앙관리형과 Git과 같은 분산관리형이 존재함
- Appl. 관련 모든 자산, Source Code, 프로세싱 스크립트, 환경설정 등 내용이 Codebase(레파지토리)에 저장되어 개발자 & 운영 담당자들에 의해 사용됨
- 모든 배포는 1개의 Codebase를 가지고, Codebase는 CI/CD 도구에 의해 관리됨

"끝"

문 120) Cloud Native 12가지 개발원칙중 Application 명시적 종속성에 대해 설명하시오

답)

## 1. Code의 Application & 라이브러리, 명시적 의존성 선언
- 종속관계에 있는 모든 Application은 명시적으로 종속성을 선언하며 Application이 필요로 하는 라이브러리를 종속성 파일에 명시적으로 선언하여 사용

## 2. AS-IS : Source code 내 System & Lib. 포함

종속성이 라이브러리가 암묵적으로 포함

```
                                    ┌─────┐ 바이너리
                                    │LIBs │ 라이브러리
                                    └─────┘
                                       ↑ 의존관계
                                       │
     👤 ←──  [형상관리]   (Code) Source
    개발자                          code
                                       │ 의존관계
                                       ↓
                                    ┌─────┐
                                    │패키지│ System
                                    │ 등  │  S/W
                                    └─────┘
```

- Application이 의존하는 Lib & System S/W가 암묵적으로 관리되어 Version 관리 & 환경구성이 어려움
- 개발에 새롭게 참여하는 개발자의 환경설정 (Configuration)은 재구성하여야 함

- Appl. 실행 시 종속성 분리(Dependency Isolation) 도구(Tool)를 사용하지 않음
- Lib가 통합관리가 제공되지 않아 다양한 플랫폼 (platform)간 이식성을 제공하지 못함

3. To-BE : 종속성이 있는 LIB. 통합관리(Cloud Native)

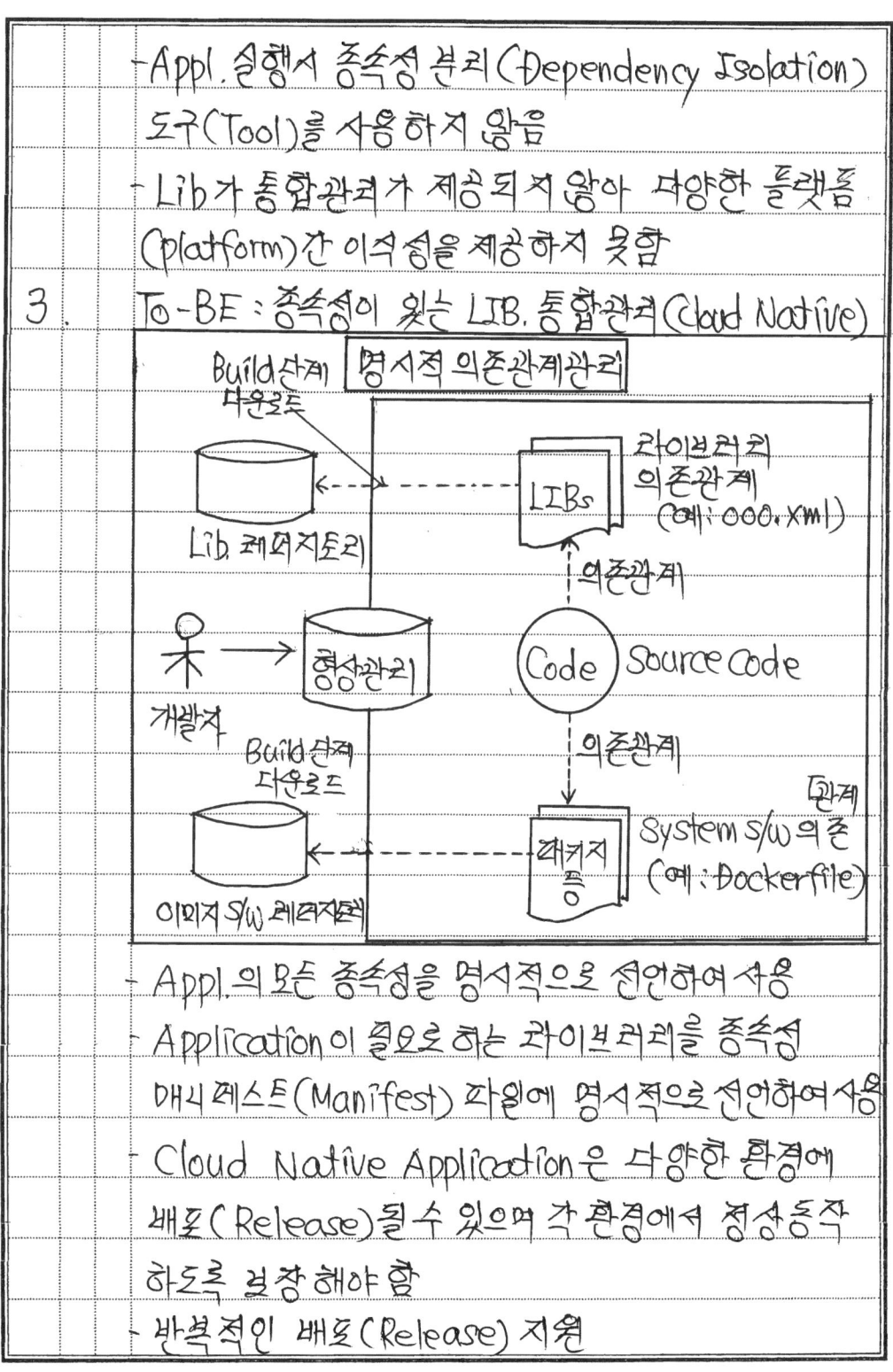

- Appl.의 모든 종속성을 명시적으로 선언하여 사용
- Application이 필요로 하는 라이브러리를 종속성 매니페스트(Manifest) 파일에 명시적으로 선언하여 사용
- Cloud Native Application은 다양한 환경에 배포(Release)될 수 있으며 각 환경에서 정상동작 하도록 보장해야 함
- 반복적인 배포(Release) 지원

- 모든 종속관계는 종속성 선언통한 완전성/정확성 확보
- 라이브러리 종속성 관리 & Build 도구의 사용
- Appl. Source code는 CodeBase, Lib는 Lib 저장소에서 관리되어야 함
- 특정 Version 관리 중요
- 모든 Lib는 Lib 저장소에서 관리되고 Down 가능해야함
- Node.js 패키지, Java.jar, .Net의 DLL과 같은 외부 아티팩트(artefact) 파일은 실행시 Memory에 로드된 종속성 선언 Manifest에서 참조됨

"끝"

문 121) Cloud Native 12가지 개발 원칙 중 Application 의 Build, Release, Run 3단계 과정의 분리에 대해 설명하시오.

답)

1. Build, Release, Run 3단계 분리 과정
   - Codebase는 엄격하게 구분된 Build, Release, 실행 3단계의 과정을 통해 Deployment(배치)가 이루어지며 각 단계는 엄격하게 분리되어야 함

2. AS-IS : 비순차적, 미분리된 실행환경

   | 단계가 명확히 구분되지 않는 환경 |

   ```
                    배포
         ┌──────────────────────────┐
         │                          ↓
   ┌────────┐   ┌──────┐   ┌─────────┐   ┌──────┐
   │ Source │ → │Build │ → │ Release │ → │ Run  │
   │ Code   │   │      │   │ (배포)  │   │(실행)│
   └────────┘   └──────┘   └─────────┘   └──────┘
         배포       배포              단일단계로 처리
   ```

   - Build, Release, Run 단계에 대한 명확한 구분 없음
   - 순차적인 단계에 따르지 않고 직접 빌드(Build)/ 배포(Release)하는 경우가 다수임

3. TO-BE : CI/CD 기반 순차적 실행환경 구축

   | CI/CD 파이프라인 기반의 Task 수행 |

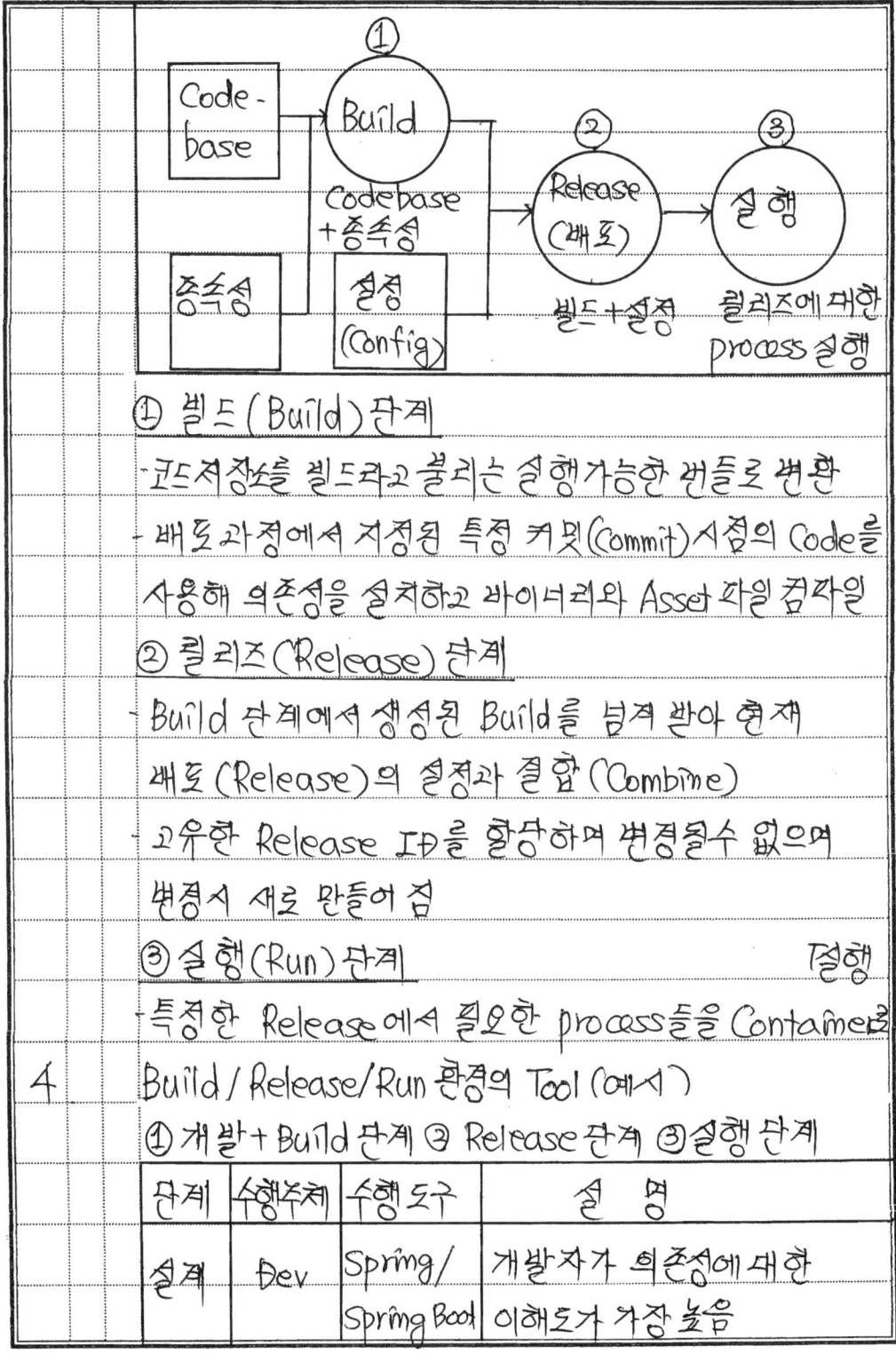

① 빌드(Build) 단계
- 코드저장소를 빌드라고 불리는 실행가능한 번들로 변환
- 배포과정에서 지정된 특정 커밋(Commit) 시점의 Code를 사용해 의존성을 설치하고 바이너리와 Asset 파일 컴파일

② 릴리즈(Release) 단계
- Build 단계에서 생성된 Build를 넘겨 받아 현재 배포(Release)의 설정과 결합(Combine)
- 고유한 Release ID를 할당하며 변경될 수 없으며 변경시 새로 만들어 짐

③ 실행(Run) 단계
- 특정한 Release에서 필요한 process들을 Container로 실행

4  Build/Release/Run 환경의 Tool (예시)
① 개발+Build 단계 ② Release 단계 ③ 실행 단계

| 단계 | 수행주체 | 수행도구 | 설명 |
|---|---|---|---|
| 설계 | Dev | Spring/Spring Boot | 개발자가 의존성에 대한 이해도가 가장 높음 |

|  | | | |  |
|---|---|---|---|---|
| ① 개발 + 빌드 단계 | CI | | .war & .jar 생성 | - Codebase의 Source code와 종속성(LIB)을 내려받아 컴파일 한 후 하나의 패키지를 만듦<br>- 1번의 Build로 다수 배포<br>- Build는 개발자에 의해 실행됨<br>- Build시 오류는 개발자가 개선 가능 |
| ② 릴리즈 단계 | 플랫폼 | | Droplet, Docker 이미지 | - Release 단계에서는 Build된 패키지에 환경 설정 정보를 조합<br>- 모든 릴리즈는 고유의 릴리즈 ID 부여, 변경시 새로운 릴리즈 ID 부여<br>- 민첩한 배포, Upgrade, Call back<br>- 배포도구에서 Release 기능 제공 |
| ③ 실행 단계 | 플랫폼 | | Container + Process | - Release에서 만들어진 결과물은 실행환경에서 Application으로 실행 에 의해 실행<br>- 속도(Speed) 중요<br>- 운영담당, 재부팅, process 재실행에<br>- 자동으로 실행될 수 있으므로 실행 단계의 변경작업 최소화 필요 |

- 설계/개발/릴리즈/실행 단계는 엄격 구분
- 실행시 변경된 Code를 빌드 단계로 역전파 할 수 없으며 이러한 Code 수정은 불가능

"끝"

문 122) Cloud Native 12가지 개발원칙중 Application의 Stateless(무상태) 저장 방안에 대해 설명하시오.

답)

1. Cloud Native의 무상태(Stateless) 서비스 관리
   - 상태(Stateful) process는 Client와 Session 정보를 서버에 저장하므로 Scale out시 관련 정보의 이동작업이 필요한 반면, 무상태(Stateless) process는 서버에 저장하지 않고 외부 DB에 저장하여 Scale out이 용이한 구조임

2. AS-IS: 상태(Stateful) 프로세스 (Cloud Native 적용전)

   | Client와 Server간 세션의 상태(상태 정보저장)에 기반, Client에 응답을 보냄 |

   [다이어그램: Client A → 로드밸런서 → Appl.#1 (Session 정보), Appl.#2, Session 복제, 스케일아웃시 Middleware에서 세션복제]

   - Client와 Session 정보를 Server에 저장함
   - Scale out시 Client와 Session 정보를 옮겨주는

3. 부수적 작업필요
   TO-BE: 신규 무상태(Stateless) process

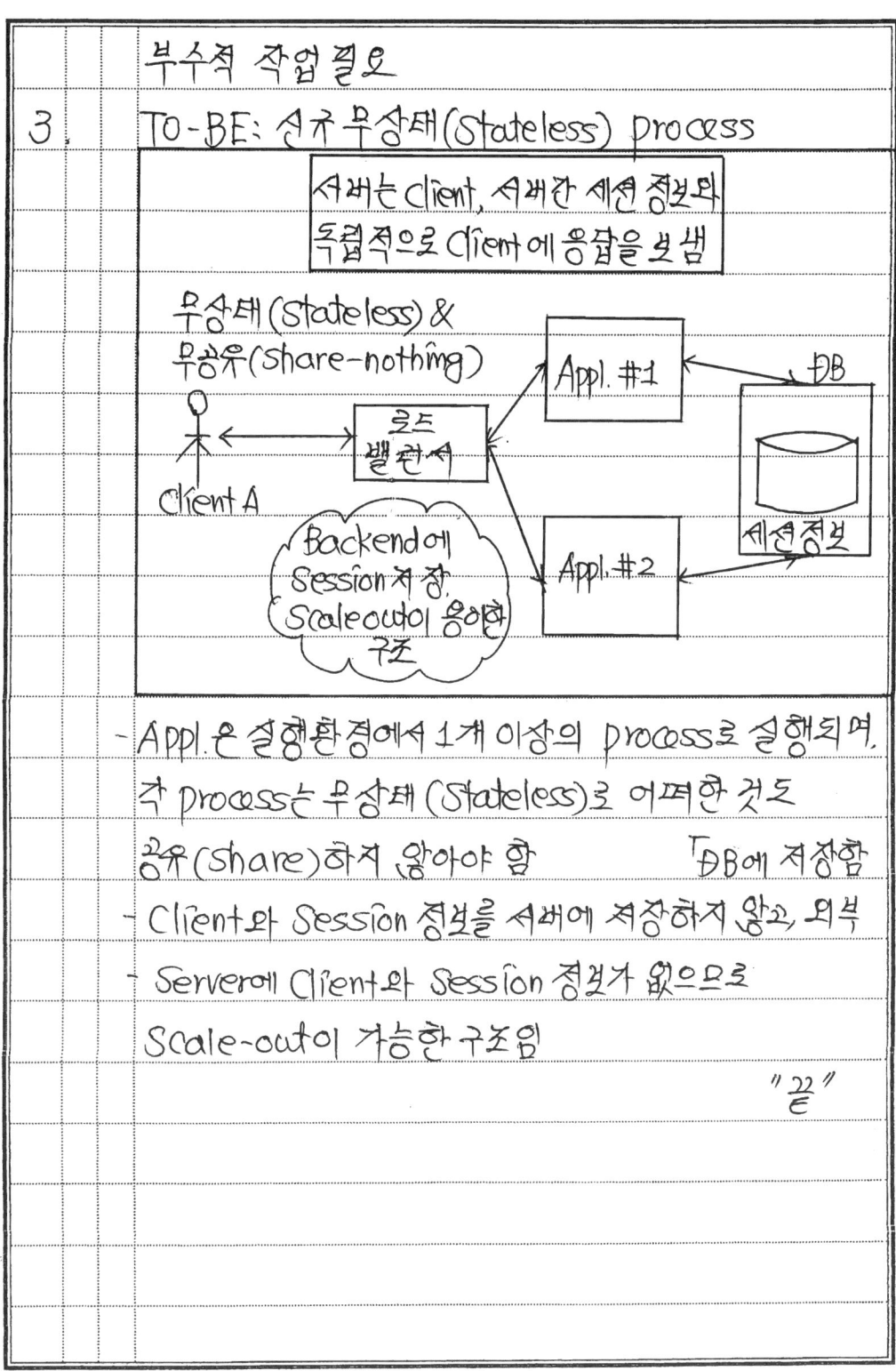

- Appl.은 실행환경에서 1개 이상의 process로 실행되며, 각 process는 무상태(Stateless)로 어떠한 것도 공유(Share)하지 않아야 함  「DB에 저장함
- Client와 Session 정보를 서버에 저장하지 않고, 외부
- Server에 Client와 Session 정보가 없으므로 Scale-out이 가능한 구조임

"끝"

문 123) Cloud Native 12가지 개발원칙중 포트 바인딩 (Port Binding)에 대해 설명하시오

답)

1. 유연하게 사용자 port 설정, Port Binding 정의
   - 내/외부 Port Mapping 기술, 메시지를 송수신하는 위치와 방법을 결정하는 구성정보 의미, 배포된 Appl.을 타 Appl.에서 접근할수 있도록 port Binding을 통해 Service를 공개함 (서비스 공개 & 접근성 제공)

2. AS-IS : On-premise 환경의 Appl. port 수동 정의

   | Port 충돌이 되지 않도록 배포서 수동관리 |

   사용자 요청 80(port) → Proxy → 81(Host) Appl.1 / 82(Host) Appl.2 / 83(Host) Appl.3    서버
   사용자

   - On-premise에서 복수의 WAS 실행시 서로 다른 port 수행
   - Domain 분기처리를 위한 L7 Router를 배치
   - Server 환경에 따라 배포서 Appl.의 port 변경이 필요

3. TO-BE : Cloud Native Appl.의 port Binding

### platform에서 Port Binding을 통해 자동 Mapping처리

서버 (Host머신)

사용자 → 사용자요청 80(port) → 라우터

라우터 → 18001(Host) → 80 (컨테이너) / Appl.1 (서비스)
라우터 → 18002(Host) → 80 (컨테이너) / Appl.2 (서비스)
라우터 → 18003(Host) → 80 (컨테이너) / Appl.3 (서비스)

- Host port와 Container Port간 Binding을 플랫폼에서 처리
- 사용자 도메인(Domain)과 Container Host port간 Mapping을 platform에서 처리
- 사용자는 Appl. 서비스를 위한 Domain 지정 만으로 Service Routing을 요청할 수 있음

"끝"

문 124) Cloud Native 12가지 원칙중 기능별로 분리된 Micro process 설계원칙에 대해 설명하시오

답)

1. Micro Service 단위별로 기능분리, Micro process
   - 모든 일을 처리하는 하나의 process 대신 기능별로 분리된 Micro process를 실행하며, process 모델을 기반으로 수직적(Scale-up) & 수평적(Scale-out) 확장성을 제공하기 위한 방안

2. AS-IS: 모든 일을 처리하는 하나의 process

   > 모든 일(Web, API, Batch)을 처리하는 하나의 프로세스로 배포 무겁고 수평확장에 제약 있음

   [다이어그램: 사용자 A, 사용자 B → 로드밸런서 → Appl#1 (Web, API, Batch), Appl#2 (Web, API, Batch), Appl #1~2]

   - H/W & S/W 기반 부하분산 (L4)
   - 전통적인 Web Logic과 같은 Middleware 기반으로 Web, API, Batch Application을 통합하여 배포하는 방식
   - 특정 유형의 process Scale-out이 어렵고 전체 Node를 증설하거나 Scale-up 필요

3. TO-BE: process 유형별 수평적 확장이 가능한 구조

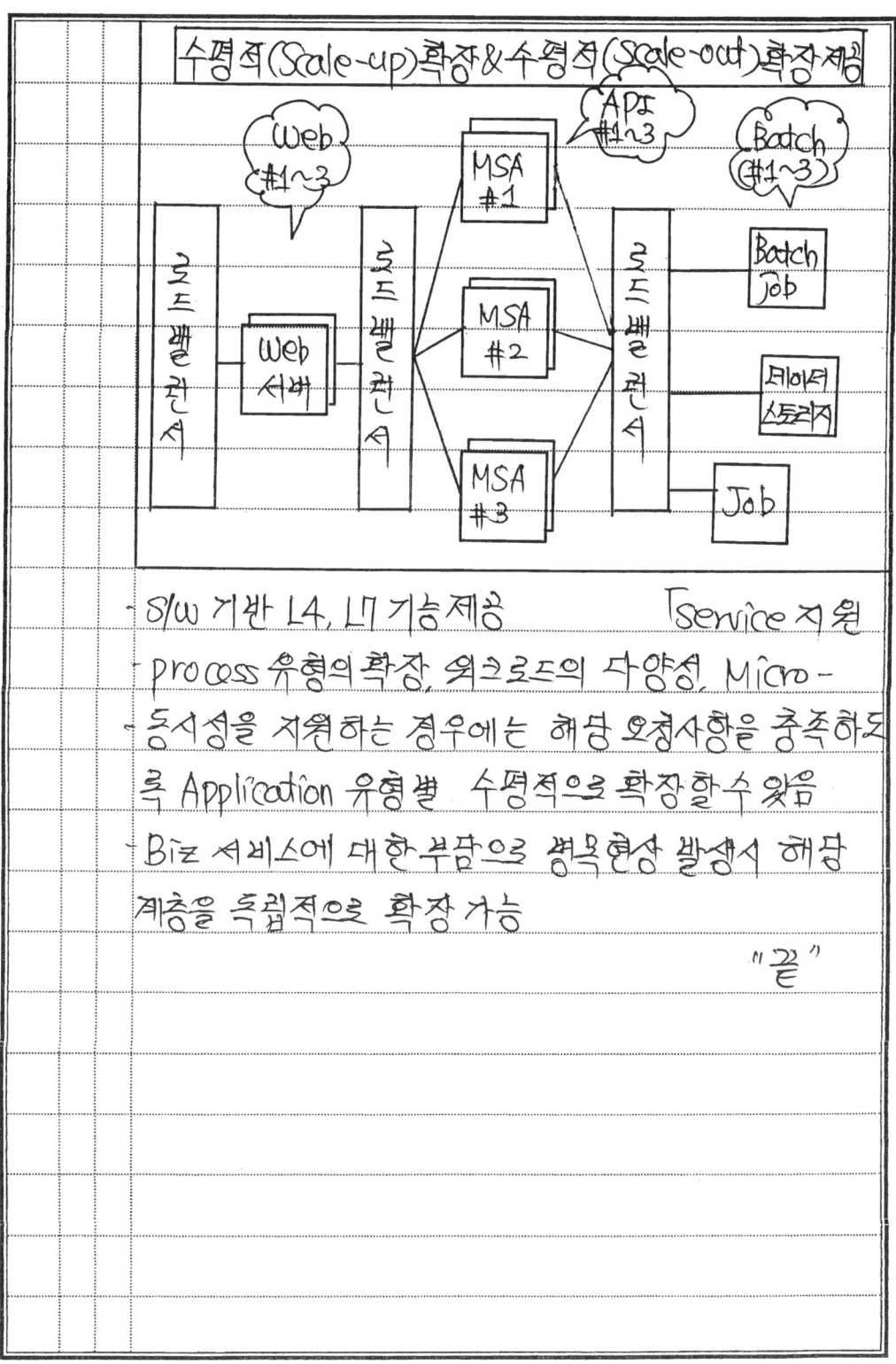

- S/W 기반 L4, L7 기능 제공    service 지원
- Process 유형의 확장, 워크로드의 다양성, Micro-
  동시성을 지원하는 경우에는 해당 요청사항을 충족하도
  록 Application 유형별 수평적으로 확장할 수 있음
- Biz 서비스에 대한 부담으로 병목현상 발생시 해당
  계층을 독립적으로 확장 가능

"끝"

문 125) Cloud Native의 12가지 원칙중 shutdown시 정상종료 (폐기가능 : Disposability) 원칙에 대해 설명하시오

답)

## 1. 스케일 up/down 빈번 발생, 폐기가능 설명
- MSA는 각종요청에 의해 Scale up/Down이 빈번하므로 process는 shutdown 신호를 받았을 때 정상종료 해야 함. 빠른시작(Start-up) & 정상종료(Graceful Shutdown)로 안정성 극대화 필요

## 2. AS-IS : 기존 program 처리

| 미들웨어 담당자에 의한 중지 & 가동으로 정기 PM시간에 가동 & 중지, 자원초기화 & 종료를 모니터링 & 관리 |

사용자A ─┐
         ├── 프로그램 가동/종료 ─── Appl.#1 (웹/API/Batch)
         │   (관리자 미들웨어 제어)
사용자B ─┘                     └── Appl.#2 (웹/API/Batch)

- 정기 PM (Periodic Preventive Maintenance) 정기적으로 실시하는 장애 예방 활동
- Middleware가 제공하는 가동/중지 Signal을 고려하여 Appl.의 설계 필요 - Middleware 관리자에 의해 가동/종료가 관리되고 Resource 초기화를 점검

## 3. TO-BE : 빠른 시작과 정상종료가 가능한 폐기가능성

> Appl. 부하조건에 따라 자동적인 Appl. 스케일이 발생하며
> Appl. 기동/중지시 자원관리가 자동으로 처리

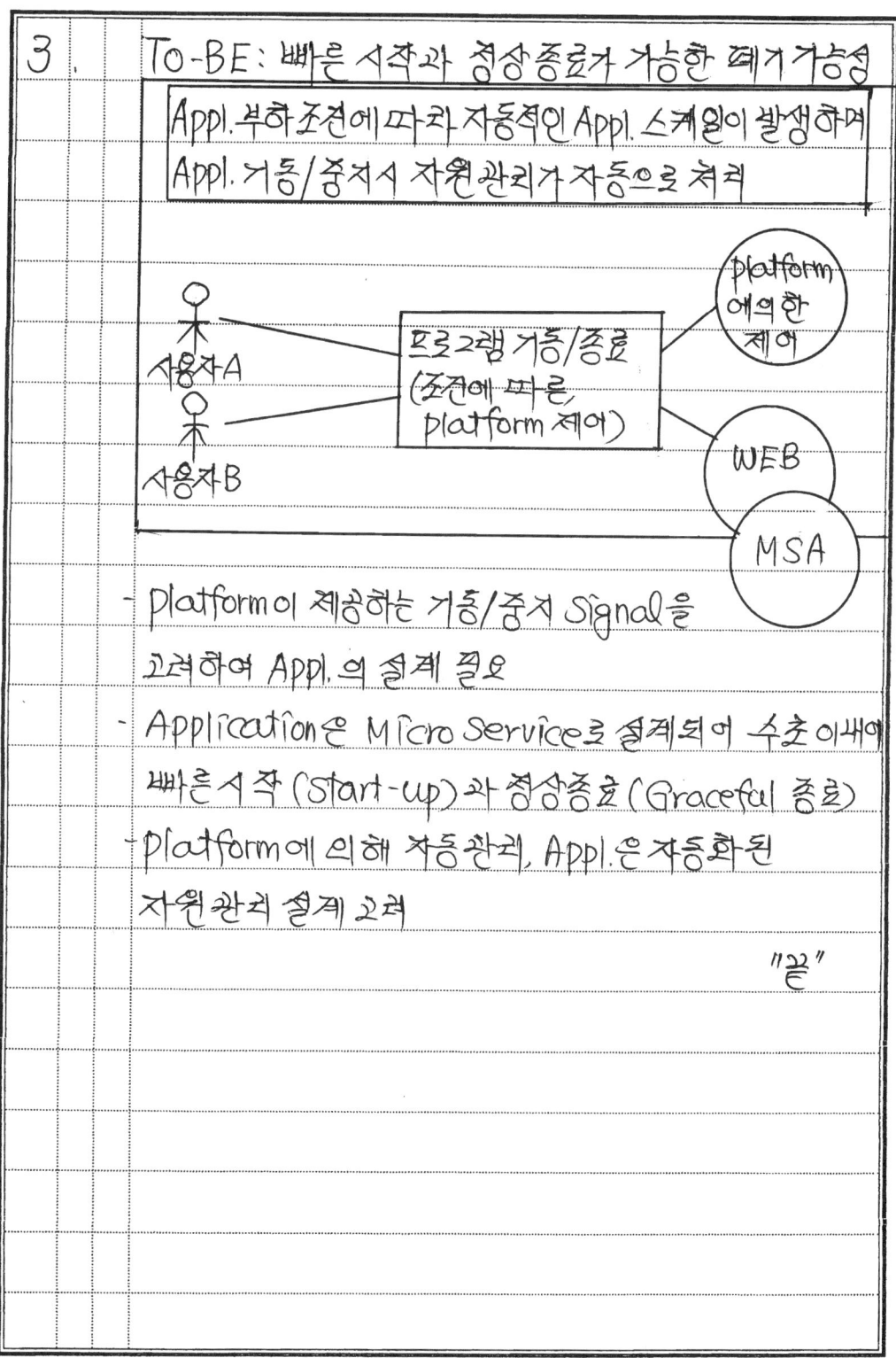

- platform이 제공하는 기동/중지 Signal을
  고려하여 Appl.의 설계 필요
- Application은 Micro Service로 설계되어 수초 이내에
  빠른시작 (Start-up)과 정상종료 (Graceful 종료)
- platform에 의해 자동관리, Appl.은 자동화된
  자원관리 설계 고려

"끝"

문 126) Cloud Native의 12가지 개발원칙 중 개발과 운영환경 일치 원칙에 대해 설명하시오

답)

1. 동일환경원칙(개발&운영), 개발/운영환경 일치원칙
   가능한 동일한 개발/검증/운영환경을 유지하여
   장애 최소화 & 지속적인 배포가 가능하게 함

2. AS-IS: 개발/운영환경 (Cloud Native 적용 전)

   개발환경과 운영환경의 차이

   [개발자A → Code base → 상이한 환경 ③]
   [긴 배포간격 ②]
   [개발자A → 개발계 ① Code 개발자 ≠ 개발자B → 검증계 ≠ 운영자B → 운영계 ① 코드 배포자]

   | ① | 코드 개발자와 코드 배포자 상이 |
   | | - 운영자가 운영계 배포를 담당하므로 Code 개발자와 Code 배포자가 다름 |
   | ② | 긴 배포 간격: 개발자가 Code 작성 후 개발계, 검증계, 운영계 환경에 반영하기까지 수일~수개월 소요 |
   | ③ | 상이: 기존의 개발/운영환경은 Code 개발자와 배포자가 상이, 긴 배포 간격, 도구등의 환경 차이가 존재하여 운영환경에서 장애 발생 가능성이 높음 |

3. TO-BE : 12 Factor (Cloud Native) 개발/운영 환경

개발, 테스트(검증), 운영환경을 최대한 동일하게 유지

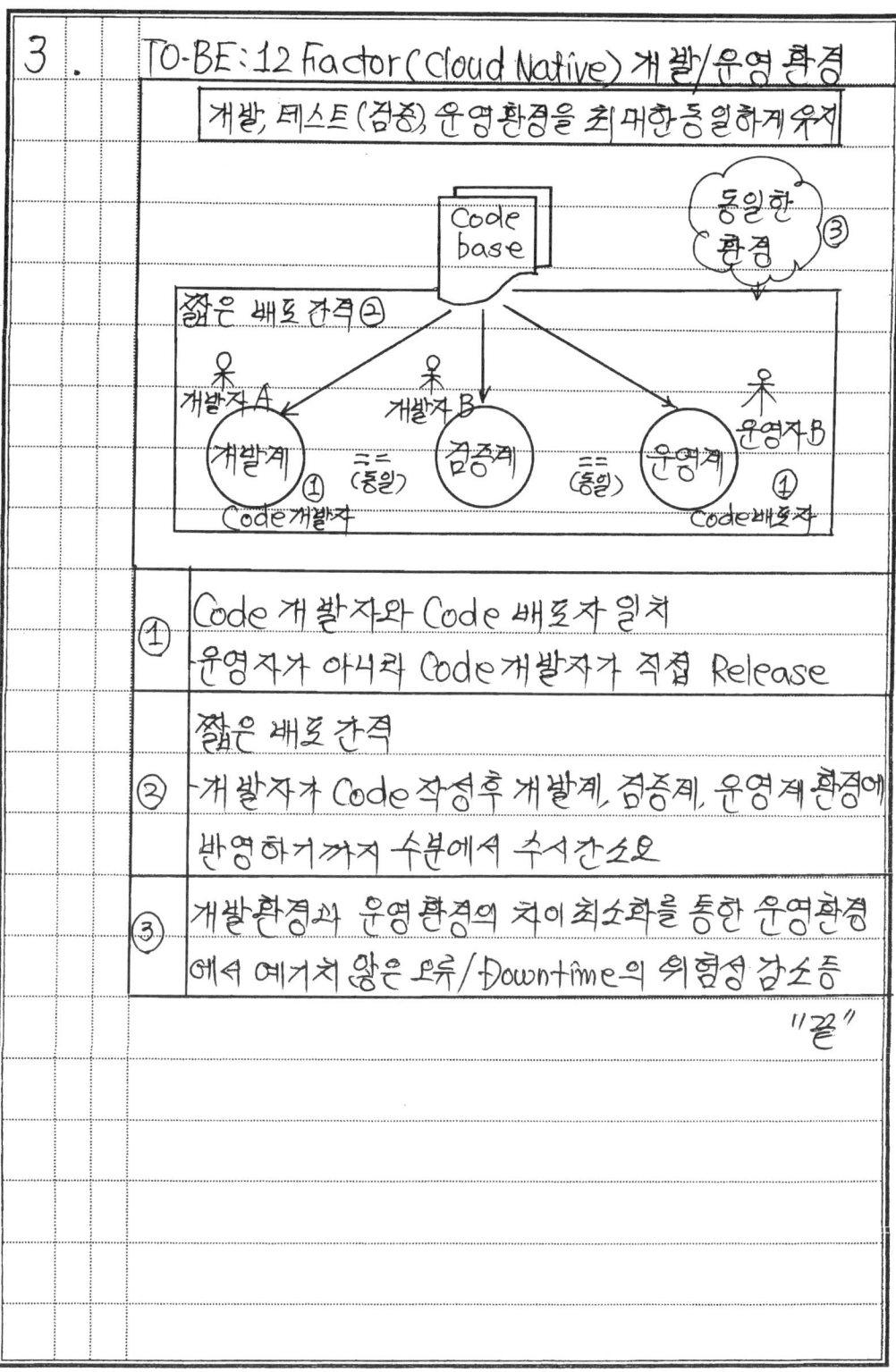

| ① | Code 개발자와 Code 배포자 일치<br>- 운영자가 아니라 Code 개발자가 직접 Release |
|---|---|
| ② | 짧은 배포 간격<br>- 개발자가 Code 작성후 개발계, 검증계, 운영계 환경에<br>반영하기까지 수분에서 수시간 소요 |
| ③ | 개발환경과 운영환경의 차이 최소화를 통한 운영환경<br>에서 예기치 않은 오류/Downtime의 위험성 감소등 |

"끝"

문 127) Cloud Native의 12가지 개발원칙 중 Log Stream 형태로 표준출력 방안에 대해 설명하시오

답)

1. Log 파일을 Event Stream으로 Log처리 방안
   - Appl. Log는 파일이 아닌 Log Stream 형태로 표준출력하며 platform에 의해 Log stream이 통합되고 관리되는 Log 관리 방안

2. AS-IS : 기존 Log 수집

   | Log는 Logcal 파일로 저장하며 Local 파일을 중앙저장소로 이동하여 통합/분석됨 |

   - Appl. 은 Log를 파일로 저장
   - 파일 생성 & Wrap 조건 (Buffering 조건)을 Application & Server 내 설정으로 관리
   - Log 분석 체계에 의해 Local Log 파일을 중앙저장소로 복사하여 Log 분석 수행 (Appl.에 대한 Log 수집을

위한 program 변경 & Agent program 설치등)

3  TO-BE : ELK (Elastic Search, Logstash, Kibana)
기반 Log 수집

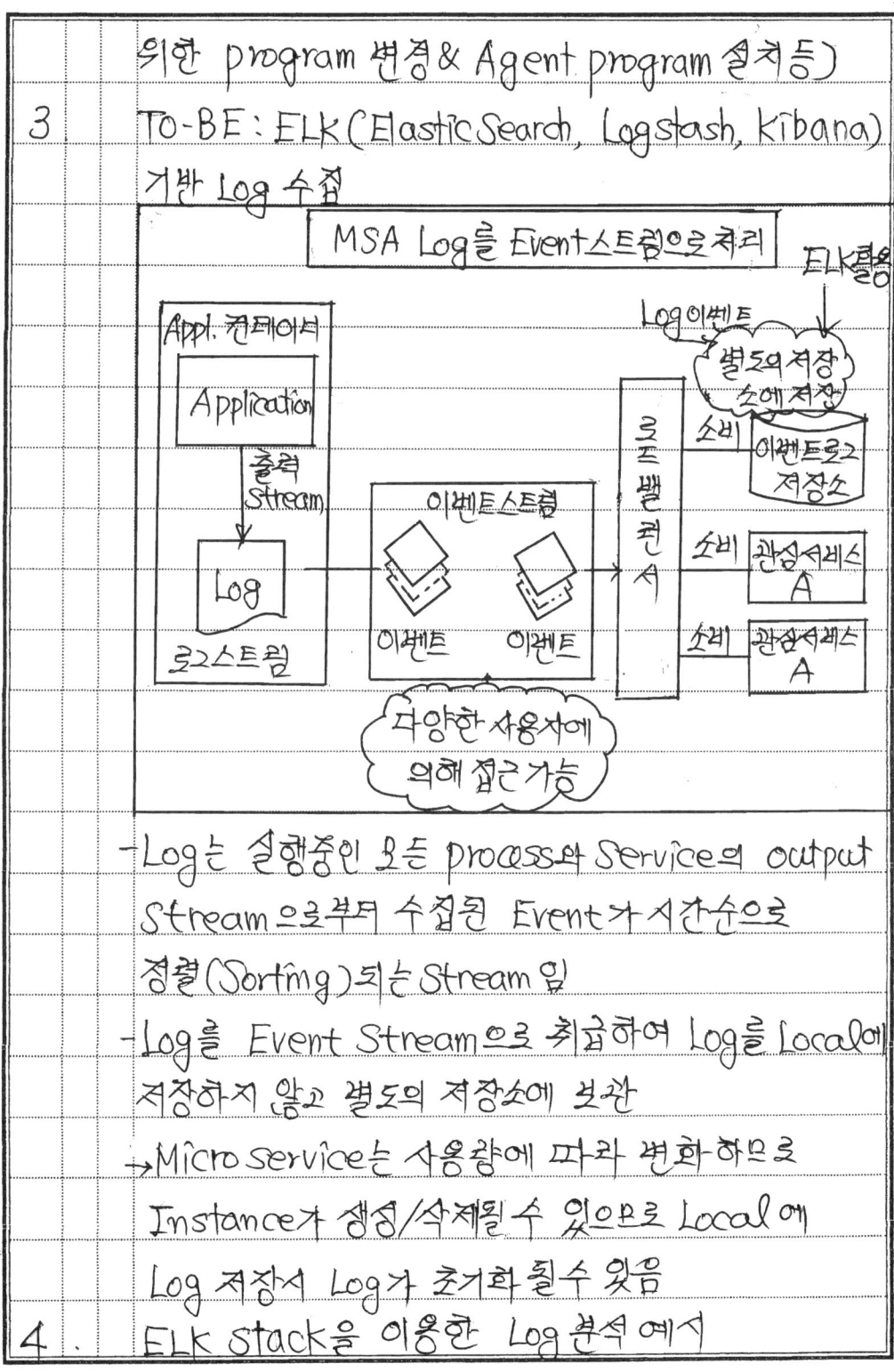

- Log는 실행중인 모든 process와 Service의 output Stream으로부터 수집된 Event가 시간순으로 정렬(Sorting)되는 Stream 임
- Log를 Event Stream으로 취급하여 Log를 Local에 저장하지 않고 별도의 저장소에 보관
  → Micro service는 사용량에 따라 변화하므로 Instance가 생성/삭제될 수 있으므로 Local에 Log 저장시 Log가 초기화될수 있음

4. ELK stack을 이용한 Log 분석 예시

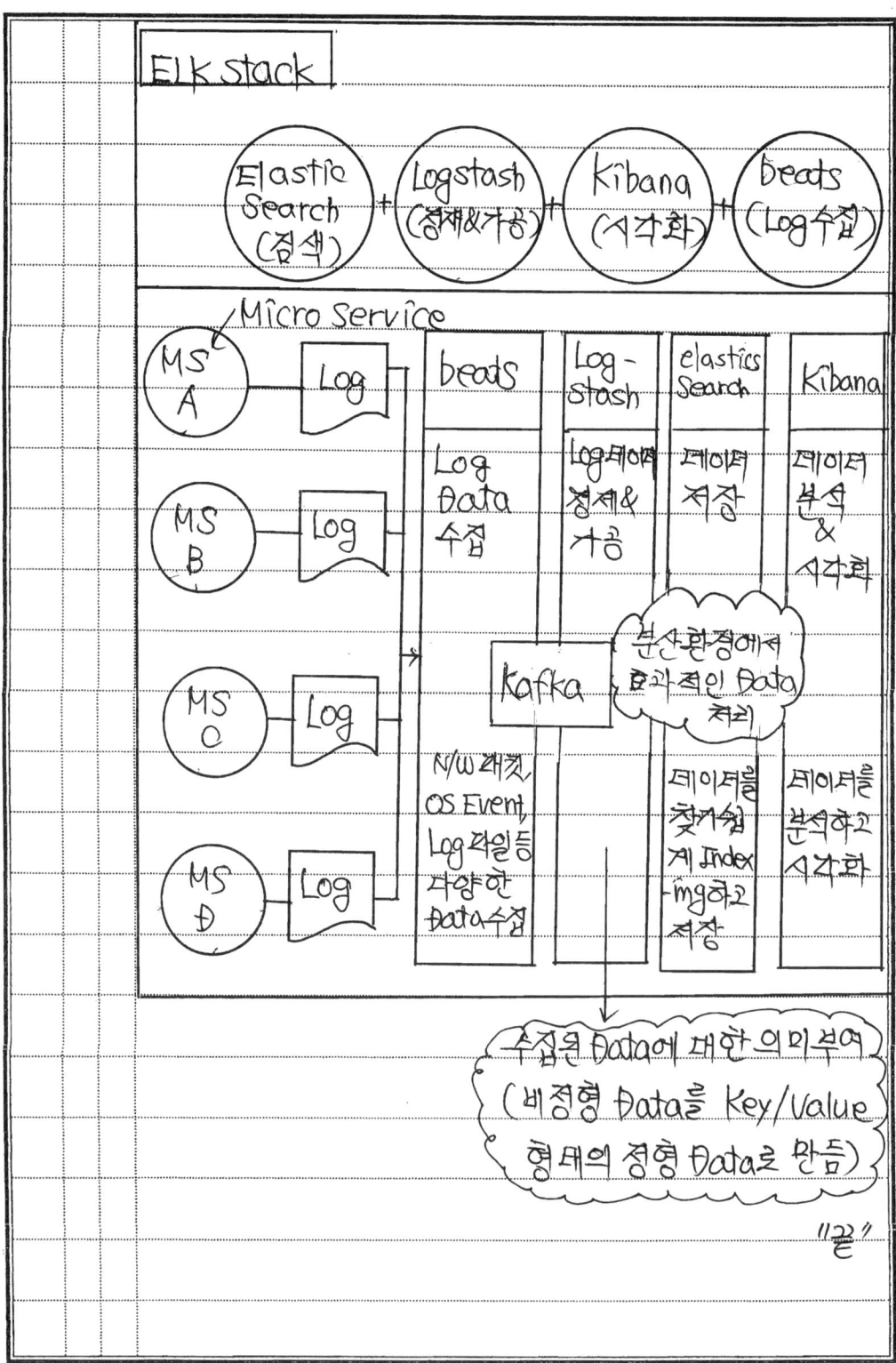

문 128) Cloud Native의 12가지 원칙 중 운영관리 process에 대해 설명하시오

답)
1. 일회성 process 별도관리, 운영관리 process
   - 관리/유지보수 process는 일회성 process로 Application Process와 분리되어 실행되지만, Application과 동일한 Build/Release/배포 사이클로 실행됨

2. AS-IS : Process 미분리 (Cloud Native 적용전)

   | Application process와 관리 process 동일환경에서 동작 |

   운영환경
   - Application Process
     - Appl. 1
     - Appl. 2
     - Appl. 3
   - Admin Appl.

   사용자 → 로드밸런서 → (운영환경)
   관리자 → Admin Appl.

   - 관리/유지보수 process는 Application 영역과 분리되어 있지 않고 동일환경에서 동작
   - 관리 process가 운영 System에 영향을 줄 수 있음

3. TO-BE : 사용자와 관리자 process 분리 (Native 적용)
   - 관리/유지보수 process는 Application 영역과 분리되어 동작수행됨

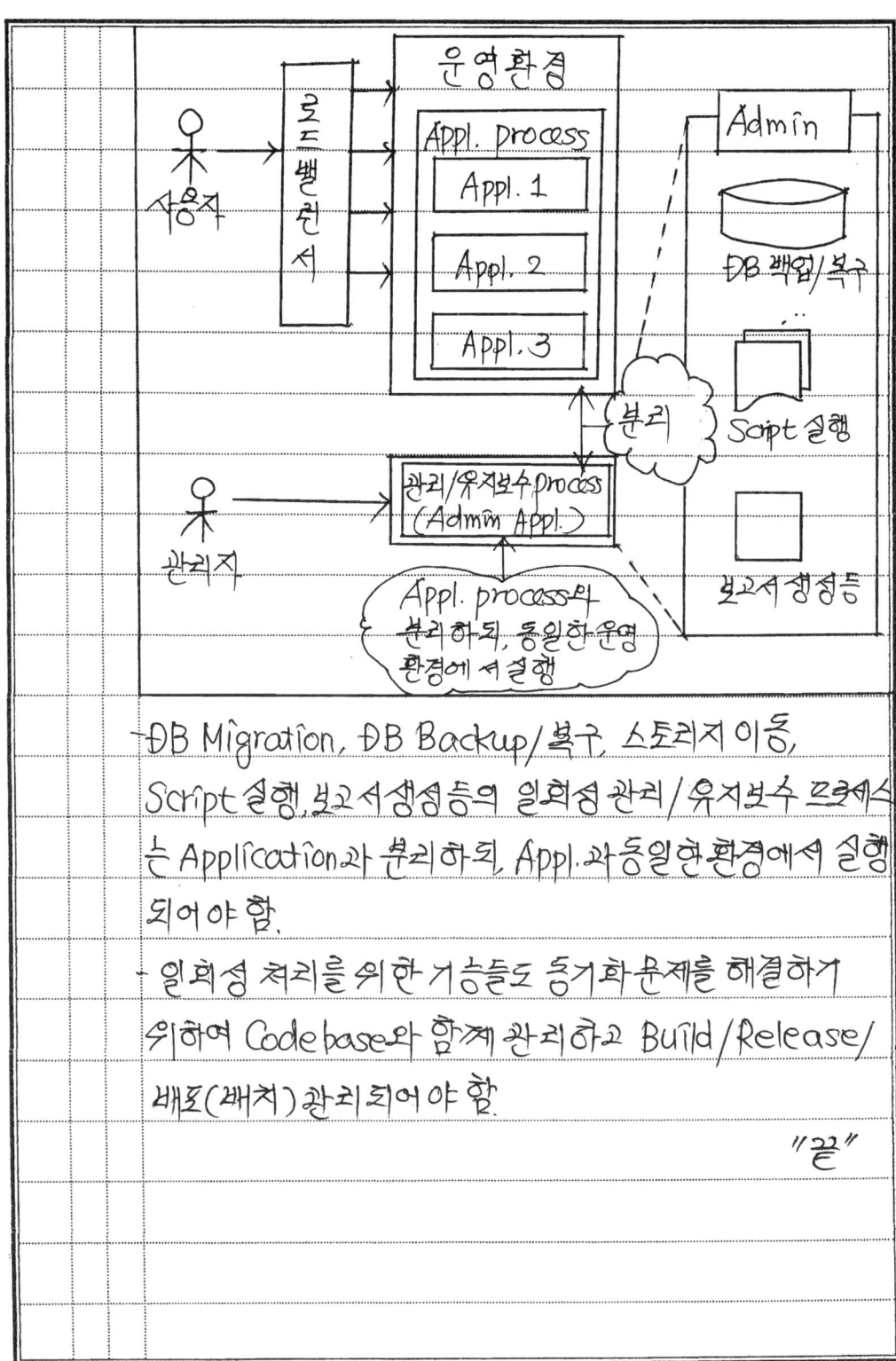

- DB Migration, DB Backup/복구, 스토리지 이동, Script 실행, 보고서 생성 등의 일회성 관리/유지보수 프로세스는 Application과 분리하되, Appl.과 동일한 환경에서 실행되어야 함.
- 일회성 처리를 위한 기능들도 동기화 문제를 해결하기 위하여 Codebase와 함께 관리하고 Build/Release/배포(패치) 관리되어야 함.

"끝"

# PART 7. 클라우드 네이티브 설계단계

문 129) 클라우드 전환사업의 단계별 감리방법과 검토항목에 대하여 설명하시오.

답)

## 1. Cloud 전환 의무화, Cloud 전환사업 감리 개요

가. System의 안정성, 효율성 점검, Cloud 전환 감리정의
- 기관이 구축/운영중인 정보System의 Application의 변경없이 Infra자원을 대상으로 Cloud로 전환하는 사업에 대한 감리진행, 적절성, 운영효율성 점검

나. Cloud 전환 Step별 주요 감리 점검 내용

| 계획수립 → 전환신청 → 전환실행 → 서비스 안정화 |
|---|
| -전환 타당성검토  -nTOPS계정신청  -App.수정/개발  -서비스전환 |
| -요구사항 분석   -원격접근신청   -APP&상용SW설치 -안정화활동 |
| -영향도 분석    -방화벽 포트신청  -이용환경 구축  -기술지원 |
| -구성&사용량확정  -점검Tool신청    -Data이관      -운영지원 |

- nTOPS (national Total Operation Platform System)

## 2. Cloud 전환사업의 단계별 감리방법

가. Cloud 전환 사업 계획수립/신청

| 단계 | 활동 | 상세 내용 |
|---|---|---|
| 전환계획 | 전환 타당성 | Cloud 기반으로 전환 가능성에 |

| | | | | |
|---|---|---|---|---|
| | | | | 대한 검토의 적절성 점검 |
| | 전환 계획 수립 및 준비 | 요구사항 및 영향도 분석 | | Cloud 전환에 따른 이해관계자의 요구사항 & 운영체제 & 자원 변경 등의 영향도가 체계적으로 파악 여부 확인 |
| | | System구성 &사용량측정 | | 최적의 성능 & 안정성 확보를 위한 System구성 & 사용조건 확정여부 확인 |
| | | 구축 & 테스트계획 의 수립 | | System 전환에 따른 업무 중단을 최소화하고 안정성을 확보할 수 있는 방안을 고려한 체계적 구축 & 테스트 계획 마련 |
| | 전환 신청 | nTOPS 계정신청 | | nTOPS를 통한 계정 발급 신청 권한 선정의 적절성 확인 |
| | | 원격접근 & 방화벽 오트허용신청 | | System의 환경구성에 따른 검증작업과 방화벽 port오픈 & 점검 TOOL 사전 설치 등 System 접근 가능 작업 선행 |

- 전환 계획수립 & 신청의 검토가 완료된 이후 실무적 상황을 고려한 전환 실행의 적절성 여부와 안정화에 초점을 두어 감리 진행

4. Cloud 전환 사업 실행 & Service 안정화

| 단계 | 활동 | 상세 내용 |
|---|---|---|
| Cloud 전환 | App.수정/ 개발, AP & 상용SW설치 | -IP변경, Port변경, platform 변경/ 개선 등으로 Appl. 수정 요구에 대한 적정한 수정과 Test 수행 |

| | | | App수정/ 개발, | WEB/WAS & DB 서버의 S/W에 대한 정상적 이관여부 확인 |
|---|---|---|---|---|
| | | | AP&응용 SW 설치 | Cloud 전환으로 인해 영향받는 연계 System 식별, 이에 대한 변경수행확인 |
| | | Cloud 전환 | 서비스이용 환경구축 | Cloud 정보자원을 효율적으로 이용할 수 있는 환경설정 점검 |
| | | | 보안취약 점 점검 | H/W, Appl. 등 자원에 영향을 미칠수 있는 위협요인 파악, 이들 위협요인에 대한 취약성분석 & 대응방안 마련확인 |
| | | | Data 이관 | 데이터 이관(Migration) 계획에 따라 Data를 이관하고 검증확인 |
| | | | 통합 Test 수행 | 사용자 환경에서 이용시나리오를 기반, 통합 시험이 적정하게 수행되었는지 확인 System 성능 & 연계 호환성 확보 확인 |
| | | 서비스 안정화 | 서비스전환 & 안정화 | 안정화 위한 Appl. & 사용 S/W 기술 지원은 적정한지 점검 |

- 각 단계별 감리 진행시 주요 검토 항목의 내용을 참고하여 Cloud 전환이 실행되었는지 확인이 필요함

3. Cloud 전환사업의 검토항목

| 분류 | 검토항목 | 상세내용 |
|---|---|---|
| 전환 | Cloud 전환 | Cloud System 특징과 Cloud |

| | | 가능성 | 환경간의 적합성 검토 |
|---|---|---|---|
| 전환 적합성 평가 | | 상용S/W→공개S/W 로 전환 가능여부 | 현재 상용 Software를 Open Source로 전환 가능성 평가 |
| | | 업무 단위이관 가능여부 | 업무 System을 Cloud로 전환 가능한지 여부 검토 |
| Infra 및 System 분석 | | 장비사용연한 만료여부 | 장비교체 주기를 고려하여 전환 필요성 검토 (사용연한확인) |
| | | S/W의 기술지원 만료여부 | Software의 기술지원 만료 상태 확인 (S/W 라이센스 확인) |
| | | System 용량산정 | CPU, Memory, Disk 용량등 System 자원산정, Scaling 필요여부 |
| | | System 구성 | Cloud 전환을 위한 System 구성요소 결정 (Web, Was, DB등) |
| N/W & 보안 요구사항 | | 폐쇄망 & DR 필요여부 | - 폐쇄망 구성 필요성 여부<br>- 재해복구 (Disaster Recovery) |
| | | 인터넷망과 타망 연동필요여부 | 내·외부간 Data 동기화등 Data 연동 필요성 검토등 |

"끝"

# 클라우드 네이티브 보안

개방형 API(Open API)의 취약점과 대응 방안, SaaS 이용 가이드라인, 클라우드 서비스 위험관리 원칙 및 기준과 보안대책 수립 및 보안성 검토, 서비스 수준 협약(SLA), 전통적인 Cloud 보안과 Cloud Native 보안 비교, 다층 보안 체계(Multi Level Security) 등 보안 부분에서도 쉽게 이해할 수 있도록 기술하였습니다.

[관련 토픽-4개]

문 130) 개방형 API (Open API)의 취약점, 대응방안

답)

1. Web 표준준수, Open API의 정의와 특징

| Open API 정의 | 특징 |
|---|---|
| 누구나 사용할수 있도록 Web 표준 protocol과 Web 최적화 방식(REST)의 아키텍처를 활용 구축한 개방된 API 서비스 | 구현측면: 기계가독성, 표준화, 코드자동화 / 서비스측면: 상호운용성, 서비스확장성, 이기종간통합 |

- Open API 구성 (공급자, 사용자)

```
  (공급자)  →   Open API    →  〈사용자〉
                (SOA,
                 REST등)
정부,공공기관,파트너사
  Input         Broker          output
  Data제공자   (서비스중개자)    Data활용
```

2. Open API의 취약점

| 구분 | 취약점 | 설명 |
|---|---|---|
| 보안 관점 | 권한부여 Issue | 권한부여시 세분화 미흡과 특정사용자에게 과도한 권한부여 |
| | 입력검증부족 | 사용자 입력에 대한 검증 체계 미흡 |
| | 민감정보노출 | 민감 Data 관리체계 미흡 |
| 성능 관점 | Network 병목현상 | 특정 Service에 쏠림현상 발생으로 Network 성능 저하 |

| | | | |
|---|---|---|---|
| | 성능 관점 | 확장성문제 | 아키텍처 설계 미흡 → 서비스 확장 문제 |
| | | 캐싱 전략부재 | Caching 처리에 대한 전략 미흡으로 서비스 가용성 저하 |
| | 운영 관점 | Version 관리문제 | 조직내 서비스(Service) 버전관리 체계 부재로 버전 관리 문제 발생 |
| | | 문서 불일치 | 문서 관리 미흡으로 문서와 서비스 불일치 |
| | | 배포복잡성 | 분산 아키텍처에서 조직의 배포체계 미흡 |
| | 유저 경험 관점 | 복잡한 사용법 | 사용자 경험 미흡 → OpenAPI 사용숙지 미흡 |
| | | Error 관리 (처리) 부족 | 사용자가 인식 불가한 수준의 예외처리 (Exception Handling) & 에러 핸들링 |
| | | 비표준포맷 | 표준화 되지 못한 데이터 형식과 포맷 |

- 취약점 관리 위해 정기적 취약점 Test와 Code 검토 필요

3. Open API의 취약점 대응방안

| 구분 | 대응방안 | 설 명 |
|---|---|---|
| 보안 관점 | 권한부여 강화 | OAuth 2.0과 같은 3rd Party 인증과 JWT(JSON Web Token) 등 토큰방식 활용 |
| | 입력 검증 강화 | 사용자 입력(숫자, 문자등)에 대한 Parameter별 Validation 처리 |
| | Log & 감시 | 침입 & 이상탐지 위한 Logging & Monitoring 체계 마련 |
| 성능 | Traffic 관리 | L4, L7 Switch 활용하여 트래픽 관리 & 로드밸런싱 수행 |

| | | | |
|---|---|---|---|
| | 성능 관점 | 확장성 설계 | 설계 시 Service 확장성 고려 설계 |
| | | 캐싱 도입 | 캐싱 전략 수립, 서버부하저하 & Fast 응답 |
| | 운영 관점 | 문서화 | System & Service의 문서 자동화 |
| | | 자동화 | Tool을 이용해 유지보수성 향상 |
| | | 배포파이프라인 | CI/CD 도구 활용, 배포 파이프라인 자동화 |
| | | 모니터링 | 서비스 관리 & 긴급 대응 위한 대시보드 구성 |
| | 유지 점검 관점 | 설계 간소화 | 개발언어별 표준화된 ORM 구조의 Framework 활용 (Object 관계 Mapping) |
| | | 에러 메시지 제공 | 사용자에게 서비스 오류 메시지 제공 |
| | | 일관된 포멧 | 모든 서비스는 일관된 Format으로 제공 |

- OWASP API Security 개정내용 지속 반영, 활용

"끝"

문 131) 국가기관, 지방자치단체 및 공공기관이 안전하고 효율적인 SaaS (Software as a Service)를 이용하기 위해 공공부문 SaaS 이용 가이드라인을 발표하였다. 다음에 대하여 설명하시오.
  가. 클라우드 서비스 위험관리 원칙 및 기준
  나. 보안대책 수립 및 보안성 검토
  다. 서비스 수준 협약

답)

## 1. 공공기관 SaaS 활용 확대, 공공부문 SaaS 이용 가이드 개요
- 국가·공공기관에서 안전하고 효율적인 SaaS 이용위해 '공공부문 SaaS 이용 가이드라인' 공개

| 주요내용 | 활용방안 |
|---|---|
| - SaaS 이용 계획<br>- SaaS 이용 계약 준비<br>- SaaS 이용 계약<br>- SaaS 이용 & 종료 | (정보화사업 담당자) - 사업 계획 수립<br>- SaaS 서비스 도입 추진<br>(정보시스템 운영담당자) - SaaS 서비스 도입 지원<br>- 이용 계약 체결 & 협약 |

## 2. Cloud 서비스 위험관리 원칙 & 기준

가. Cloud Service 위험 관리 원칙

| 구분 | 원칙 | 상세 내용 |
|---|---|---|
| 정책측면 | 공통기본원칙 | 국가 Cloud 컴퓨팅 보안 가이드라인 |

| 구분 | | | 내용 |
|---|---|---|---|
| 정책측면 | 공통 | | 국가정보원(NIS)이 확인한 민간 |
| | 기본 | | 클라우드 Service 만 이용 |
| | 원칙 | | 도입시 정보보호시스템 안전성 확인 |
| | SaaS 환경추가 | | SaaS 사용시, 인터넷/업무영역간 자료교환 금지 |
| | | | SaaS Cloud Infra, 데이터 모두 국내위치 |
| | 기본원칙 | | SaaS는 허가 받은 외부 연동 서비스 연계 |
| 기술측면 | 공통 | | 중요 장비 이중화 & 백업 체계구축, 표준수렴 |
| | 기본 | | Cloud 저장 & 송수신 중요업무 자료 암호화 |
| | 원칙 | | Cloud 상호운용성 지원 가능 형태로 구축 |
| | SaaS환경추가 | | SaaS Application 보안성강화 마련 |
| | 기본원칙 | | 국정원(NIS) 추천 암호화 적용 |

- 정책/기술 측면에서의 보안 기준을 바탕으로 IaaS & SaaS 공통 환경에서 요구되는 위험관리 수행

4. Cloud Service 위험관리 기준

| 분류 | 세부 보안기준 | 적용 범위 | | |
|---|---|---|---|---|
| | | 공통 | IaaS추가 | SaaS추가 |
| 정책 | System 보호 | V | V | - |
| | 인적 관리 | V | - | - |
| | 보안 검사 | - | V | - |
| Cloud Infra | 가상화 인프라 | V | V | - |
| 가상환경 | 보안관리 | V | V | - |
| | 보안관리-SaaS App개발 | - | - | V |

| | | 가상 | 보안관리 - 개발운영환경 | - | - | V |
|---|---|---|---|---|---|---|
| | | 환경 | 악성코드 방지 | V | - | |
| | | 보안 | 접근통제 | V | | - |
| | | 데이터 | 관리 | V | - | V |
| | | | 암호화 | V | - | |
| | | 인증& | 인증(Authentication) | V | - | - |
| | | 권한 | 권한(Authorization) | V | - | - |
| | | 사고& | 사고 | V | - | - |
| | | 장애대응 | 장애 | V | - | - |

- Cloud Computing 자체 구축/운영하고자 하는 경우 국가 Cloud Computing 보안 가이드 기준 보안대책 수립 필요

3. Cloud 보안대책 수립 & 보안성 검토

가. Cloud 보안대책 수립 주요 내용

개요 : 국가기관 등의 정보화 사업담당자는 민간 SaaS 이용시 국가정보원장이 수립하는 지침/규정에 따라 국가정보원장이 구축/운영하는 정부보안체계 연계 대책 수립

| 국가정보보안 기본지침 (Cloud Computing 보안) | - "국내 정보시스템, 관리 주체" 서비스 이용 |
|---|---|
| | - "논리적/물리적 영역 분리" 서비스 이용 |
| | - 수출금지정보 유출된 경우 조치 |

```
┌─────────────────────────────────────────────────────┐
│         Cloud Computing 서비스 품질·성능 기준          │
└──────────────┬──────────────┬──────────────┬────────┘
               ▼              ▼              ▼
        ┌───────────┐  ┌───────────┐  ┌───────────┐
        │System 안정성측면│ │성능관리측면 │  │고객지원 측면│
        └───────────┘  └───────────┘  └───────────┘
         ├ 가용성        ├ 응답성        ├ 서비스지원
         ├ 신뢰성        ├ 확장성        ├ 고객응대
         └ 서비스지속성  └ 정확성        └ SR처리
```

- SaaS 제공자에게 Service Level 수준협약서 (SLA) 요구 내용에 대해 정기/수시 확인, 수준 미흡시 개선 요구 & 확인 필요

4. Service 수준 협약 상세설명

| 구분 | 기준 | 상세설명 |
|------|------|---------|
| System 안정성 측면 | 가용성 (Availability) | 가용률 측정을 위한 기능(Function) 존재 & 유지능력 |
| | 신뢰성 (Reliability) | Service Recovery(회복) 시간, Backup주기, 백업준수율 |
| | 서비스지속성 (Persistence) | 재무상태 & 기술 보증 Service 추진 전략(Strategy) |
| 성능 관리 측면 | 응답성 (Responsibility) | 응답시간 측정을 위한 기능 존재 & 유지/관리 능력 |
| | 확장성 (Expandability) | 이용자 요구에 따른 자원 양을 줄이거나 늘리는 기능(Scaling) |
| | 서비스 지원 | 단말, 운영체제등의 사용자 |

|  | 사이버안보 업무규정 -사이버공격 위협의 탐지, 대응 | -"중앙행정기관 합동" 보안관제 실시가능<br>-"보안관제"위해 정부보안관제체계 구축/운영<br>-보안관제 위한 연계 "보안관제센터" 설치/운영 |
|---|---|---|

-SaaS 이용계약 준비 단계에서 Cloud 보안대책수립
& 이용하는 SaaS에 대한 보안성 검토 의뢰 수행

4. Cloud 보안성 검토

| 보안성 검토 절차 | 보안성 검토시기 |
|---|---|
| 민간Cloud 도입기관 →검토의뢰→ 중앙행정기관 →검토의뢰→ 국가정보원<br>←결과통보← 검토수행 ←결과통보← 보안성 검토수행<br>(기관식별) | 정보화 사업관련<br>보안대책 적절성평가<br>의뢰사업계획단계<br>(공고전) 보안성검토이행 |
| 검토<br>기관 | 국가정보보안기본지침<br>-국가정보원장이 각종 정보화사업보안성 검토실시<br>-규모·중요도등 고려하여 상급기관의 장에게<br>보안성 검토위임 가능 |

-SaaS의 안정적인 이용과 품질보장을 위해 국가기관등
정보사업 담당자는 서비스 수준 협약 체결 수행 (SLA)

4. Cloud Service 수준 협약
가. Service 수준 협약 개요

| | 고객 | | Service 지원 체계 |
| --- | --- | --- | --- |
| | 지원 측면 | 고객 대응 | 고객 대응 & 고객 불만 수집 체계 & 처리 절차 (procedure) |

- Cloud 운영 담당자는 SaaS 이용요금, SLA, 서비스 품질수준 지속적 Monitoring하고 SLA 조정 가능

"끝"

문 132) 전통적 Cloud 보안 & Cloud Native 보안 비교

답)

1. Cloud 환경(public, private, Hybrid) 보안

   가. 전통적인 Cloud Security의 정의
   - Cloud Service & Cloud 컴퓨팅과 관련된 Data, Application, Infra를 보호하는 것

   나. Cloud Native 보안의 정의
   - 기존의 온프레미스 보안과 달리 지속적인 Monitoring과 자동화된 대응, DevSecOps 기반 보안 통합 가능

2. Cloud Native 보안의 핵심원칙과 차이점

   가. Cloud Native 보안의 핵심원칙

   | 항목 | 설명 |
   |---|---|
   | Zero Trust 모델 | 모든 요청 지속 검증, 최소권한 원칙 적용 |
   | 자동화된 보안운영 | 보안정책 지속 적용되고 자동 대응 가능 |
   | Micro-Service & Container 보안 | 동적(Dynamic) 환경에서 실행되는 Application 보호 |
   | DevSecOps 기반 | 개발+보안+운영을 긴밀하게 연계 |

   나. 기존 보안과 Cloud Native 보안의 차이점

   | 항목 | 기존 보안 | Cloud Native 보안 |
   |---|---|---|
   | 배포환경 | 온프레미스 환경 | Cloud 기반 (public, private, Hybrid) |
   | 보안적용 | 경계 기반 (방화벽, VPN) | ID & Appl. 중심 보안 |

|  | 확장성 | 제한적 | 자동화 & Scale-out 가능 |
|---|---|---|---|
|  | 주요기술 | 방화벽, IDS/IPS | Container 보안, 서비스메시 보안, CI/CD 보안 |

3. 전통적 Cloud 보안 & Cloud Native 보안 비교

| 항목 | 전통적 Cloud 보안 | Cloud Native 보안 |
|---|---|---|
| 보안 아키텍처 | 경계 기반 보안 (Perimeter Security)<br>-방화벽 중심 보안<br>-내외부 N/W 분리<br>-정적인 보안정책 | ①Zero Trust 아키텍처<br>-모든 요청을 잠재적 위협으로 간주<br>-동적인 인증/인가<br>-마이크로서비스간 상호인증<br>②분산형 보안<br>-각 서비스별 독립적 보안정책<br>-서비스메시 통한 보안제어 |
| Cloud 환경 보안 | ①VM 레벨 보안 (Virtual Machine)<br>②OS patch 관리<br>③전통적인 Anti-virus | ①Container 특화 보안<br>-이미지 스캐닝<br>-Runtime 보안<br>-취약점 관리<br>②불변 Infra(Immutable)<br>-컨테이너 교체방식의 패치<br>-Version 관리 통한 롤백 |
| CI/CD 보안 | ①배포전 보안검사<br>②수동적 보안 Test<br>③주기적 보안 감사 | ①DevSecOps<br>-pipeline 통합 보안<br>-자동화된 보안 테스트 |

| | | | | -지속적인 보안 모니터링 |
|---|---|---|---|---|
| | | | | ② Shift Left 보안 |
| | | | | -개발초기부터 보안고려 |
| | | | | -Code 수준의 보안 검사 |
| | | 접근제어 (Access Control) | ① 정적인 IAM (Identify Access Management) 정책 | ① 동적 ID 관리<br>-Service 계정<br>-임시 인증서<br>-세분화된 권한관리<br>② 서비스 메시기반 접근제어 |
| | | | ② RBAC 역할 기반 접근제어 | -mTLS 인증<br>-트래픽 암호화 |
| | | | ③ 장기 사용인증서 | -정책 기반 제어 |
| | | Monitoring & 감사 | ① 중앙집중식 Logging | ① 분산 추적<br>-실시간 보안 Monitoring |
| | | | ② 정기적인 보안 감사 | -서비스간 통신 추적<br>-이상 행동 탐지 |
| | | | ③ Event 기반 알림 | ② 자동화된 컴플라이언스<br>-정책 기반 자동 감사<br>-실시간 규정 준수 검증 |
| | | 주요 고려사항 | ① 인프라 (Infra) 중심 | ① 동적 환경 대응<br>-자동화된 보안 정책 |
| | | | ② 정적인 | -실시간 위협 대응 |

| | | | 보안정책 | -확장성 있는 보안아키텍처 |
| --- | --- | --- | --- | --- |
| | | | ③ 수동적인 대응 | ② 공유책임 모델 |
| | | | | -개발팀과 보안팀의 협업 |
| | | | | -자동화된 보안 통제 |
| | | | | -지속적인 보안 개선 |
| | | 보안도구 & 기술 | ① 방화벽 ② IDS/IPS ③ VPN | ① 서비스 메시 (Istio, Linkerd) ② Container 스캐너 ③ 정책 관리도구 (OPA) ④ CNAPP (Cloud Native Application Protection platform) |

"끝"

# 문 133) 다층보안체계 (Multi Level Security)

답)

## 1. 업무중요도로 구분, 다층보안체계의 정의
- 업무중요도에 따라 기밀(비밀, 안전), 민감(민감, 이익), 공개(공개, 활용)으로 구분한 보안체계 (국정원)

## 2. 다층보안체계의 개념도

### 가. 현행 망분리 정책

```
   ┌─────────┐        ┌─────────┐
   │ 업무망  │◄──X──►│Internet망│
   └─────────┘        └─────────┘
        ▲                  ▲
        │ 망연계            │ 인터넷등
        ▼                  │
   ┌─────────┐             │
   │ 인터넷망 │─────────────┘
   └─────────┘
```
- 인터넷망과 업무망의 물리적분리, 필요시 망연계

### 나. 다층보안체계(MLS)의 개념도

```
        다층보안체계로 개선
   ┌──────────────────────┐
   │ 업무중요도(구분)       │ 보안통제
   │ ┌──────────────┐     │ (차등적용)      ┌─────────┐
   │ │기밀(비밀,안전)│◄────┤ 엄격통제       │Internet │
   │ └──────────────┘     │                └─────────┘
   │     접근통제          │                     ▲
   │ ┌──────────────┐     │ 제한접근            │ 인터넷등
   │ │민감(민감,이익)│◄────┤                     │
   │ └──────────────┘     │                     │
   │     접근통제          │                     │
   │ ┌──────────────┐     │ 활용우선            │
   │ │공개(공개,활용)│◄────┘                     │
   │ └──────────────┘                            │
   └──────────────────────────────────────────────┘
```

| | | | |
|---|---|---|---|
| C | 기밀정보 | Private cloud (망분리) | 민간참여 |
| S | 민감정보 | PPP방식(민간 협력 Cloud) | 제한적 |
| O | 공개정보 | 민간 Cloud에 개방 | |

3. CSO 등급 설명

| 정보공개 | 구분 | 설명 |
|---|---|---|
| 비공개 대상 정보 (정보공개 범위) | 기밀정보 (C) | 비밀, 안보·국방·외교·수사 등 기밀정보 & 국민생활·생명·안전과 직결된 정보 |
| | 민감정보 (S) | 비공개정보로 개인·국가 이익 침해가 가능한 정보 |
| | 공개정보 (O) | 기밀·민감정보 이외 모든 정보 & 별도의 조치를 적용한 비공개 정보 |

C: Classified (기밀), S: Sensitive (민감), O: Open (공개)

"끝"

# 정보관리기술사&컴퓨터시스템응용기술사 시리즈

**당신의 꿈을 실현시키는 최고의 맞춤 교육!!**

### Vol. 9 인공지능

권영식, 권대호 지음 / 190×260 / 340쪽 / 30,000원

### Vol. 10 클라우드

권영식 지음 / 190×260 / 382쪽 / 40,000원

## 📖 책 소개

1. 이 책은 학원 수강을 통해 습득한 내용과 멘토링을 진행하면서 스스로 학습한 내용을 바탕으로 답안 형태로 작성하였고, IT 분야 기술사인 정보관리기술사와 컴퓨터시스템응용기술사 자격을 취득하기 위해 학습하고 있거나 학습하고자 하는 분들을 위해 만들었습니다.

2. 본 교재는 발전 동향, 배경 그리고 유사 기술과의 비교, 다양한 도식화 등 실무 개발자 경험을 토대로 작성한 내용으로 풍부한 경험적인 요소가 내재하여 있는 장점이 있습니다.

**쇼핑몰 QR코드** ▶다양한 전문서적을 빠르고 신속하게 만나실 수 있습니다.
경기도 파주시 문발로 112번지 파주 출판 문화도시  TEL.031)950-6300  FAX. 031)955-0510

**BM (주)도서출판 성안당**

## 저자 소개

### 저자 권영식

- 성균관대학교 정보보호학과 졸업(공학석사)
- 삼성종합기술원 연구원
- 삼성전자 선임/책임/수석연구원
- 국립공원공단 정보융합실장
- 컴퓨터시스템응용기술사
- 정보시스템수석감리원
- 정보통신특급기술자
- 과학기술정보통신부 IT 멘토
- 데이터관리인증심사원(DQC-M)
- 韓(한)·日(일)기술사 교류회 위원
- http://cafe.naver.com/96starpe 운영자

---

# 정보관리기술사
# 컴퓨터시스템응용기술사
## - vol. 11 Cloud Native

2025. 8. 12. 초 판 1쇄 인쇄
**2025. 8. 20. 초 판 1쇄 발행**

지은이 | 권영식
펴낸이 | 이종춘
펴낸곳 | BM (주)도서출판 성안당

주소 | 04032 서울시 마포구 양화로 127 첨단빌딩 3층(출판기획 R&D 센터)
     | 10881 경기도 파주시 문발로 112 파주 출판 문화도시(제작 및 물류)
전화 | 02) 3142-0036
     | 031) 950-6300
팩스 | 031) 955-0510
등록 | 1973. 2. 1. 제406-2005-000046호
출판사 홈페이지 | www.cyber.co.kr
ISBN | 978-89-315-8491-2 (13000)
정가 | 45,000원

### 이 책을 만든 사람들

책임 | 최옥현
진행 | 최창동
편집 | 인투
표지 디자인 | 박원석
홍보 | 김계향, 임진성, 김주승, 최정민, 이해솜
국제부 | 이선민, 조혜란
마케팅 | 구본철, 차정욱, 오영일, 나진호, 강호묵
마케팅 지원 | 장상범
제작 | 김유석

이 책의 어느 부분도 저작권자나 BM (주)도서출판 성안당 발행인의 승인 문서 없이 일부 또는 전부를 사진 복사나 디스크 복사 및 기타 정보 재생 시스템을 비롯하여 현재 알려지거나 향후 발명될 어떤 전기적, 기계적 또는 다른 수단을 통해 복사하거나 재생하거나 이용할 수 없음.

※ 잘못된 책은 바꾸어 드립니다.